管 理 概 論

郭崑謨 著

學歷：美國奧克拉荷馬大學企業管理學博士
經歷：國立中興大學教授兼企業管理研究所所長
　　　中華民國資訊教育學會理事長
　　　國立臺北大學籌備處主任

三民書局印行

國家圖書館出版品預行編目資料

管理概論 / 郭崑謨著.－－修訂二版六刷.－－臺北
市；三民，民90
　面；　公分

ISBN 957－14－0262－1　（平裝）

1. 管理科學

494　　　　　　　　　　　　　80001476

網路書店位址　http://www.sanmin.com.tw

ⓒ 管　理　概　論

著作人	郭崑謨
發行人	劉振強
著作財產權人	三民書局股份有限公司 臺北市復興北路三八六號
發行所	三民書局股份有限公司 地址／臺北市復興北路三八六號 電話／二五〇〇六六〇〇 郵撥／〇〇〇九九九八——五號
印刷所	三民書局股份有限公司
門市部	復北店／臺北市復興北路三八六號 重南店／臺北市重慶南路一段六十一號

初版一刷　中華民國七十四年九月
修訂二版一刷　中華民國七十九年九月
修訂二版六刷　中華民國九十年八月
編　號　S 49002
基本定價　柒元肆角
行政院新聞局登記證局版臺業字第〇二〇〇號

ISBN　957－14－0262－1　（平裝）

修增訂四版自序

　　管理學域之基本內涵，幾拾年來，變化幅度甚少。惟管理環境之演變相當快速。為因應環境之演變，管理功能涉及層面亦隨之擴大，管理重點亦有所調整。

　　邇來主管人員逐漸感覺在變化快速之環境中，如何掌握機制，提高應變能力，為一非常重要課題。「時間資源」之有效運用，業已成為管理之重要課題。

　　尤有者，國人環保意識甚高，我國臺灣地區之消費行為業已邁入所謂的「綠色消費」時代，主管人員之角色，於焉亦有所擴大。

　　基於上述原因，本修增訂四版，增加管理之特殊層面一篇二章籍以涵蓋管理學域之新層面。

　　本修增訂版，遺誤之處，在所難免，敬請學界及業界先進，不吝指正。

郭崑謨　謹識於臺北
國立臺北大學籌備處
民國八十三年八月一日

修增訂版自序

　　管理概論一冊，自民國七十四年六月付梓以還，已越五載。近幾年來管理環境之變化幅度相當可觀，配合環境之演變，策略規劃亦成為主管人員所必須瞭解之管理課題，同時在此一環境中，組織內外之溝通與協調，更顯得重要。因此本修增訂再版，應時代之需求，增加下列幾項管理之重要層面：

　　1.管理之生態環境與資源；

　　2.溝通與協調之嶄新理念；以及

　　3.管理之策略性規劃。

　　本修增訂版，雖經審慎考量，作適切之修訂與增訂，遺誤之處在所難免，敬祈學界及實務界先進多加指正。

郭　崑　謨　謹識於臺北

國立中興大學法商學院

民國七十九年七月十三日

自　序

　　我國生產力運動業由第一階段，經第二階段，正邁進第三階段。所謂生產力運動之第三階段係指管理生產力之提高而言，亦即管理上之「效率」與「應變能力」之提高。

　　管理為一非常重要之「經建軟體」。提高此一軟體之運作效率，方能突破經建困境，提高國家生產力。有鑑於此，近幾年來各界人士對管理科技之究習不但重視亦非常積極。此種風氣之蔚成，誠為一可喜現象。為應社會各階層研究此一重要科學領域之需，諸多管理界之先進業已撰著書冊，論文提供其具價值之參考資料。本書之問世，乃基於參與提高管理生產力運動之熱忱，就管見所及，將有關資料加以究析，整理成冊，期能提供有關人士作為究習之參考。所持觀點，在可能範圍內，以我國文化、經濟、社會與政治、法律為主要依據，惟容有諸多資料欠缺之處，導致觀點之偏誤，當在所難免，尚祈先進不吝指正。

　　全書凡八篇，共二十四章。第一篇探討我國當前管理問題與改進途徑以及管理學之內涵。第二篇就中、西方管理理念與行為作簡要之分析藉以了解我國之管理特色。第三篇以目標之釐訂、決策方法、規劃程序與整體規劃為主要內涵討論規劃之功能。第四、第五、第六等三篇，基於規劃之要項分別作組織、領導、與控制之探討與分析。第七篇對管理才能發展之嶄新課題，特作簡要論述，旨在提醒讀者此一管理課題之重要性。最後於第九篇提出中國式管理之努力方向與我國所面臨之未來管理上之挑戰與管理導向，作為本書之結論。

　　本書撰寫期間，承蒙楊晳凱先生之多方協助與鼓勵，特此誌謝。

　　內子愛春，愛女蔚眞、蔚施、蔚宛，以及愛兒威漢之精神上鼓勵與實質上之合作，使本書能順利完成、付梓，併此表達感激之忱。

　　先父逝世時筆者尚幼，幸賴慈母不辭勞苦，諄諄教導，得有今日，今適逢慈母八秩晉三之年，特以此書獻給慈母，藉以表達養育之恩。

　　本書雖經數次審校，遺漏及謬誤在所難免，深望先進及讀者多加指正。

郭崑謨　謹識於臺北

國立中興大學企業管理研究所

中華民國七十四年六月十七日

管理概論　目次

第三篇 規 劃

第五篇 領 導

第六篇　控　　制

第七篇　管理策略規劃導論

第八篇　管理才能發展概論

第九篇　管理之特殊層面

第十篇　管理之未來——結論

第 一 篇

絕論──管理之基本概念

- ❀ 我國管理問題與改進途徑之探索
- ❀ 管理概述──管理學之內涵
- ❀ 管理之生態環境與資源

第一章　我國管理問題與改進途徑之探索

近幾年來，各界人士對管理紮根問題十分關懷，有關如何建立中國式管理模式的論述，甚囂塵上。管理問題究竟在那裏？如何克服這些問題？實與管理紮根有直接且深切的關連。

本章旨在從下列三個層面探討我國現階段管理問題與未來努力方向，期能拋磚引玉，裨益管理在我國生根與發展。

一、為什麼管理如此重要？

二、國內有什麼管理問題？

三、針對現況如何謀求改進？亦即將來應走的方向為何？

第一節　管理科技之基本精神與重要性

管理的基本精神為追求效率，現代化管理的基本精神不僅要追求效率且要追求應變的能力。

我國若要發展管理科技，上述基本精神必須建立，並且要遵循這兩個基本精神力求發展。

為什麼要講求效率及應變的能力？因為人類的生活水準一天比一天提高，且人類的需求也一天比一天複雜，我們所面對的市場環境因素變化非常迅速。因此，廠商要講求效率及應變力，否則無法生存。我們要培植科技的應變能力，對生產方面的原料變動及供需情況變動，亦均需講求效率上的應變，對於應變的效率更要特別重視。又如像資金的籌措事宜，當資金短缺，無法融資時，需要極高的應變效率，否

則企業將會立刻癱瘓。

我國的生產力運動已由第一階段，經第二階段，正邁向第三階段。而所謂生產力運動的第三階段就是指管理生產力的提高。其所指者爲管理上效率的提高及應變力的提高。環境產生變化，企業在應付它時，往往措手不及。譬如要發明一個新的技術，廠商開始投下很多的時間，也投入很多的資金、設備及人員，而當資金的籌措及原料的採購發生困難時，雖然要應變，但由於外在的因素而無法改變，卽使有辦法改變，也要花費極大的金錢及時間。因此，廠商無法及時適應，遭受重大損失。管理上應變能力的提高，可使應變的速度加快，也不需花費很多的投資及設備，因爲它是一種「腦力密集」的作業，利用腦力來改進管理技術，通常較易加快速度。管理技術上的改進，可使所有的企業營運及政府的爲民服務，甚至慈善機構的運作效率及應變能力均能提高。如此作法較其他方法，無論在時間上或其他資源的投資上都比較少。

因此，有人說今天是「管理掛帥」的時代，不論在那一方面均需講求管理。就技術來說，如果引進好的技術、或發明了好的技術，沒有管理來提高效率，仍然沒有多大用處。例如，國內許多中小企業，在賺得盈餘之後，便想現代化，認爲這樣才跟得上時代，於是購置了電腦，但由於缺少使用電腦的人才，使用率非常低，也沒有好好做管理上籌劃、執行與管制的工作，沒有好好維護電腦，因此，電腦設備不但閒置，也會損壞，成本也因之提高，非常可惜。管理科技之重要性，不言而喻。

第二節　我國當前之管理問題

拋開管理教育問題，如果只談管理作業，當然牽涉到企業家的問

題與企業經營的問題,我們都知道管理涵蓋縱的層面及橫的層面。縱的
層面是指管理的功能, 包括八大項目: 規劃、組織、用人、協調、管
制、創新、指導及管理才能發展。至於橫的層面, 是指企業的功能,
包括: 人事、生產、行銷、財務會計、研究發展等。縱的與橫的功能
相互配合形成所謂的「管理矩陣」。爰就從這些不同的觀點來探討目
前我國的管理問題❶。

壹、目標的訂定缺乏雙方交流

就管理功能方面而言, 企業目標的制定,目前臺灣的情況是:「業
主或主管決定, 部屬遵行」。因為業主或主管往往認為憑他豐富的經
驗及歷年來所經的「風雨」, 理所當然, 他的觀點、看法, 及所制定
的目標應該不會差錯。這種觀念看起來似乎「理直氣正」, 但卻不一
定正確。

業主或主管, 往往自認由他制定公司的目標是理所當然的事。他
認為憑部屬一、二年的經驗, 不可能與他一手創業、白手起家之終生
經驗相比。 一般而言, 創業者「英雄式」的觀念非常濃厚。大家要
知道, 組織理論上的觀點已慢慢改變。一個人之所以加入公司, 並非
專為達到公司組織的目標, 必然為了達到自己的目標而加入。因此在
制定目標時, 要注意不能只侷限於由上而下, 或由下而上的作法, 應
該兩者同時兼顧。

貳、「權」、「能」區分問題

業主是公司的所有者, 所以身兼董事長與總經理的情形在我國非

---

❶　郭崑謨著「當前管理問題與未來努力方向」,現代管理月刊, 1982年 8
　　月號, 第 27-29 頁。

常普遍，美國也不乏其例。除非董事長具備管理專業技能，兼任總經理，當然無法發揮公司運作效率。我國企業界「權」「能」之不分，往往由於業主缺乏管理專業知識而產生問題。過去，不諳管理，「盲目」投資，卻幸運地碰上行業生命週期的成長期，而成功地營運；同時遇到不景氣也可屹立不搖之例，已不可能存在。

今日如再想如此盲目的投資，當然無法獲利，因為目前是知識爆發的時代，教育水準已提高，傳播工具又如此靈活普遍，要將員工的腦力、智慧高度發揮才能知己知彼。管理亦相同，管理可分為技術與智慧兩層面，技術是可傳授的，記載於書籍上便可流傳下來，但智慧的部分卻是無法傳授，也因此在管理上的努力有更迫切的需要。企業界要知道當企業不斷成長時，由於個人的腦力與精力有限，無法樣樣事情都躬身自為。如將一切事情都招攬於一身，必然沒有時間去思考和研究管理上的突破，因此會發生管理瓶頸的問題。當瓶頸的問題發生在高階層時，便有可能導致公司倒閉的危險。這是另一個不可忽視的問題。

叁、『授權』與『棄權』相混

一般人認為授權給部屬，是等於棄權。廠商要知道授權並不等於棄權。很多人並沒有這種觀念。主管往往認為若授權給部屬，會減少自己的權限，等於失卻權力而不授權。這是導致員工流動率偏高的原因之一。一般東方人認為所謂「成功」便是有權有勢，這是一個錯誤的想法，如不加以改正，便沒有辦法接受『授權不等於棄權』的『公式』。大家都想當老闆，有權又有勢，因此到一個機構學得一些技術後，便跳出來自己當老闆，這便是導致問題產生的原因。所以國人的「成功」觀念必須更正。做到自己想做的，且做得漂漂亮亮，有滿足感、成就感，同時也受別人尊敬，才算是真正的『成就』。不願且不

僅授權是今天企管的第三個問題。

肆、管理藥方的配製不妥

　　管理過程方面的理論非常多，現今我們應努力的是建立一個屬於我們自己的模式。但是放眼觀之，目前一般書籍所記的理論很少能配合中國環境。日本的一位企管評論家高仲先生，曾提出如此一說：管理方法或理論，日新月異且經營的訣竅愈來愈多，就像人生病就須吃藥，但治病的藥何其多，要選擇一者，對症下藥談何容易；如果選對了，就能治好病，便算成功；但因所謂的藥方太多，選錯的機會就相對提高，因此在經營上的選擇就比較困難。所以說藥方多並沒有用，即使選對了也未必有效。我們知道同一種藥吃多了體內便會產生抗體。因此各方面都須要適度的調配。管理上講究配方，就像國家經濟有了病，就要「藥方」。如利率過高，便將利率降低，但如果配方不好，便會變成慢性病，反而使之惡化。我國目前並沒有自己的模式，當然沒有自己的藥方，許多學企管的畢業生大多喜歡到大公司謀職，使中小企業根本缺乏眞正的管理人才。管理人才未能『下鄉』，使中小企業雖然癥結已找出來，卻無法配合適切的藥方。企業是有機體，牽一髮而動全身，要管理企業，必須顧慮到整體化的問題。管理功能所配的藥方一定要有適合本土組合的觀念，忽略本國情況，過份的強調生產、行銷或財務，而沒有互相的配合，是當前企管的第四個問題。

伍、職位說明書未能建立

　　在用人方面，所產生的問題除流動率外，另有一點不可忽視。現在很多公司，很少有人依職位說明書來用人，所謂職位說明書卽是以對職位的研究而製成的表格。主管用人要用對人，他持有的態度與原則該是：寧願多花時間及金錢，聘用一個能久留於工作單位的人。任

用員工，寧可等待，也不要草率決定。如果後來發覺所聘員工不適合
職位，再遴聘時，不僅成本高且員工流動率的頻繁將導致品質管制無
法建立。

陸、管制流於形式

　　談到管制方面，一般管制的標準，在規劃時均應已訂定，但目前
尙有缺失。這個缺失是公司的規劃流爲被動式的管制。廠商往往爲符
合政府的標準才做管制，很少自己刻意要把本身的管制做好。此種處
於被動的現象，如果無法去除，就沒辦法在管制方面再上一層樓，
僅會使管制的訂定，流於一種形式，怎麼能說得上踏實管制？管制之
流於形式是企管的第六個問題。

柒、主管過份自信本身的能力

　　企業的主管必須培植自己的管理能力。有很多人不相信此一重要
性，總認爲自己的管理能力很好，不肯接受別人的意見，以致無法集
思廣益，造成決策的瓶頸。

捌、中層管理階層「中空」❷

　　論及企業功能方面，目前我國企業界也有幾個問題。在人事方
面，中層的管理階層呈現中空的現象，因高階層的職位多有「保留」
現象，加以家族式企業之組織結構僵硬，升遷機會有限，如果中階層
的管理能力強者在職位上無法獲得突破，便會另謀高就，致使中層的
管理呈現中空的現象。

---

❷　郭崑謨著「迎接經濟復甦應有的作法 —— 從管理觀點論企業體質的改
善」，經濟日報，民國七十三年五月廿一日第二版「本報專欄」。

玖、員工流動率偏高

現今我國企管的第九個問題是員工流動率的偏高。低階層的員工流動率若偏高，　會影響到品質的管制，　中階層的流動率若偏高，會影響到公司產品的創新及公司策略的運用。流動率之所以偏高，乃因廠商缺乏職業規格表的關係，實際上是「因親而用人」非以「規格」用人。

拾、產能利用率偏低

生產方面的問題較嚴重者是產能的使用率非常低。另外一個更為嚴重的是我國目前是「訂單生產多，計畫生產少」，有訂單才有生產，如果沒有訂單便不生產，致使存貨不易控制，產期更不易安排。如果能漸漸改換為生產線生產或計畫生產，則生產管理的問題必可減少。但訂單生產很難完全消除，我們知道訂單的來源是靠市場景氣。我國的行銷不如日本有極密集的商情網，只要一有動態，便可馬上安排產期，所以我們訂單生產導致的問題當然會較複雜，且比較嚴重。

拾壹、資訊系統甚脆弱

至於行銷的問題，主要者為情報的不夠靈通，資訊系統的建立不夠完整。當然在個體方面，商情的蒐集，廠商理應自行負責，政府只能負責整體方面的商情。因此，雙方都要再努力加強商情資訊系統的運作。商情系統的脆弱為我國企管的第十一個問題，也是最重要的問題。

拾貳、「迷戀」有病產品

另一嚴重的問題，就是容易「迷戀」於過去曾為公司立了「汗馬功勞」的產品，即所謂的「招牌產品」，而忽略了一個產品有其產品

的生命週期。如在生命週期之末期，還一味的迷戀於它，不斷的想再恢復那輝煌的過去，不斷的再做廣告，而不知一旦產品的生命週期過去，就是再怎麼廣告也無法著效，花的錢愈多，虧損也愈多。「迷戀」於「有病」產品就是今日管理界的嚴重問題。行銷策略中，廠商應強調產品不斷的創新。產品的外表最容易革新，千萬不可一味倣效別人的產品。

拾叁、會計制度不健全

財務方面的問題，首要者為會計制度之不健全。對於財務風險與營運風險的管理不夠嚴謹，在不景氣時必然承擔不了衝激，後果當然不堪設想。

拾肆、不重視研究發展

廠商一向不太重視研究發展，卽使有，也往往徒具形式。聘用的人員在一、二年內沒有突破，便認為研究效果不彰，調移他職甚或要求離職。廠商應該知曉所謂研究發展，是一項長期的投資，並非一可立竿卽能見影的工作。再者，這方面的經費只佔銷售的 0.5%，和國外的 2% 到 4% 相比可說是相差甚遠。可見廠商所下的決心還不夠，且投資的經費也不多。目前這種現象仍相當普遍。構成今日管理科技發展之瓶頸。

第三節　改進管理途徑之探索

基於管理的重要性，提高效率、提高應變力、提高國家生產力的迫切性，以及上述的企管問題，我們應努力的方向除長期內努力於管理紮根外，短期間內一定要針對上面的缺點，逐漸改進。茲就個人對

見所及，分別說明我們應該努力的方向。

（一）**管理要下鄉**　我們必須培植管理「下鄉」的人才，以達專業化管理的普遍化。

（二）**管理科技的研究發展須擴大規模，創造中國式管理模式**
所謂擴大規模就是設備要夠用，人員要足夠並能互相流通。政府或民間實在需要設立管理科技發展中心。

（三）**加強建教合作**　加強管理科技的應用，除人才下鄉外，還要使「正規」教育與「在職」教育整合化，使正規教育下及短期教育訓練下所產生的品質一致，革除「二等品」觀念，以達管理科技妥善的運用。在職訓練或短期推廣教育是發展科技的最好橋樑。因此，對建教合作不僅要加強，還要積極的推廣。

（四）**加強管理資訊系統**　我國須加強建立中文資訊系統。只要不斷的努力，一定能建立一套中國式的管理資訊模式，如斯，上面所提企管問題及管理觀念上的偏頗才能糾正過來。這是治本的辦法，也是長期的辦法。

我們中國人早就有一套中國式的管理思想與方法，例如孫子兵法中「上下同欲者勝」便隱含著目標管理的哲理。另外孫子兵法中的「知己知彼，百戰不殆，不知己，不知彼，每戰必殆。」顯示我國早有現代企業的環境生態觀念。要知道企業外在的生態環境，才能夠制訂企業的目標。管子亦曾言：「一年之計莫如樹穀，十年之計莫如樹木，終身之計莫如樹人。」此一思想，表示我們規劃方面早已不僅有短期，也有長期理念與方針，且強調對人事構面的重視。

中國人不管在管理或處事態度方面，有二個缺點：一為對自己缺乏信心，因此信心的建立有待加強。二為團隊精神不夠。今天如果要管理生根，不僅要有信心，且要有團隊精神。如此，管理才能往下紮根，才會開花、結果。將來有一天，別的國家會主動的來與我們分

享我們的成果。我們獨特而優越的管理思想與制度，才會發出光芒，
照耀全世界。

第二章　管理概述——管理學之內涵

　　企業管理是近代新興的一門科學，日益受到各行各業的重視。不論民營企業、公營事業機構、抑或各種非營利機構，無不追求管理現代化。因此，管理的基本知識，已是近代國民應該具備的常識。管理概念的養成與落實，正是全面提高生產力的基礎要件。

　　企業生產力之提高顯然要加強金融體系之有效運作、科技之不斷發展，與行銷效能之發揮，而該三者之績效倘無良好之管理制度，實無法順利達成。管理科技為應用科技，為經濟建設之重要「軟體」。其功能跨越金融、科技以及行銷三大體系。它在經濟發展上所扮演角色之重要性由此可知。李國鼎先生早於民國六十七年所強調的全面推動第二次生產力運動中，即已提出管理科技與其他科技同時並進與相互配合的觀念，明確道出管理科技在經濟發展中所擔負之重要功能。

　　今日企業生態環境之變化迅速、企業營運之企劃、執行與管制作業之「低效率」，必然造成企業成長之瓶頸。在景氣復甦緩慢、通貨仍然膨脹之情況下，運用「腦力密集」方式，較其他方法，容易快速突破經濟發展的瓶頸，而且，所需投下之成本亦較低。「腦力密集」為管理科技之特質之一，我們應當善用管理科技來突破現階段經濟之困境。管理科技不僅可運用於提升對總體經濟發展具有重大貢獻之企業生產力，亦應運用於政府機構及其他服務機構生產力之策進。

　　為使讀者對「管理」先有整體系統觀念，本章特分別探討管理的涵義、重要性與主要功能，以及主管人員必須具備的特質。

第一節　管理之涵義及其重要性

企業乃指結合原料、資本、勞力及組織管理四要素，在創新經營和承擔風險情況下，對某種事業作有目標、有計畫、有組織的高效率發揮的經營而言。企業不只是經濟生活上的基本單位，可充實人類的經濟需求；　同時，　又是社會生活上的基本單位，　可滿足人類社會需求。彼得杜魯克在其所著 "管理學" 一書中說：「要知道企業是什麼，我們必須從認識目的開始。企業的目的僅有一個有效的定義——創造顧客」。顧客是企業的基礎，並使企業生存，為了對顧客提供其想要和需要的產品，社會乃將生產財富的資源，付託給企業。

一般人總誤以為「企業」就是「商業」，於是便認為「管理」是營商人士的事，或是老闆的事，與你我無關。這種觀念，以訛傳訛，使得管理理念的紮根，受到諸多阻礙。事實上，從廣義來說，企業不應只是生產業，且應包括各項服務業。它不只是營利事業，也應包括非營利事業。它不單是民營事業，更應包括公營事業，甚至所有公共行政部門。事實上，從廣論據，所有的組織都是一種企業，皆有其獨特的使命和服務的對象。企業的成敗存亡，管理的優劣，絕對是關鍵要素。

壹、管理的涵義

所謂管理，乃運用規劃、組織、協調、指導、控制等等基本活動，以期有效利用組織內所有人員、金錢、物料、機器、方法等產銷資源，並促進其相互密切配合，以順利達成組織特定任務，與實現其目標之謂。

管理是一種科學，也是一種藝術。科學部分涵蓋許多決策的工具

和制度。藝術部份包括決策的智慧。

　　筆者認爲依據「管理外管理導向」（見本書第二十三章），符合我國之管理定義應爲：「運用組織資源，有效治理事物，達成組織目標之行爲」❶。依此，雖運用組織資源者必爲人，但沒有「他人」可運作時，仍然有管理行爲。因此，合乎我國道統與國情之管理行爲，其適用範圍遠較西方式之管理爲廣，人人都應具備管理智識。

一、科學管理

　　管理的科學面，就是以科學方法，研究、分析及解決管理的問題；以科學的原則，應用於管理工作。配合各生產要素，藉以增加效率，減低產品成本。1911年，泰勒開始提倡科學管理，在他「科學管理原理」一書中所述：「科學管理之要義爲用科學的原則來判斷事物，以代替個人隨意判斷；用科學的方法，選擇工人，訓練工人，以代替工人自由隨意工作的辦法，使其效率提高，而成本降低」。可見，科學管理，乃特指以科學方法，「觀察、分析、綜合、證實」，執行管理之八大功能——釐訂目標、規劃、組織、指揮、協調、控制、革新，以及管理才能發展之意。

　　科學管理的要素爲人員(Men)、金錢(Money)、方法 (Method)、機器 (Machine)、物料(Material)、市場(Market)及士氣 (Morale)，卽所謂七個M。凡與此七個M有關的課題，均屬科學管理的範圍。茲就以上所述之七個M，略舉其管理項目如下：

　　（一）人員——其管理項目包括：工作評價、人事管理、人力發展、組織發展、組織模式等。

　　（二）金錢——其管理項目包括：財務管理、預算控制、成本控制制度、規劃預算制度、成本效益分析等。

---

❶　郭崑謨著「論中國式管理模式之建立與管理外管理」，管理科學論文集，中華民國管理科學學會，民國 71 年 12 月印行，第25-32頁。

（三）方法——其管理項目包括：生產計畫、生產控制、動作時間研究、品質管制、作業研究、系統分析、工業工程等。

（四）機器——其管理項目包括：工廠佈置、保養與安全、自動化管理等。

（五）物料——其項目包括：物料管理、物料搬運、存量控制、倉儲管理、重點分析法等。

（六）市場——其管理項目包括：行銷研究、行銷管理、廣告等。

（七）士氣——其管理項目包括：領導、人羣關係、公共關係、工作效率等。

二、管理藝術

管理除了以上所述之科學面外，它還有一層難以傳習的藝術面。在此所謂的藝術面，可將之歸納成「決策智慧」、「應變能力」以及「人性因素」等三部份。這三部份，完全要以「人」為中心。

管理藝術，是創造性的追求。它一方面要研究人類行為與工作之間所產生的相互影響，探求影響工作動機、工作情緒和生產力之主要因素，期使管理人性化。另一方面，它必須有效促使經營理念之成形，便於協調各部門的活動朝向共同目標，提供決策制定的參考架構與一致的規範，提昇決策品質和應變能力。

貳、管理的重要性

如果經營者仔細去分析企業失敗的實例，往往可以發現管理知識與經驗的缺乏，所導致之管理不善，正是主要的肇因❷。頗負盛名的投資專業雜誌「福畢斯」（Forbes），多年來不斷研究美國企業型態，

---

❷ 參閱 Koontz, Harold., Cyril O'Donnell, and Heinz Weihrich, (N.Y.: McGraw-Hill Book Co., 1982), pp. 4-5.

他們發現，企業的成功，與其良善的管理，幾乎有着密不可分的關係。美國銀行(Bank of American)在其出版品「中小企業研究報告」內，也一口認定，百分之九十的企業失敗案例，可以歸因於管理經驗的欠缺與無力。

在已開發國家，事實如此。那麼，在開發中國家，又是如何？根據專家的研究❸，管理問題的嚴重性，在開發中國家的經濟發展過程中，所扮演的角色，更富戲劇性。金融和科技的引進，並沒有帶來預期的效果。原因正是各階層管理者的素質無法配合，以致大大冲銷金融與科技的實效。

管理已經不只是最高當局的責任，而是各階層的任務。它不應只限於民營企業，而應廣泛受到各類「企業」的重視。管理應是各界人士關心的課題。我國企業管理有諸多問題，策進管理不但可解決問題，亦可提高國家生產力。研究管理之重要，自不可言喻。

第二節　管理之基本功能

集眾多人力與物力以達成共同目標，其作業不論繁簡，其所需時間不論長短，管理者必須按部就班，有系統地推進作業始能收到高度效果。推進人力與物力以達成目標之過程，乃為管理者之重要職能所在。同時亦是管理者之決策範疇，過程有先後順序，形成顯著之一貫系統。管理過程必須具備此一貫系統。如圖例 2-1 所示，管理過程起自目標之釐訂，而循箭頭所示方向流動，終而「反饋」再流入原過程。圖中之協調圈串通各過程，顯示協調功能應串達各過程，使管理作業能圓滑進行。最外圈係創新圈，虛線箭頭分別指向各過程，揭曉各過程創新之可能性。管理者若不能創新其管理行為，人力、物力之

❸　同❶。

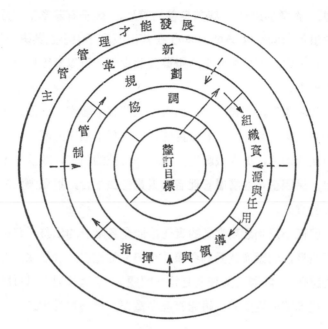

圖例 2-1 管理程序

資料來源：郭崑謨著「企業管理──總系統導向」，民國72年，臺北華泰書局
印行，第55頁。

高度運用無法臻善，終必造成企業資源之無謂浪費。革新乑為重要管理功能可助長管理過程之改善，不能絲毫忽視。

　　為了探討管理的內容與方法，從管理的基本功能，開始着手瞭解，是一個很好的途徑。本節將管理的基本功能，分成 (1) 釐訂目標，(2) 規劃，(3) 組織資源與任用（用人），(4) 指揮與領導，(5) 管制，(6) 協調，(7) 革新以及 (8) 管理才能發展等八大要素加以說明❹。本書第三篇至第七篇，將針對規劃、組織用人、領導、控制以

---

❹　郭崑謨著「主管人員之八大職責」，企銀季刊，第五卷第二期（民國70年10月）第 11-18 頁。經濟日報，民國72年 5 月21日，第二版「本報專欄」。

及管理才能發展等重要功能，另闢專章，作更深入詳細的介紹，至於協調以及革新二功能，由於分佈於上述六大功能，不另加探討。又一如上述，人類生活環境與資源變化迅速，在在影響管理功能之發揮，論及管理，不能不加以了解。因此，在探討管理功能之前，於第三章，特將管理之生態環境與資源，簡要加以說明，以利對於外在環境與資源之認識。

壹、釐訂目標

目標是組織人力與物力之基本原因，亦為引導人力、物力之指針。目標若不清晰明確，羣眾力量必定分散，組織之效果無由發揮。「清晰明確」之團體組織目標應受個別成員之擁護方能站立不動。是故釐訂目標時，應考慮個別成員之需要，力求團體目標與個別成員目標之調和。個別成員之目標頗不一致，甚難使團體與個體目標完全符合。因此目標之調和僅指部份目標之相符合而言。此乃表現在目標達成後果上。團體目標達成效果後，若對個體有所貢獻，便顯示着兩者之間互相調和。圖例2-2 兩圓圈重疊處乃表示該種調和，反映團體目標與個體目標之部份吻合，圓圈重疊愈多，兩者目標之吻合程度亦愈大。團體和個別目標調和良好的例子，最淺顯者為利得與服務。

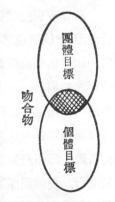

圖例 2-2 團體及個體目標之調和狀態

企業目標大別之有兩大項目，第一項目為經濟目標；第二項目為社會目標。經濟目標包括利潤之獲得、業務之擴展。而社會目標則包括一切企業社會責任之達成，諸如提供貧民救濟、環境衛生之改善、貨品或勞務之適時適當供應等等。邇來消費大眾業已大大覺醒，對生活素質之改善開始積極重視。企業之社會目標已成為達成經濟目標之

先決條件。明智企業家應秉顧兩者，作為其長期性目標之擬定依據。

貳、規劃

決定為達成目標應採取之行動過程謂之規劃。規劃實係決策過程，需依據有關資料，做客觀之判斷，選擇最有利於達成目標之行動過程。計畫一詞通常用以表明為達成目標而採取之『行動過程』。

如依其持續時間之長短而分，計畫有長程與短程之別。如依其所運用之作業性質分，企業計畫有生產、行銷、人事、財務會計等規劃。其若按規劃範疇區分，那麼計畫本身就包括政策、實行程序與作業方法三大類了。

政策實係達成目標之重要指導綱領，指導綱領應廣泛而穩定，最忌細節。綱領通常由最高管理階層，如董事會、執行委員會等所擬訂。如何依照政策實行，係中級主管或各部門經理所關心之事。推行政策之細則乃一般人所了解之實行程序。標準實行程序之制定應操在各部門經理手中。原因乃在各部門，諸如生產部、行銷部、會計部、人事部等等作業性質相異、程序特別，理應由各部門專業主管擬訂較切實際。程序既釐訂，各部門之作業應遵循程序，始能不紛不亂，順利進行。各個別作業不盡相同，工作人員應賜予『標準操作』，此種個別作業之『標準操作』乃作業方法。個別作業之履行是基層工作人員之任務，是故基層主管有其指揮與輔導之責。作業方法之規定自應由基層主管負責。基層主管，名稱不一，有些公司名為課長，有些商號稱之「主辦」，有些工廠謂之領班等等。政策、實行程序與作業方法三者之關係應一貫而無相剋之現象（看圖例 2-3）。

良好之計畫應兼顧下列數點。

（一）有效使用個體企業所有資源，如人力、財力、物力等。

（二）容易達成計畫目標。

（三）容易統御營運作業。

（四）具有必備之伸縮性。

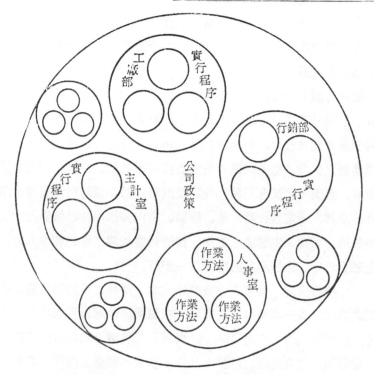

圖例 2-3　政策、實行程序、與作業方法關係圖

資料來源：郭崑謨著「現代企業管理學」（修正版），民國67年臺北華泰書局
印行，第 197 頁。

（五）容易明瞭進行。

（六）時效適當。

叁、組織資源與任用

　　一如公司行號之整體計畫，公司行號之資源組織係一種持續作業。行號創立伊始，需組織其資源。業務擴展時，亦需組織其資源。企業營運計畫更動、修整或翻新時，當然更要重組其資源。組織企業資源（人力、物力）之要訣乃在就其人員、機械、設備、原料等，作最佳之安排，使之能相互配合，和諧運作，達成企業之任務。一切組織行為應遵循既定之計畫始能協調一致，朝向共同目標。組織企業資源

之程序可概分爲四個階段——釐訂工作項目、歸類工作項目、依類授予權責與建立組織結構等。每一階段均十分重要，重此輕彼，終造成組織結構之虛弱不靈。

公司行號之計畫，顯示着企業行動之方向以及應行追隨之步驟。主管應按照計畫指針，逐步辨認必須進行之工作，終把整個公司之計畫轉變爲具體之行動。由抽象之計畫轉爲具體可行之活動項目，實爲企業營運之契機。企業營運效果之良窳有繫於此。汽車公司爲製造質優價廉，旣大眾化又有利潤之各類型汽車，必須釐訂所需資源。諸如零件、車體、分電盤、發火星、輪胎、車內裝潢品件、減震器、工廠機械設備、所要加工製造之工作、製造後之銷售工作、管理人力、必備之融資等等。這皆屬於組織之第一步驟。

工作項目旣定，歸類工作將順理成章。歸類之目的乃爲發揮專業分工之效能。每一專業類別或部門，在歸類同時應指定或推選一負責主管，以利部門內工作之安排。以汽車公司爲例，工作項目可歸爲工廠生產製造、銷售運輸、財務主計、人事公共關係諸部門，必要時當可細分各部門。

歸類工作項目，將整個企業活動劃分成可以識別之部門，各個企業體由於業務性質之異同與經營政策之不齊，其採取之基準甚爲參差。比較常用之分類基準爲：（一）產品別；（二）地域別；（三）營運功能別；（四）生產過程別；與（五）顧客別等五大類。如圖例2-4 所示第一階層之權責係基於產品別；第二階層之權責乃基於地域別；第三階層之權責則基於營運功能別而劃分。臺灣地區之企業規模日漸擴大，合併企業風氣熾盛，事業管理與分散權責營運，勢將日趨普遍。歸類工作項目之依據，因此將會採用更多項基準。組織結構自會更爲複雜。

依類授予權責時，應特別注意者是，管理幅度之問題。由於人類

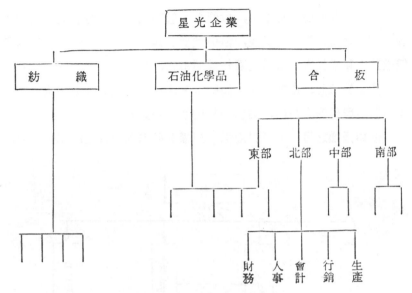

圖例 2-4　工作項目之歸類

之腦力所能管轄之活動有限，每一管理人員所能有效直接統御之部屬顯然受到限制。到底直接管轄多少部屬最能發揮統御效果，除受管理者之才能、工作性質，與組織內之通訊協調效力等影響外，實繫於人際交接之頻繁程度。

　　管理幅度之大小與管理層次之多寡有直接關係。幅度愈狹小，層次自會愈繁多，而專業類別數目亦必隨之而繁複，權責之類別與層次於是更增加。

　　依類授予職權時應兼顧被管理者之接受與否,始能發揮管理效能。管理者應具有：(1) 決策權；(2) 授命部屬權；(3) 執行決策權；(4) 督導部屬權；與 (5) 賞罰部屬權。授予職權之同時，應對職責有所規定。職責之範圍需劃分清楚，使具有職權者無推諉責任之餘地。此外，在規定職責時應做之事需包括：頒發各層、各部門主管、所屬階層或部門之計畫及所有之資源（如人力、物力），報備程序、通訊

系統，以及其他應注意事項，以便各主管確切遵循。各層級各部門主
管雖有權遞層授予部屬職權，但仍然要負其全盤責任。例如業務課長
授權其外銷股長辦理公司之國外營運事宜，並規定職責所在，一旦外
銷股長出於疏忽，在辦理國外商約時未能周詳地規定越期交貨責任，
以致發生與外商之糾紛，業務課長仍然需要負其責任。

　　依類授權之另一重要關鍵為指揮權責與參謀權責之辨認與劃分。

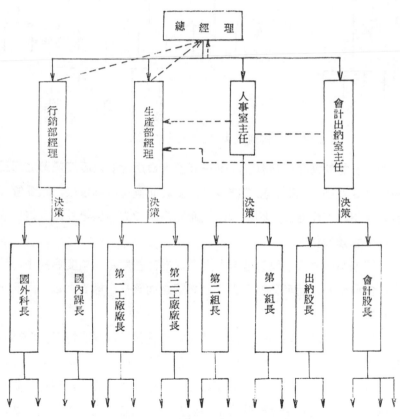

圖例 2-5　指揮及參謀權責之流動

註：----→ 參謀權責　　——→ 指揮權責

指揮權責與參謀權責之相異處，在於前者首重公司各種營運之決策，而後者則重輔助決策之進行。兩者就如同軍中之指揮權責與參謀權責。在企業界，財務、生產、行銷主管所具有之權責，涉及各項營運之重要決策，對公司目標之達成具有比較直接之影響，乃屬指揮權責。而人事、會計、工程設計等，則僅對指揮系統提供必需資料或協助，達成主要決策，乃屬助理權責。話雖如此，指揮與參謀權責有時實難僅僅依據「決策」觀點來劃分。參謀權責本身亦帶有決策權力，而指揮本身對其上層主管乃含有多少助理參謀之意味。此種現象從圖例 2-5 可窺視其例。此種現象之存在，企業經理人員在組織其資源時，應認明指揮與參謀之關係與其在整個組織內之相互作用，作妥切之依類授權。

肆、指揮與領導

企業組織體系既確定，企業所擁有之人力、物力在整個體系中可開始作用。企業營運一開始，一切活動將均以「人」為中心。組織內之員工雖有既定政策、實行程序與作業方法可依循，但工作上疑問之處在所難免，時刻需人指導。又各員工之個性、思想、作法、態度不盡相同。對工作及任務之達成所下之努力，不甚一致。管理人員如不加以領導與啟發，工作效果不易提高，團隊力量更無法發揮。是故指揮與領導實為管理過程中，增加「生產效率」之重要動力。有效地指揮與領導，要基於對員工之心理與生理之了解，始能事半功倍。企業經理人員應能針對員工之心理與生理行為之需求，作各種指揮與領導措施。

著名之心理學家馬司婁 (A. H. Maslow)，認為個人行為雖有不同的動機，但其為滿足需要與慾望則人人皆一。如圖例 2-6 所示。人類需求可概別為五種不同之層級，每一層級均為行為動機。低層級需

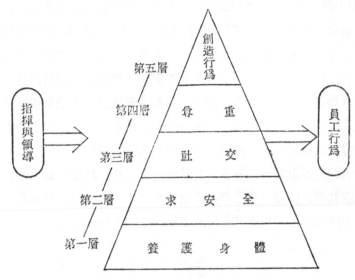

第五層　創造行為

第四層　尊　重

第三層　社　交

第二層　求　安　全

第一層　養　護　身　體

指揮與領導 → 員工行爲

圖例 2-6　馬司斐 (A. H. Maslow) 之「人類需求層級」

應用在企業管理上之指揮與領導

求一般可壓過高層級需求，而優先地求得滿足。待低層級需求滿足或部份滿足後，遞轉向上求取較高層級需求之滿足。就一般正常人言之，如果其文化背景、個人環境，以及其對外界『激勵』所呈現之反應相差不大，其如受到良好之指揮與推導，定會產生預期之行爲。指揮與領導效果之良莠，悉視經理人員是否能兼顧其員工需求而定。

　　由馬司斐之人類需求層次類推而應用在企業管理時，吾人可將員工「身」「心」上之需求，視爲推動員工行爲之基本因素。企業經理之指揮與領導可視爲『扣發』此種基本因素之『扳機』。由於每一員工均不斷地覓求其個人需求之滿足，而企業經理所能控制之扳機，包括許多可能滿足其員工需求之「工具」，以及酬賞處罰制度，是故經理實具備修正或規導員工行爲之能力與工具。何時扣發扳機，當然須視需求之壘積程度而定。概言之，需求程度愈高時，扣發之效果就愈

高。員工領導欲強者其創造實行需求就會高超，達成其需求之工具便是在組織內之升遷職位。指揮與領導如不考慮員工之升遷機會，顯然無法使員工努力安心工作。又員工如迫切需要金錢抵補家庭不斷增加之費用，激勵員工之途徑當首重薪賞，加班對員工講，為額外之收入而不是額外之工作，升遷機會對員工並不重要。可見企業經理針對各不同員工之身心需求狀態，可在不同時候扣發不同之板機。

按全美前管理學會主席希克斯(Herbert G. Hicks)之言，調和管理者之作法與態度以及員工身心之發展，要分三部進行，亦則：（一）釐訂員工工作範圍；（二）在員工工作範圍內授予員工充分行動權；與（三）依據員工工作成果，作考核及管制❺。在執行這些步驟時管理者對員工之態度應合理化，既不能偏X理論又不得偏Y理論，同時應釐訂廣泛之工作規則與充分靈活之通訊系統。X及Y理論將於指揮與領導章再加詳述。

伍、管制

企業營運工作是否按照計畫順利進行，是每一經理人員所關心之事。管制乃規範行為，係規範實際工作，使其能與計畫吻合不差。其步驟包括：（一）制定標準；（二）追蹤檢查與考核；（三）依功過獎懲；與（四）矯正差誤改進作業。此種業務管制制度要分層負責，貫徹施行，始能消弭虛偽粉飾，推諉責任之現象。

整個管制之過程，如果有良好之報備制度，定能益臻效果。經理人員可從各項報表裏，查核各項工作之進行情形，並與計畫進度或業務標準核對，以便明瞭差誤情況。往往預算是一種普遍使用之標準，如果工作人員能參與制定標準或編製預算，管制效果必會大增，管考

---

❺ Herbert G. Hicks, *The Management of Organization*. 2ed ed. (New York: McGraw-Hill Book Co., 1972), pp. 310-311.

工作容易達成。我國中央機構最近積極地在倡導追蹤管制與追蹤考核制度。行政院頒佈施行之『業務檢查辦法』規定各項列管要點，逐級實施，分層負責，乃為邁向科學管制之實際行動。

管制忌苟，蓋業務之推行操於『人』，不顧及人性，一味嚴求，終成壓榨控制，旣失卻管制之本質，又有扼殺工作人員革新之機會，此乃每一經理人員所應嚴戒者。

陸、協調

分工專業造成企業組織內各種活動間之距離。在整個企業營運上各種活動相互關聯，任一活動之阻滯將導致營運上之『瓶頸』現象。如何使各活動能在整個計畫下，圓滑進行，互不相剋，乃為協調之要旨。協調實係分工專業下通和各專業，一貫各活動之過程。概言之，達成協調之法有二：一則自動協調，再則被動協調。前者以工作人員間之合作為必要條件，後者則以管理者指揮權力為必要條件[6]。如何鼓勵員工間之合作風氣，對經理人員言係一種非常重要之事。員工間之合作可從不同角度去推展，諸如團隊精神之培養、員工作業方式之改進、經理人員對員工自制之倡導等等。管理權力之使用於協調，乃着重於行政上指揮各部門，各作業之相互配合順利達成整個組織之目標。

協調之另一重要涵義是通過計畫、組織、指揮與領導，以及管制等作業，使其一貫，一有差誤能速求改進，反饋於計畫甚至於目標之修正上。

良好迅速之協調必靠體系完善之通訊及報備制度，除此而外，組

---

[6] 按百地得教授，協調有自願與指導兩者，筆者認為應區分為自動與被動兩者。有關百地得之論點，讀者可參閱彼著 Petit, Thomas. A. *Fundamentals of Management Coordination* (New York: John Wiley & Son. Inc., 1975)一書。

織內非正式通訊系統，如組織內各部門員工間之私人溝通亦對協調工作有舉足輕重之影響。此一員工私人間之通訊網，經理人員可作適切之利用以傳遞組織內必要之消息。協調工作最忌繁文縟節，而首重扼要簡明，公司業務益趨繁雜，愈需簡化協調手續。

柒、革新

革新是維持企業青春活力之源泉。其在企業競爭激烈之現今，倍加顯出其重要性。革新有改革創新之涵義，對經理人員講，乃意味着對企業營運活動之革新。這當然包括對計畫、組織、指揮與領導、管制與協調等管理作業之改革與創新。經理人員如對新進之思想與作業，無法容納，閉關自守，則經理人員本身更沒有革新之可能。每一組織革新風氣之養成要靠：（一）經理人員本身之倡導；（二）多與外界接觸；以及（三）組織內設置人才發展及訓練機搆以謀求新進思想之繼續發掘。企業家若能朝此三向，持之有恆，假以時日，革新風氣定可蔚成。

捌、管理才能發展

管理人才乃是組織中最重要的一種資源。組織的發展前途如何，有極大一部份取決於管理人才素質。

管理人才不像機器設備，可以根據一定規格到市場上採購或訂製，然後一經適當裝置和試用之後，即可發揮預期效果。管理人才之發展，除了經由甄選過程以發掘適合需要的人以外，還要經過不斷的訓練與培育，然後才能擔當重要的責任。

何況，隨着管理者所擔任職位的不同，以及環境的改變，有關科技的發展，原來被認為十分勝任的一位管理者，稍過時日就可能變為落伍和「陳腐」。在這種情形下，廠商管理才能發展，實為組織謀求

生存與成長的重要功能。

　　基本上，我們知道，人是組織最珍貴的資源；但也是最難發展、維持和利用的資源。每個人都有他個人的事業目標，這個目標可能和他所服務之組織的目標相一致，但也可能不一致。如果目標發生嚴重的分歧，他可能離開這個組織。卽使由於某種原因，仍然留在組織內，他所能發揮的貢獻，也可能十分有限。

　　一個人的才能，在某種程度內，可以培育，經由訓練或經驗的累積，可以使得個人發揮潛能，組織獲取珍貴的資源。但是，這也包含一些問題，譬如，這種培育出來的能力，是否有加以適當的應用，以及如何加以適當的應用。如果不能適當運用，不但所投下的時間與金錢變爲白費，而且這種能力將會消失，或者這個人將會求去他從，以便發揮所長，變成楚材晉用，爲人作嫁，甚爲可惜。

第三節　　主管人員必具之素質

　　主管必具素質，因不同管理論調及態度而異。又受着作業性質、組織型態、外界因素等等之影響，甚難一概而論。惟各級主管人員均涉及對各種業務之計畫、組織、任用、領導、管制、協調，以及革新等工作，領導上所必備之三大素質似均應具備。此三大素質是：（一）策謀能力；（二）了解羣眾能力；與（三）技藝智能。管理者要能顧全大局，作周詳之策劃與謀略，方能使組織之營運活動一貫；要能明瞭員工之需要作適切之啟發與引導，始能加強員工之向心力，使員工努力達成任務；同時要具有作業上所必需之技藝智識，始能解決員工工作上之問題。此三大素質，在不同階層管理上，受用程度不一，因而各不同階層主管人員所必備之程度亦相異。概言之，高級主管人員偏重於業務之規劃與組織，故較重策謀能力，低層主管人員策重於領

導與管制，乃偏重於技藝知能。該三大素質對各階層主管人員之重要性可由圖例 2-7 中看出。

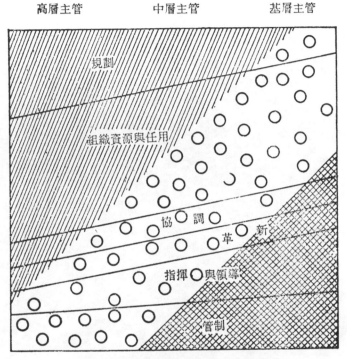

圖例 2-7　管理程序與主管人員必備素質

註：///// 策謀能力　○ ：了解羣衆能力　▨ ：技藝智能

資料來源：郭崑謨著「現代企業管理學」，第三版（臺北市：華泰書局，民國71年印行），第 207 頁。

第三章　管理之生態環境與資源

　　主管人員做諸多決策，不斷受外在環境與資源之影響。是故在論及管理功能之前，宜對外在環境與資源有相當程度之認識，始能在下定決策時，不致有所偏誤。本章特就一般外在生態環境與組織運作所需之外在資源分別概述於後，以利讀者了解此種外在因素在管理上之重要性。

第一節　一般外在生態環境

　　組織之運作，深受種種外在而其本身無法控制之力量所影響。對此種外在力量，主管人員僅能因應順變作最有效之運用。明瞭此種力量之存在狀態與其演變趨勢，實為每一主管人員之首要任務。外在影響力量通稱「生態環境」。

　　生態環境包羅甚廣，主管人員首應明瞭者，不外乎：經濟、科技、政治、法律、社會、文化與國際環境。此乃為一般性環境，力量相當巨大，不可不加以研究。

壹、經濟與科技環境

　　總體經濟環境所涵蓋之項目甚多。對組織——包括機關團體以及企業單位，較有具體影響者，不外乎經濟制度、市場（總體市場），以及產銷要素：諸如資本市場、原料資源、公共設施、能源等等（見圖例3-1）。

　　我國之經濟制度係民生主義計畫性自由經濟。介於資本主義自由

經濟與共產主義之集中計畫性「控制」經濟。 民生主義制度之特徵有:

(一) 公私營運並存;

(二) 個體企業之產銷活動具有充分之自由;

(三) 資源及產品之分配,受市場價格及總體計畫兩者之均衡影響與引導;

(四) 消費者有自由選擇之機會; 以及

(五) 「均」與「富」目標之追求。

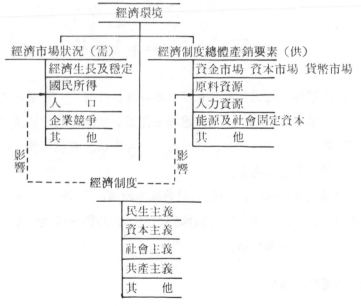

圖例 **3-1** 經濟環境

觀看世界各國之經濟政策,其潮流正趨向民生主義制度。在資本主義制度下美國之「政府介于」政策以及在共產主義制度下蘇俄之「部分私有化」制度乃爲明顯之例(見圖例 3-2)。

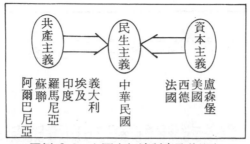

圖例 3-2　各國之經濟制度及其趨向

資料來源: 郭崑謨著，「民生主義與企業研究發展」，中央月刊，12卷
　　　　1 期（民國68年11月），第60～65頁。

　　至於「均」與「富」目標之追求，我國之成效卓著，尤其「均」方面，我國之成效舉世聞名，從表 3-1 可得知我國最高20％家庭每戶所得相當最低20％家庭每戶所得的 4.7 倍，較之巴西之33.3，實不可同日而語。

　　構成一國消費市場之基本因素為人口、所得（購買力）以及購買意欲。一國之人口雖然眾多，但國民所得微少，就是有消費意欲，亦無多大市場可言。相反地，一國人口雖然不多，但每人所得甚高，其市場可顯龐大。

　　任何一單位供應能力，並非無止境，其能力受一國、甚至於世界產銷要素之限制。此產銷要素包括資金、原料、人力、公共設施以及科技等等。此種「供應」資源實為每一位主管人員必須詳加瞭解者。

表 3-1　各國所得分配情況比較表

（最高20%家庭每戶所得相當最低20%家庭每戶所得的倍數）

No.	國名	年別	倍數		No.	國名	年別	倍數
1.	日本	1979	4.3		20.	印尼	1976	7.5
2.	荷蘭	1981	4.4		23.	法國	1975	7.7
3.	比利時	1979	4.6		24.	南韓	1976	7.9
4.	中華民國	1987	4.7		25.	斯里蘭卡	1981	8.6
5.	西德	1978	5.0		26.	澳洲	1976	8.7
6.	匈牙利	1982	5.2		26.	香港	1980	8.7
7.	愛爾蘭	1973	5.5		28.	紐西蘭	1982	8.8
8.	瑞典	1981	5.5		29.	泰國	1976	8.9
9.	英國	1979	5.6		30.	葡萄牙	1974	9.4
10.	西班牙	1981	5.7		31.	菲律賓	1985	10.1
10.	瑞士	1978	5.8		32.	阿根廷	1970	11.4
12.	南斯拉夫	1978	5.8		33.	智利	1971	11.7
12.	奧地利	1967	5.9		34.	馬來西亞	1973	16.0
14.	芬蘭	1981	5.9		35.	土耳其	1973	16.1
15.	挪威	1982	6.0		36.	哥斯大黎加	1973	16.6
16.	以色列	1980	6.4		37.	委內瑞拉	1977	18.0
17.	義大利	1977	6.7		38.	墨西哥	1977	19.9
17.	印度	1976	7.1		39.	象牙海岸	1986	25.6
19.	丹麥	1981	7.1		40.	宏都拉斯	1967	29.5
20.	美國	1980	7.5		41.	巴拉圭	1973	30.9
20.	加拿大	1981	7.5		42.	巴西	1972	33.3

資料來源：　1. 本資料取材自葉萬安撰「民生主義的經濟發展——經濟自由化與均富」未出版講稿，民國79年7月，第3頁。
　　　　　　2. 行政院經建會經研處編印「中華民國臺灣地區經濟現代化的歷程」(76.8.)
　　　　　　3. World Bank: *World Development Indicators* (1988)

貳、政治與法律環境

論及機關、團體、公民營企業與政治法律之關係，其最明晰之觀點概集中於：

一、如何有效地組織並利用一國之資源；

二、如何保護民眾之安全；以及

三、如何維持社會之賡續繁榮。

為達成上述之政治任務，政府必然要制定社會公眾所共同遵守及勵行之行為準則——法律。是故法律之制定與執行顯然可視為一國之政治過程。

法律有公法與私法之別，前者規範政府與個人之關係，後者制訂個人與個人間之關係。前者包括憲法、行政法、刑法；後者則包括票據法、財產法、公司組織法、契約、代理人等有關法令（見圖例3-3）。每一主管遇有法律疑問，應從速與法律專家商討研究解決之道。

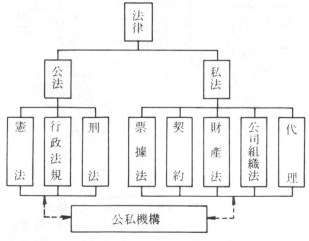

圖例 3-3 公私機構與法律

叁、社會、文化與教育環境

人類創出之生活環境，承羣眾接受，代代改進及傳遞。文化乃此種環境之統稱。具有共同關係及共同目標之羣眾組織謂之社會，諸如小至企業經理協進會、中華民國資訊教育學會、鄉社、俱樂部，大至教育界、電影界、婦女界等等均為社會之不同層面與型態。當然國家為最高度、最正式化之社會組織。傳遞文化之程序謂之教育。是故教育意味著智識及經驗之傳遞、學習以及改進之過程。社會、文化與教育與各種機構團體之關係可從圖 3-4 窺其概要。

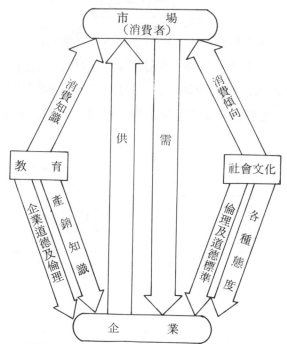

圖例 3-4 社會、文化、教育與企業之關係

資料來源：郭崑謨著「現代企業管理學導論」（臺北市：華泰書局，民國六十五年印行），第73頁。

肆、國際環境

在我國「自由化、國際化」之既定政策下，主管人員必須對國際環境有相當程度之認識後，始能在決策上避免偏頗情況之產生。國際間之頻繁接觸，使不同國家人民很容易洞察國際間之各種機會——諸如國際貿易機會、國際文化交流機會、國際合作機會等等。

主管人員對各種政治性區域組織、經濟性區域組織、社會性區域組織，要詳加瞭解，以便參加該種組織或運用該種組織之力量，發展活動空間。

第二節　組織運作所需之外在資源

創造價值達成組織目標之智慧，能力，以及工具，統稱爲資源。工具爲人類智慧或能力所能應用之宇宙物象。因此資源當然包括人類本身、人類可能有效使用之宇宙物質，以及人類所已創造之物質與現象。具體言之，卽人力資源、資金市場、公共設施以及自然資源。

壹、人力資源

可發揮於公私機構團體運作上之人類腦力與體力，統稱爲組織之人力資源。此種資源之豐瘠，影響其他一切資源，諸如原料資源、設備等等之開發與運用。因此，人力資源可以視爲資源之「資源」。一國人力資源之豐瘠與否，實係相對現象，須視其供需情況而定。此較有意義之研析，當視各行各業之供需而定。一國可能缺乏電機工人，而有農工過剩現象。是故有系統之人力開發成爲主管人員之非常重要工作。

由於我國現正面臨農工商產業結構調適之階段，很自然地，就業

結構亦隨著必須進行調適。就業結構之調適，倘期順利，主管人員必須重視員工第二專長甚至於第三專長之培育工作，使員工能順利轉入其他工作。表3-2所示者為我國未來10～20年內所可能發展之人力結構情況，可供參閱。

表 3-2　1989～2000年我國人力資源結構之改變:

項　　　目	就業人口 總　計		農　業		工　業		服務業	
	萬人	%	萬人	%	萬人	%	萬人	%
1989年	803.7	100	120.4	15.0	333.8	41.5	349.5	43.5
2000年	989.7	100	90.0	9.1	390.1	39.4	509.2	51.5

資料來源: 行政院經建會人力規劃處提供

貳、資金市場

組織之運作，若無資金，一籌莫展。資金一詞，依一般定義，係指一切可被接受之支付而言。舉凡貨幣，包括硬幣及輭幣、支票、銀行匯票、商業本票、商業支款單、有價證券以及其他有價票據，均為資金。

資金可在資本市場與貨幣市場籌備。長期性資金之籌獲，通常要透過資本市場，亦即一般所了解之證券市場。中期性資金之融通，可以資產抵押向金融機構獲得或由政府伸予援手。至於短期性資金之融通需要健全之貨幣市場。

叁、公共設施

公共設施，諸如公路、鐵路、海港、大眾運輸設備、電信、能源

等設備對公私機構之運作，非常重要。以其耗資甚鉅，個體組織實無法負擔。公共設備如果匱乏，組織之運作效率及效果，必然無法提昇。是故，如何善加運用公共設施，提高組織生產力，爲主管人員之職責所在。

肆、自然資源

自然資源，概言之，包括礦物資源、農林漁牧資源、水資源等數類。

雖然人類之智慧能力，在現階段已可探索許多地球以外太空星球之奧妙，但對這些地球以外之太空星球秉有之物質，仍然無法作有效之運用。是故吾人在討論礦物資源時，無形中話題仍逗留在地殼（地球外殼）結構上之物質。所謂地殼係指自地面或海面向地心十哩厚之地面層（lithosphere）或海面層（hydrosphere）而言。地殼結構之成分據研究，百分之九九點七左右係由25種物質所組成❶（見表 3-2）。

農林漁牧資源，係人類利用自然——土地（包括河、泊、海）與氣候（如陽光、風、溫度、雨水）等生產有利人類之動植物。如何減少對「自然」之依賴性，以及如何改進動植物之生命過程，係兩個非常重要之關鍵。

由於水之地域上分佈極不均勻，時間上分配往往受氣候之影響，以及日受污染之關係，吾人對水之「不虞匱乏」之觀念，應該加以改正。用水已要付出相當之代價。因此，主管人員必須愼加運用寶貴之水資源，使組織之生產力能高度發揮。

---

❶　參閱 W. N. Peach and Jame A. Constantin, *Zimmermann's World Resources and Industries*, (New York: Harper & Row Publishers, 1973) 一書。

表 3-2 地殼物質結構部份表

（包括地層與海層結構元素之二十五種）

原 素		百 分 比	原 素		百 分 比
氧	(O)	46.60	硫	(S)	0.052
矽	(Si)	27.72	鍶	(Sr)	0.045
鋁	(Al)	8.13	鉳	(Bk)	0.040
鐵	(Fe)	5.00	碳	(C)	0.032
鈣	(Ca)	3.63	氯	(Cl)	0.020
鈉	(Na)	2.83	鉻	(Cr)	0.020
鉀	(K)	2.59	鋯	(Zr)	0.016
鎂	(Mg)	2.09	銣	(Rb)	0.12
鈦	(Ti)	0.44	釩	(V)	0.011
氫	(H)	0.14	鎳	(Ni)	0.008
磷	(P)	0.118	鋅	(Zn)	0.007
錳	(Mn)	0.100	氮	(N)	0.005
氟	(F)	0.070	總 共		99.726

資料來源；Parker, Raymond L. *Data of Geo. Chemitry*, 6th ed. Geological Survey Professional Paper 440-D, Washington, GPO, 1967, Table 18, P. D. 13, in W. N. Peach and James A. Constantin, *Zimmermann's World Resources and Industries*, Third edition (New York: Harper & Row Publishers, 1973) p. 346.

第 二 篇

中、西方管理理念與行為

- ✿ 管理思潮之發展
- ✿ 中、西方管理理念與行為之探討

第四章 管理思潮之發展

　　管理思想早於三千多年前就萌芽於中西各國。孔孟儒學之『選賢與能』掌管公事，蘇格拉底之「管理技巧」❶，均對其後管理思想之演進有十分深遠影響。昔日羅馬教會之組織與管理，以及古羅馬軍隊

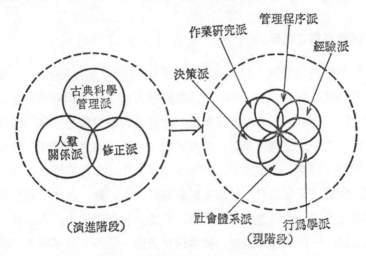

圖例 **4-1**　管理思想之演進及分類

資料來源: Andrew F. Sikula, *Management and Administration* (Columbus, OHIO: Charles E Merrill Publishing Co., 1973), p. 11.

註: 此圖業經筆者修訂，與原圖略異。

---

❶　儒家之管理思想可參考「禮運大同篇」。蘇格拉底之「管理技巧」可參看下列資料。
Plato and Xenophon: *Socratic Discourse* (New York: E. P. Dutton & Co., Inc. 1910.) book 3, Chapter 4, Harold Koontz and Cyril O'Donnal, *Principles of Management*: *Analysis of Managerial Function*, Fifth Edition(New York: McGraw-Hill Book Company, 1972), p. 20.

之組織與指揮早已具備「層次權責」之指揮管理系統與參謀制度之雛
型。雖然如此，企業管理上比較完整之管理思想，可說於本世紀初葉
才逐漸發揚光大。依照西古拉教授(Andrew F. Sikula)之說法，管理
思想之演進可分爲兩大階段。第一階段爲演進階段，第二階段爲現今
思想。(見圖例 **4-1**)虛線圓圈象徵着思想系統應有之總體觀念。虛線
圓圈內之實線圓圈部份相互重疊，反應着各思想學派之基本類似處。

第一節　演進階段之管理思想

壹、古典科學管理學派

早期之企業管理思想係由泰勒 (Frederick, W. Taylor)、費堯
(H. Fayol)、甘特 (H. Gantt)、基爾不列斯 (F. Gilbreth) 以及愛
墨生 (H. Emerson) 等思想匯集而成之古典科學管理思想❷。該管理
學派認爲工作或任務效果之提高悉賴對工作或任務之「科學」管理。

所謂「科學」，事實上，係指管理專業化、工作標準化、執行教
導化、酬賞成果化而言。管理之對象雖然有人、物，及作業過程與操
作方法之不同，但爲達成組織任務，在應用科學方法上，人、物、過
程與方法，一律須遵守規定，依照作業方法。弦外之音是視人力同機
械，可用「科學」方法提高生產效率。誠如泰勒所言，管理之首要在

---

❷　早期之企業管理思想實係「狹義」科學管理思想，亦爲「古典」科學管
　　理思想，與「現代」科學管理思想之意義略有出入。至於泰勒、費堯，
　　以及甘特等論調可參考下列諸書：
　　Taylor, F. W. *The Principles of Scientific Management.* New
　　York: Harper & Brother, 1911.
　　Faylo, H. *General and Industrial Administration.* London: Sin
　　Isaac Pirman & Sons Ltd., 1949.
　　Hicks, Herbert G. *The Management of Organization: A System.*
　　And Human Resources. Second Edition, New York: McGraw-Hill
　　Book Company, 1972.

于明確之工作規律，任務守則，與作業方法。

「科學」管理學派鼎盛期間持續有二十年之光景(1910～1930)。其所謂「科學」涵義，囿於上述之工作及任務上之管理特徵，比較狹窄，與現代之科學涵義實不能相提並論。因此泰勒所肇基之科學管理學可視爲『古典』科學管理學派。古典管理學派對各種增進工作效率上之創作，皆屬於技術及工程方面，諸如泰勒之「測時制定工作標準時間」，基爾不列斯之「精密時間及動作研究」，甘特之「工作計畫規劃表制度」等等便是其例。

科學管理之父──泰勒，在伯利恆鋼鐵公司服務期間，曾作了三項膾炙人口的實驗，而引發他歸納出科學管理的原則。茲簡述於後。

（一）關於個人工作的每一動作元素，均應發展一套科學，以代替舊式的經驗法則。

（二）應以科學方法選用工人，然後訓練之，教導之，及發展之；以代替過去由工人自己選擇自己的工作及訓練自己的方式。

（三）應誠心與工人合作，俾使工作的實施確能符合科學的原理。

（四）凡任何工作，在管理階層與工人之間可以說均有幾乎相等的分工和相等的責任。凡屬較適宜於管理階層承擔的部分，應由管理階層承擔。而在過去，則幾乎全部工作均由工人承擔，且責任也大部分落在工人肩上。

基爾不列斯 (Gilbreth) 出生於 1868 年，早期擔任砌磚工，卽開始研究砌磚的動作，以縮短砌磚時間及節省砌磚精力，研究的結果，使得每人每小時砌築速度由 120 塊增加到 350 塊。1904年基爾不列斯與莫勒女士結婚。莫勒女士具有管理和心理學的背景。因此他們結合了彼此的才能，共爲開發更好的工作方法而努力。基爾不列斯設計了一套微動計時器，來分析工人的動作，並同時具體地測定了七個基本項目，例如所謂 "握" (grasp)、 "持" (hold)，及 "置"

(position) 等等。他們將這些基本動作，稱之爲 "動素"，英文名爲 "therblig"，是他們姓氏 Gilbreth 的各字母反轉併成。他們的這些分析，委實是一樁了不起的貢獻。無怪乎今天基爾不列斯被尊稱爲動作研究之父。

甘特氏 (Gantt) 在 1887 年曾與泰勒共事於密特維爾 (Midval) 鋼鐵公司，爲同時代中有名的科學管理家。他主要貢獻有二:

(一) 任務及獎金制度 (Task-and-bonus system)——甘特氏設計任務獎金制度，主張給予工人一天的保證工資，倘工人完成了當天的交付任務，則尚可獲得一份獎金。他倡議此一制度，乃是基於一項認識: 職位安定實爲最有力的一項激勵。此外，他與泰勒一樣，認爲管理階層必須對員工給予有關工作的指導。

(二) 甘特圖表 (Gantt chart)——將一切預排的工作及完成的工作，均繪製於一條時間橫軸上。而縱軸方面則爲指派擔任各項工作的人員與機器。這雖是簡單的一種圖表，但卻是計畫與控制的一項有效工具。後來在 1950 年代後期，美國海軍所使用的圖表，遠比甘特當年設計的圖表複雜。雖然如此，基本觀念並無不同，同樣是強調效率。

如果說泰勒是科學管理之父，則法國實業家費堯 (Henri Fayol) 可稱爲管理程序學派之父❸。他曾提出十四點原則，以供管理者遵守實行，它們是: ❹

1. 分工原則: 工作應加細分，藉由專精以提高效率。

2. 權責原則: 職權與職責必須相當，不可有權無責; 也不可有責無權。

3. 紀律原則: 一企業欲求順利經營與發展，必須維持相當的紀

---

❸　許士軍著「管理學」，東華書局，民國70年初版，第 33-35 頁。
❹　同註❸。

律。

4. 指揮統一原則: 一人不能接受一位以上主管之指揮。

5. 目標一致原則: 一組活動應根據同一目標同一計畫而行動。

6. 個人利益應服從共同利益原則: 組織的利益應超越一人或一羣人的利益。

7. 獎酬公平原則: 組織所給工作人員的獎酬應根據公平原則,並盡量求使個人及組織均感滿意。

8. 集權原則: 集權乃一組織必要之條件, 亦爲建立組織之自然後果。

9. 層級節制原則: 在一組織內,由最高層主管以至最基層人員,應層層節制。

10. 職位原則: 在組織中, 每一成員都應有一適當地位。

11. 公平原則: 公平與正義應充斥於一組織之內。

12. 職位安定原則: 應給予成員一穩定之任期, 俾使其能夠適應而後發揮效能。

13. 主動原則: 不論組織那一階層, 均有賴積極主動之精神, 方能產生活力和熱誠。

14. 團隊精神: 強調組織成員間的合作關係。

貳、人羣關係學派

古典科學管理學派傾重於各種管理原則之製定及實施, 而忽略了人羣因素。其實工作效率之提高亦要靠工作人員對工作有良好心理反應, 如風紀、團隊精神、熱情、忠誠、樂羣、篤善等等。強調人類之心理及生理因素對工作效率之重要性, 而主張管理應重視人類行爲因素者謂之人羣關係派。該管理學派繼古典科學管理學派之後, 以梅約(Elton Mayo)、羅斯利斯保(Fritz Roethlisberger)及狄可生(William

Dickson) 爲主流❺。

梅約從 1924 年開始，在美國芝加哥西屋電器公司所屬的霍桑廠 (Hawthorne Plant, Western Electronics Co.)，實施一連串的實驗，這是管理史上有名的霍桑試驗。霍桑試驗包括以下各個實驗:

(一)照明實驗——研究人員欲探討廠內照明度對作業的影響，而作了這項照明實驗。他們將工人分爲Ａ、Ｂ兩組，Ａ組在一定光度下繼續作業，Ｂ組光度由廿四度漸增至四十六度、七十六度。在不同光度下作業，前後共實驗三次，沒有獲得關於光度與作業效率任何肯定答案。

(二)繼電器裝配作業實驗——1927 年到 1929 年得洛克非勒財團的支助，開始第二階段實驗。此次係以小組勞工爲單位，先選擇兩位女工，讓她們各選出四位她們所喜歡的女工，合成六人，集中於被隔離的作業室，裝配繼電器。最初以普通條件(每週 48 小時，工作時無休息時間)，每週完成 2,400 個。嗣後更換條件，使用計件工資制，生產量增加。若給予 5 分鐘休息時間兩次，生產量更增加，免費供給三明治時，生產量仍有增加。而將下班時間提早 30 分，生產量並未減少。每組所派駐的觀察員詳細觀測作業態度及工作量，證明疲勞是阻碍生產的一個重要因素。但就作業人員來看，她們作業條件被改進，待遇被改善，認爲是受公司幹部的重視，更覺愉快! 當進入第十二期實驗時，依觀察員的提議，將作業條件回復到第一期之狀態，觀察員預料，女工會感覺失望，生產量急降; 但出乎意料，生產反而增加，達每週 2,900 個，末後第十三期僅增加咖啡供應時，生產激增達每週平均 3,000 個之最高數字。因此，負責調查人員，不得不對人性重予研究，舊日的疲勞觀念竟被推翻。自尊心使她們提高並維持良好的效率。

---

❺ 梅約之理論在其 *The Human Problem of An Industrial Cilivilzation.* N.Y.: The McMilliam Co., 1983 書中有詳盡之闡述。

從這些實驗，梅約發現以下幾點事實：（1）只要給員工敍述苦衷的機會，就能解除她們不滿的情緒；（2）將員工情感隔離時，就無法瞭解他們的勞動士氣；（3）員工不滿情緒，是潛伏在內心深處的不安；（4）員工的情感或有所求，常被環境所左右；（5）員工的滿足與否，與其說是由客觀的判斷所產生，不如說是受主觀的判斷所左右。

梅約敎授認為，管理人員對工人之態度顯然地，比古典學派所重視之勞工標準作息時間、工作時間、酬賞制度化等等「物質」因素更加重要。彼等認為管理者如果將工作人員，看成是有靈性之「人」，則工作人員之效率便容易提高。對此種人羣關係之發掘與推展，日後各社會心理學家之貢獻莫大。諸如荷曼 (G. C. Homans)、卡茲 (D. Katz)、可恩 (R. L. Kohn)、馬可列哥 (D. McGregor)、阿其利斯 (Argyris) 等等不勝枚舉❻。著名之馬可列哥管理論調Ｘ理論與Ｙ理論，實際上就是人羣關係之應用❼。以梅約為主之人羣關係思想，由萌芽至開花，持續有二十餘年時光，全盛時期約為1950年代。

叁、修正派

近三十餘年來，管理科學之演進一日千里。一般管理人員及管理學家認為「古典」科學派與人羣關係派所力主之管理論調缺一不成，兩者應同時並重。對管理問題之觀察、分析與決策，不但應用數理、工程科學原則，而且強調人類行為科學之引用。所謂修正派於是形成。「現代科學管理」、「管理科學」之名稱開始出現。「修正派」

---

❻ 對人類行為科學有所貢獻之學者，不列爾遜及史提那兩氏所著「人類行為」一書中有比較詳盡之列述，參看 Berelson, B. and Steiner, G. A. *Human Behavior*, N. Y.: Harcourt, Brace and World Inc. 1964 一書。

❼ 值得特別一提者為馬可列哥之管理理論，見: McGregor, D. *Human Side of Enterprise*. N. Y.: McGraw-Hill Book Company, 1960 一書。

之主要倡導者爲阿其利斯 (C. Argyris)、利卡 (R. Likert)、海亞 (M. Haree) 諸氏❽。修正派之思想實涵義着比較廣泛之管理科學原則，亦卽應用有系統之求知及解決問題方法於管理作業上。乃爲吾人所應了解之現代科學管理——管理科學。

　　具體言之，管理科學學派的特色，大約可描述如下❾:

　　1. 強調科學方法;

　　2. 解決問題採用系統方法;

　　3. 以建立數量模式爲中心;

　　4. 將有關現象數量化，並利用數理及統計技術求得解答;

　　5. 關切經濟——技術因素，而不只心理——社會因素;

　　6. 利用電子計算機爲工具;

　　7. 強調整體系統觀點;

　　8. 在一關閉式系統內尋求最佳之策略決策;

　　9. 屬於規範性 (normative) 導向，而非描述性 (descriptive) 導向。

第二節　現階段之管理思想

　　從管理思想之演進史上，吾人可以觀察現階段之管理思想係綜合性思想—— 綜合古典與人羣關係兩大主流 。 在管理方法上，已引進各不同科別之知識與方法。這象徵著現代科技之進展情況與不同科技之交流，此種交流之結果產生許多支流。現階段之管理思想有許多這

---

　　❽　參考 Argyris, C. *Personality and Organization*. N.Y.: Harper & Brother, 1965, *Integrating the Individual and Organization*, N.Y.: John Wiley & Sons. Inc 1964 與 *The Human Organization*. N.Y.: McGraw-Hill Company 1967 等書。

　　❾　參閱 Kast 與 Rosenzweig 合著, *Organization and Management: A System Approach*. N.Y.: McGraw-Hill, 1970 一書。

些支流。 在商榷現階段管理思想時， 所要強調者乃各種支流之相異處，而非其是否屬於科學管理範疇。大別之現代科學管理思想有六大學派——經驗派、社會體系派、行爲學派、作業研究派、決策派與管理程序派等。

壹、經驗學派

經驗派之重點在於實際經驗之可靠性。實際管理經驗旣然印證着人羣關係之道理與作業技術之功效，管理原則自可從過去之管理史中覓求而得，管理問題亦可在管理經驗裏找到答案。此一學派顯然相信人與人之關係、事與事之關係、物與物之關係，綜合地反映在經驗信條中。管理者之決策依據，誠然爲彼等之經驗信條。成功企業家必寓有非常珍貴之管理信條。研究企業家之奮鬥史，對良好管理原則與信條之把握有莫大之幫助。管理思想之形成，乃經驗累積之過程。

貳、社會體系派

社會體系派認爲管理係一種社會過程，是故對社會整個體系應有明確之認識始能達到效果。社會文化交互影響，形成不同之羣體。整個社會之行爲準則，以及個別羣體行爲之研究，乃爲非常重要之工作。羣體， 包括有組織與無組織兩者。 此兩者在企業組織內到處存在，對企業組織行爲影響巨大。管理者之首要任務便爲如何協調各羣體行爲，使之配合整個企業組織之行爲。所謂寓管理於『協調企業組織內之社會體系行爲』者，便是該管理思想之中心思想。

叁、行爲學派

與社會體系派有密切關係，但將重點放在「人際關係」之思想謂之行爲學派。此一將管理視爲集眾人之力來完成經釐訂之任務過程，

因而強調人與人之人際關係者，益趨普遍。人際關係相當奧妙，研究
人類之心理現象，人與人之交互影響後果，以及各個體或羣眾之文化
背景對個人之心理與羣體行為之發展關係，確係有效發揮眾人力量達
成共同目標之要訣。了解「人」成為每一管理者之最重大課題，領導
者統御能力之高低，有繫於對被領導羣眾行為之了解。著名之X理
論與Y理論，亦卽基於被領導羣眾之心理狀態相異性而區分之管理人
員管理作風與政策❿。按X理論假定人類不愛好工作，並有避免責任
之傾向，是故管理者應嚴紀律、重賞罰、權責自應集中於管理者手
中。Y理論則假定人類並不厭惡工作，亦不避責。管理作風應開放，
工作者若能參與決策，管理效果必會大增。

肆、作業研究學派

應用數理原則於管理上，將管理問題視為可藉數理原則求到解決
之邏輯系統，而寓管理於數理模型之管理思想謂之作業研究學派。該
學派方興未艾。依此管理思想，管理者應將企業活動邏輯化，而視管
理過程為包括各種相互關聯之邏輯系統。因此管理者可以數理關係來
解決、推動或改進企業營運上之問題。

伍、決策學派

另一與作業研究派相類似之管理思想稱之決策派。管理者旣然是
決策者，時時作各種決策。管理之要旨乃作正確而良好之決策。依據
共同目標，挑選最有利之政策、策略、方案、作業方法等等，乃為每
一管理者理應操執之工作。經濟效用是用以衡量決策價值之基準，所
要考慮之要素包括人類行為因素與其他物質因素。

---

❿ 參看: Henry L. Sisk, *Management & Organization*, 2nd edition
(Dallas: South-Western Publishing Co., 1973) pp. 301-2.

陸、管理程序學派

管理程序派認爲管理可依其功能而區分爲可以識別之過程，每一過程加以分析與研究，必定可以發現許多原則，循此原則求得管理作業之改進。由於該種管理思想，容易揭櫫，條理易明，乃成爲現階段管理學上最通俗之管理構想。

第三節 東、西方管理思想之比較

管理之受西方重視雖爲1910年代以後之事[11]，管理思想與作業，早已啟源於我國[12]。惟過去國人未能積極重視並加強系統化研究，發展成觀念與作法。我國之管理思想遲遲無法發揮領導作用，一如我國之農、醫、印刷、指南針、火藥等等『科技』，雖早已在傳記中之神農、伏羲、有巢、黃帝，以及夏朝以還各朝代，就已有相當基礎，但由於缺乏積極再研究再發展之精神，至今仍然未能領先世界各國，堪值檢討。

壹、幾項我國先賢管理思想之啟示

我國先賢之思想見諸於古書典章。中國古書典章不乏管理哲理，茲就較膾炙人口之數項管理理念依其對管理涵義、組織生態、環境之

---

[11] 據西古拉 (Andrew F. Sikula)，西方管理思想若依論據發表之先後，古典科學管理當首推 1911 年 Harper & Row 印行之泰勒 (F. W. Taylor) 著 *Shop Management* 最早。見 Andrew F. Sikula, *Management and Administration* (Columbus, Ohio: Charles E. Merr. II Publishing Co., 1973) pp. 11-12。

[12] 郭崑謨著「現代企業管理學」，第三版，華泰書局，臺北，民國71年印行，第187-188頁。

研析、規劃與組織、執行與管理之涵義與啟示，分別簡述於后⑬。

一、管理之涵義

我國儒家思想早已揭櫫管理之過程實應涵蓋：

(1) 「格物、致知、誠意、正心」之自我「修身」管理，

(2) 「齊家」之家庭管理，

(3) 「立業」之企業管理，

(4) 「治國」之公共行政管理，以及

(5) 「平天下」之國際關係管理。

可見我國之管理過程不但比西方管理過程起點早，涵蓋範圍亦較廣大。儒家思想行為重「仁義」、「忠恕」與「愛」，管理行為自然反對霸道，而力主「王道」。此種行為思想與法家及兵家之策略思想並不相悖。更與易學、道家、墨家，及宋明理學等思想相輔為用。蓋法家與兵家之策略（或戰略）之運用，易學之推展，墨家思想「利他行為」之發揚等等，其目的乃在達成「修齊治平」之理想故也。

國父明示政治為「管理眾人之事」，並昭示「人生以服務目的」，正說明管理，並非如西方之「運用（領導）他人完成組織目標」，而為治理「事物」、「服務人羣」。綜合我國先賢之哲理，管理之涵義應為：

(1) 運用組織資源，有效治理事物，達成組織之目標。

(2) 運用組織資源者必為人，但沒有「他人」可運用時仍然有管理行為。因此合乎我國道統與國情之管理行為，其適用範圍遠較西方式之管理為廣，人人都應具備管理知識。

(3) 我國之領導型態應重視『管理外管理』，始能收到宏效。（

---

⑬　郭崑謨著「論中國管理模式之建立與管理外管理」，中華民國管理科學學會71年年會論文集，中華民國管理科學學會71年12月印行。

有關『管理外管理』之論述，在本書第二十三章將有詳細的介紹）。

二、組織生態環境之研究

易經中對陰陽之消長，道出宇宙變化規律，裨益對組織環境生態之認識。所謂宇宙現象乃係現代管理所論及之組織『外生』環境。認識環境為規劃、執行與管制之先決條件。易經被公認為西元前4700年伏羲所創，為六經之首。古代伏羲氏，就觀察天地萬物之「變」，創八卦以解宇宙之奧秘。易經之「循環推數」學理，對組織環境生態之預測將必大有助益。

孫子兵法中之「知彼知己，百戰不殆。不知彼，不知己，每戰必殆」，亦顯示我國早有組織「外生」環境生態觀念。組織主管要知悉組織生態環境，始能確切訂定組織目標。

三、規劃與組織

管子曾言：「一年之計在樹穀，十年之計在樹木，終身之計在樹人。」此一思想顯示，我國先賢早有短期、中期，以及長期規劃理念與方針。孟子之井田制，「方里而井。井九百畝；其中為公田，八家皆私百畝，同養公田，公事畢，然後敢治私事。」就管理觀點論之，係系統規劃之雛型。系統規劃觀念更可從孫子兵法之計篇窺視而得。計篇曰：

> 『兵者，國之大事，死生之地，存亡之道，不可不察也。故經
> 之以五校之計，而索其情。一曰道，二曰天，三曰地，四曰
> 將，五曰法。』

孫子兵法計篇，與儒家之「修齊治平」觀念蔚為一相當深奧之系統管理理念。 國父之「建國方略」、「建國大綱」、「實業計畫」等當可視為總體系統規劃之範例。

論及策略規劃，雖然西方管理學者近幾年來開始重視，我國遠在六、七十年前就早已具策略規劃之思想與精神。

四、執行與管制（控制）

除上述孫子兵法計篇，五校之「計」中之「將」與「法」爲執行
與管制之哲理外，孔孟儒學之「選賢與能」，周禮之「司門掌授管鍵
以啟國門」，說文中之「治國治民爲理」**⑭**，均含有「權、責」關係
之學理。

我國一向重視倫理與人羣關係，如三綱之君臣、父子、夫婦，五
倫之君臣有義、父子有親、夫婦有別、長幼有序，朋友有信等等，反
映我國以人爲中心之重人性與人際之管理，諸如重觀人與用人之道、
自我磨鍊、功成身退之道等等**⑮**，不乏其例。又如孫子兵法中之「上
下同欲者勝」，便隱含「目標管理」之哲理。孔子學說中亦多處提
述人之精神與時間均有限制。子夏秉承孔子之哲理所提及之「百將居
肆，各成其事」，反映出組織內分工合作以達成組織任務之作法**⑯**。

先總統　蔣公曾評述**⑰**：

「無極而太極之說，不外窮理以盡性，惜乎其只能盡人之
性，而皆不重盡物之性，如其當時以講求人之性者，並研究其盡
物之性，則我國五百年前已能發明今日之科學……。」

先總統　蔣公對人性與物性之評述，非常中肯地昭示過份重視人
性而忽略物性，必然導致領導效率之降低，使管理方向有所偏頗，管
理效率不能提高。

貳、西方管理之幾個特徵與缺失

---

⑭ 吳智，「論管理科學的意義」，商業職業教育，第七期，（民國70年），第
6、7及 63 頁。
⑮ 周君銓編譯「聖賢經營理念」，大世紀出版公司，臺北，民國70年印
行，第一章、第二章、第四章及第五章。
⑯ 嚴慶祥，「孔子與現代政治」，孔學會，臺北，民國69年印行，第
14頁。
⑰ 顧祝同，「中國孔學會孔子誕辰紀念大會講詞」，孔學會，臺北，民國
70年印行，第 1 頁。

　　西方管理不但講求效率，更注重應變能力。管理既爲透過「人」以完成工作，達成組織目標，當然強調人性之重要。因此，追求正式化目標、重視人之效率與強調組織內之程序，自然成爲現代管理之基本特徵。但西方管理偏重作業或「工作」時間內之效率，同時亦偏重於組織內之規則與組織內之正式溝通。這些特徵往往會導致下述缺失⑱：

　　(1) 如果組織成員（員工）被「限制」於固定時間、既定組織與規則，以及正式溝通，將使員工無法發揮其潛力，無異於組織資源之浪費。

　　(2) 倘重視正式化目標與時間內管理，組織主管往往只能看到員工之有形「努力」，而無法領悟員工之無形「心智」努力；在推導工作上，非但無法突破成規與瓶頸，而且無由得到眞正公平合理之績效評估。因此，容易導致「因循苟且」之員工工作心態，以及員工流動率之提高，影響組織之運作效率。

　　近來各界人士，鑑於管理科技對提昇我國經建地位之重要性，頗多論及管理紮根與中國式管理，其有關論據散見各處，各有其獨特見地。有者從用人觀點論衡，有者從制度觀點著眼，有者從運作功能，不一而足。本書不擬一一列舉。

---

⑱　郭崑謨著「管理外·管理緒論」，現代管理月刊，民國 70 年 12 月號，第 28–30 頁。

第五章 中、西方管理理念與行為之探討

中、西方由於文化、社會、政治、法律等等背景之異同，管理行為亦有其不同之處。為了解中、西方管理行為之異同處，爰特先比較以中國為主之中、日、韓管理行為後，再探述中、西方管理行為之特點，俾供訂定管理制度之參考。

第一節　中、日、韓三國管理理念與行為之比較

中、日、韓三東方國家之管理理念與行為可從其歷史背景「境遇」探索而得，茲就其形成差異的因素、三國之不同境遇，探討中、日、韓三國管理理念與行為之異同處於后。

壹、形成差異的因素

管理是一種科學，也是一種藝術。科學部分涵蓋許多決策的工具與制度；藝術部分包括決策的理念與智慧。各國之間管理行為之所以不同，是因為各國不同的社經文化背景影響到其制度的發展，及智慧的發揮。論及各國管理理念與行為的差異，基本上應由制度及決策的智慧來認定。下列三點相當重要。第一、決策的工具，諸如作業研究、品質管制，全世界幾乎均可適用。第二、制度方面，因為社經文化背景影響到制度的發展，各國之間，應適度彼此觀摩調適。第三、智慧的發揮必須靠各國人民自己的努力創出其特色。

貳、中、日、韓「管理境遇」⑦

在比較中、日、韓三國管理理念與行為之前，吾人應知道這三國相同的地方是具有相同的文化背景。管理上強調人性，強調社會、倫理道德。但後來因為不同的管理境遇，造成三者之間的差異，因此，必須了解這三國管理的境遇。

就日本而言，她在一百多年前明治維新的時候，受到中國的影響非常大，特別是王陽明哲學中「知行合一」的觀念和力行的觀念。當日本與西方科技接觸的時候，由於她原本的力行哲學和海國經濟的困境，必須團結努力來打破困境，使西方技術能夠配合她自己的條件，適應她的需求。因此藉這一百多年來所培植的團隊精神和力行精神，一方面把西方科技中可以模仿的制度的部分拿來運用；一方面把智慧的部分套用中國的哲理衍行發揮，應用到各種管理層面中。尤其值得一提者，日本在最近五、六十年中，產業結構改變迅速，集團式的大企業愈來愈多，員工想自行創業不易，想跳槽到別的集團也很困難，所以我們常常認為日本員工很忠心，以廠為家。事實上，其為如此不過是他們的環境所驅使。

韓國自韓戰以來，許多軍人退伍，成為「軍官企業家」。他們多半沿用美國管理制度，係屬於老一代的企業家。另一方面戰後有一批留學生到歐美學習管理，回來之後成為新一代的企業家，兩代企業家之間的代溝不大，整體來講較趨於西洋模式。

至於中國老早就有管理思想，年長一代企業家的管理思想雖然沒有制度化，亦未具體化，但他們的所做所為，依舊可以代表中國儒家思想和古代的管理觀念。最近一、二十年來，留美留歐的管理學者帶

---

⑦ 郭崑謨著「中、日、韓三國管理行為」，中國論壇，第 16 卷，第 9 期，中華民國72年 8 月出版，第 17-18 頁。

回西方的管理方式，構成了兩代企業家之間的代溝，中國的管理行爲在蛻變過程中乃形成一個需要再調整的階段。新生一代的企業家要經過一段坎坷的道路才能完成此一調整使命。

叁、管理行爲之異同❸

（一）管理功能

了解中、日、韓三國不同的管理境遇之後，吾人可從兩個層面分析他們的不同。首先從管理的功能論述他們的管理行爲。在規劃方面，日本的規劃是「由下而上」，或許規劃的程序和時間較長，但因爲先獲得了多數員工的諒解，所以執行起來比較快速，比較方便。韓國式的規劃，則依歐美模式「由上而下」，規劃的移轉也很明確。我國雖然基本上採由上而下的方式，但由於年長一代和年輕一代企業家間觀念做法的差距較大，因此，仍在兩者之間權衡。顯然，我們所謂由上而下的規劃並不像韓國之『強制執行』。我們中國人本來比較容易接受「老闆」和主管的權威，但這種權威可說出於「自然取得」而不是法律或制度所規定，再加上中國人對家族「長幼有序」的重視，自然形成由上而下的規劃導向。

在執行方面，日本着重羣體任務的完成，強調橫向的溝通。韓國着重個人的任務和績效，強調縱的溝通，而且硬性規定以執行的方式達成。中國則一方面以人爲重，一方面又接受了西方的方式，處於調整的過程中，在執行上還是比較偏向縱的溝通，但「權威」，一如述，卻出於自然取得。

至於管制方面，日本的管制重自我管制，屬於個人積極性『改進主義』的管制。韓國的管制是一種非常積極的由上而下羣體的制度推動。中國的管制可稱爲『無錯誤主義』管制。管制上消極的要求『

❷ 同註❶。

不要有錯誤』。所謂的「多做多錯，少做少錯」即很明顯的反映出這種「無錯誤主義」的管制思想。

（二）企業功能

從企業的功能着眼，中日韓三國的管理也有不同的地方。人事方面，日本偏重終身的僱用制，以不斷的訓練來強化組織的力量，使團隊精神得以發揮。同時，藉訓練使上下聯貫，減少代溝，讓上下之間圓滿融洽。韓國偏重歐美的方式，十分重視個人表現。個人表現不好便有強制其離開的規定。中國則是以人為主，基於人性本善的信念，個人表現不好不見得會被強制辭退。辭退離職者反而多半是員工自動離開，屬於一種偏重儒家傳統思想的管理。但另一方面年輕一代的企業家也學到歐美的管理方式，所以在目前蛻變的階段可說兩者並用。

在行銷方面，日本最重視行銷。各大公司、關係企業、商社都有自己附設的行銷研究所，擁有大型的銷售資訊網。尤其是日本的「政經合一」，便是這種資訊網着重『橫向』功能的發揮結果。它們聯合幾個大企業，很快就可以把全世界的資訊蒐集使用。韓國雖然也十分重視行銷，但他的行銷網並非自然形成，而為政策性的產品。他們想模仿日本『橫』的行銷合作，硬性的在制度上強調行銷。我國過去在「士農工商」的觀念影響下，一直不太重視商品銷售。到現在才知道行銷的重要性，同時似乎比較注意『縱』的力量的發揮，要求各個公司自行建立銷售系統。

至於生產方面，日本重『效率』主義，追求無存貨的生產，講求「輸出」效率。中國則重「輸入」，主張降低成本。韓國也是非常重視生產，但他一貫的模式是重制度。一切都是政策性的產品。所以韓國的企業比較不自由，我們的企業則比較自由。

論及財務方面，日本重自有財團的支援，各大集團都有財務機構；我國則重政府支援，民間企業都過分依賴政府之融資；韓國則偏

向於自有財團為輔，政府融資為主之行為。

討論中、日、韓東方管理行為之後，爰特再就中、西方管理之異同分析於后以供參考。中、西管理理念的比較分析，範圍至為廣大，可能各人的看法也未必相同。一般所謂管理理念，它主要源自經營者或管理者的人生觀、社會觀與宇宙觀，由此等觀點可以衍生出一個人的管理行為。下一節就先從這三層面討論中、西管理理念的差異。

第二節　中、西管理理念與行為之比較

依據劉水深教授之論據，若從 (1) 計畫與決策，(2) 管理組織，(3) 領導，(4) 用人，(5) 控制等五個管理職能的觀點，分析東西方管理理念的差異，可看出東西方管理理念之主要異同處。茲就劉教授之論據摘錄於后，俾供參考❸：

1. 計畫與決策

根據以往經驗的實證研究發現，我國企業經營者比較重視過程，論者常言：「沒有功勞，也有苦勞。」結果如何，比較不重要，最重要的是要看他的動機，以及過程中間是否用心良苦。然而在西方則特別重視成果，如目標管理、計畫評核都有訂定一個明確的目標。

另一方面，由於中國人具有傳統上的「謀事在人，成事在天」之觀念，既然是成事在天，任何事物似乎可以推托。因此，在從事規劃的工作上，往往會犯及虛應故事，有不切實際的現象，只重表面形式，而忽視規劃之實質及實際執行。良好的規劃工作，一定要先了解自己的所長，以及自己的所短，配合客觀的事實來認定機會及公司所面臨之問題，並講求如何「截長補短，抓住機會」，運用我們的強勢

---

❸　劉水深著「中西管理觀念的異同比較分析」，中國論壇第 16 卷，第 9 期，中華民國72年 8 月出版，第 19-21 頁。

來彌補本身的弱勢。

西方價值觀念講求的是自然淘汰，人定勝天，對計畫作業比較實際，在計畫過程裏，重實質而不重表面。在計畫目標上，國人由於有「謀事在人，成事在天」的觀念，往往也不太重視數字，形成原因可能與農業社會的習性有關。但在西方工業化起步較早，他們早已經養成重視數字的習性。再者，在決策溝通上，由於國人比較重視權威，於計畫過程中，自然的較着重上面，一切計畫作業，總是由上而下；在西方，目標管理或一些新的管理方式，往往要經過「磋商」與「協調」的過程，採取雙向溝通的作法。

整個計畫制定過程中，中國的經營者，往往由部屬先請示，主管只給他一個基本的概念，部屬開始擬定計畫，計畫做好後再送上核示，但到底主管者有何看法，並沒有明白的提示。在西方以美式管理來說，計畫作為也是由上而下，但在主管提供訓示的時候，一定會有明確的指示，因為他們的整個企業發展早有明確的方向，故比較容易提供明確的指示。這跟我們中國的企業不同，經營者與部屬保持較遠的距離，以顯示其「高不可測」。

若以計畫的時間來說，根據中國傳統的哲學思想來看，無疑極重視長期的計畫，像孔子所說：「人無遠慮，必有近憂」；但就目前的許多企業來說，則多趨向於短期計畫，這又跟西方企業「長短期計畫兼顧」的情況不大一樣。

2. 管理組織

中國比較強調「人重於事」，常會因用人而變動組織，卽組織可隨人而改變；西方是「事重於人」，對於每一職位都有它的工作說明。另一方面，中國人比較重視「倫理」觀念，經營者也把家族觀念帶到企業裏面，老板與員工之間的關係，類似君臣與父子之間的關係。

由於國人太強調關係，因此非正式的團體也就受到非常的重視，

家族觀念主要卽在強調關係的維持，非正式團體存在於企業裏的普遍情形爲血緣的關係，所謂「同宗、同鄉、同學」三者最爲主要，以致很多企業組織都具有「裙帶」的關係；在西方則比較重視「能力主義」，裙帶關係比較少，但是在其企業裏也有非正式團體關係存在，但大多是屬於其他的利益羣體，如俱樂部之類。

此外，中國人有明顯的本位主義，往往所考慮的是「我羣」的利益，本位主義非常濃厚，常發生互相不合作現象。另一方面，因爲把家族關係帶進企業裏，老板或經營者的管理權力，則緣於自然產生，因爲他是老板或老板的親屬，其權威就自然形成，無須根據法律或組織職位賦予職權。舉如公司是一個法人，你是公司的總經理，依法便賦予你總經理這個職位應享的權力，由於不是法律賦予的，自然形成權威，「職權」往往分不淸楚；在西方，因爲是因事擇人，每一個職位都有明確的工作說明，那一個人在那一個職位上，他應負什麼責任，依法應享有什麼權力，職權的劃分，非常明確。

　3.　領導

中國企業比較傾向「獨裁制」以老板爲中心的領導方式；在西方，早期有所謂「工作導向」，也是屬於獨裁式的，但是晚近以來，很多人倡導「權宜理論」，比較趨向於民主參與的方式。楊國樞先生曾談過一份研究報告，對於居住在香港、新加坡、夏威夷與美國本土的中國人，做過調查研究，發現居住在美國本土的中國人，以民主式的領導效果比較獨裁式要好，夏威夷的中國人剛好對半，香港的中國人則以獨裁式比民主式的效果好，這就正好說明了西方思想的影響與價值觀的變遷，這一點頗值吾人重視。

　4.　用人

中國人比較重視「忠誠」，基本的要求是團體的和諧，要使每一個人在組織裏和諧相處，「忠誠」反成爲用人的首要考慮因素，尤其

是高階層人員，職位越高，忠誠的要求愈重要，能力則在其次；在西方，一如上述，它是「能力主義」，他們最先考慮的是「能力」，做事效率，其次才考慮到「忠誠度」。

　　5. 控制

　　根據楊國樞與李亦園先生的一項研究發現，中國人是一種直觀式的思想方法，在考核方面特別重視直觀的印象。易言之，主管在考核部屬的時候，沒有做詳細的分析工作，致使考核標準完全與計畫目標脫節。在西方則比較重理性，考核以目標達成度，工作績效為依據。同時，在中國部屬服從權威的觀念相當重，老板常用考核作為控制員工的秘密武器，如升遷、薪資、紅利的分配多寡，考核的高低就有很大的控制作用。在西方發展精確的考核標準與衡量的方法，怎麼樣考核，有一定的明確標準，而且目標定得很清楚，衡量的方式自然比較明確、公平。中國人常喜歡用「忠誠度」等作為考核項目，這些東西實在很難加以衡量，如此衡量的項目不甚清楚，到底老板要看員工那一方面的表現？誰也不清楚，由於考核項目不清楚，標準沒有特定，最後也只是歸結於「直覺」的印象而已。如此，考核的差異不能充分反應出來，同時又不去根究，事實上也無法追究。至於控制的方法，以目前來說，並沒有對實際績效加以考核。在西方則以資料與文件作為考核與控制的依據。

　　倘就哲理層面，分「宇宙觀」、「社會觀」與「人生觀」三方面分析，可窺見中西方之管理哲理之異同處，這些異同處為❹：

　　1. 宇宙觀

　　我國儒家道家所強調的是「天人合一」，故很多企業經營者的行為，也比較着重於順應自然；而在西方的思想中則比較強調「天人對立」，如達爾文的物競天擇，適者生存，自然淘汰，便是一個天人對

---

　　❹　同註❸。

立的思想，因此，在他們的管理行爲上便反應了征服自然的看法。

2. 社會觀

中國傳統思想中強調「重義輕利」，過去在社會地位的排列上就有「士、農、工、商」，商人爲諸業之末，爲社會所歧視，整個社會價值觀念在倡導「義」，而不是「利」；但在近代的西方，重商主義大行其道，一切企業以追求利潤爲目標，認爲企業之社會責任即創造利潤。這一點與我們的傳統觀念有很大差異。

社會觀中對於員工的看法也不同。中國人比較喜歡講人情，或可稱之爲溫情主義。老板或經營者對於員工的照顧，涵蓋的層面比較廣闊，甚至要包括員工的一切生活起居。目前有一些制度仍保留了傳統社會的現象，如眷補、糧票之類。西方對於員工的看法，是一種交易的關係，尤以美國最顯着，雇主提供給員工的薪水與福利，由員工加以評估，尋找認爲滿意者，故是一種交易的行爲，不帶任何人情上的關係。當然，在此情況下，並非意味我們中國的經營者特別重視員工的福利；事實上，美國在其整個社會背景下，容許個人來爭取他的權利與福利，因此，每一個人爲爭取個人權利、薪水而作整體的交易，如果覺得滿意，他就接受，否則他就離開，兩者純粹屬於交易的關係；但以日本的情形來看，比較特殊的地方是，往往在一個成功的企業裏面，做到「重視員工的福利勝過公司營利的目的」。

3. 人生觀

所謂人生觀很難具體指出來，但是可以從他的價值觀來衡量。以價值觀而論，國人比較傾向於集體主義或歸屬主義，歸屬於某一羣體，家族觀念非常強烈，通常在企業組織裏面，特別着重人際和諧的關係。在西方，着重於個人主義取向，也比較重視業績主義。因此，在管理方面重視個人的工作績效。由於兩者價值觀方面的差異，中國管理比較重視「人」，西方管理比較重視「事」。

第 三 篇
規　　　劃

- ❀ 規劃之基本概念
- ❀ 目標之釐定
- ❀ 規劃之依據——預測
- ❀ 決策
- ❀ 計畫
- ❀ 系統觀念——整體規劃之基本理念

第六章　規劃之基本概念

　　管理程序中，首要項目是規劃。規劃應以組織目標爲基礎進行。基本上，規劃是從組織未來的可能行動中進行選擇，並進一步決定此一行動應由誰來執行，在什麼時候執行，以及如何去執行與完成。規劃所著重的是要讓事情順利進行，是要讓企業具有未來導向。不論是長期還是短期作業，在有計畫的安排下始能適時適當地達成預定目標。雖然未來的實際狀況，在目前仍難預料，也沒有適當的方法來控制影響未來的所有因素，導致我們所做的計畫（plan）可能不是很完整；但是若沒有規劃，則一切事情的發展，只能憑機運來決定。這並不是一種良好的管理方法。

　　近幾十年來，由於管理理論與實際發展快速，愈來愈多的組織機構體會到規劃的迫切性，以及規劃在生產、行銷、財務、人事、研究發展等各種企業功能中的重要性。如果沒有適當的生產規劃，則整個企業的生產線將很快出現錯誤，而造成生產瓶頸或停工待料的問題。同樣地，沒有適當的財務規劃，公司的資金週轉也極可能出現致命的危機。

　　今日的企業組織所面臨的是一個混合經濟、政治、社會與科技變化的複雜環境，使得規劃工作成爲企業生存的必要條件。環境的變遷與經濟的成長，爲企業帶來了機會，也同時帶來了風險。尤其在目前競爭激烈的情形下，應如何把握機會，減少風險，實乃規劃的眞正任務。

第一節　規劃之意義與特性

壹、規劃的定義

在管理文獻上有許多人對規劃的定義有不同的看法。史坦納 (Steiner) 就曾經說過，"到目前為止，並沒有一個為大家所共同接受的規劃與計畫的定義存在。" ❶ 不過，依他的看法，一個完整的企業規劃，應考慮下列四個必要觀點，卽：規劃的 (一) 本質；(二)過程；(三) 哲學；(四) 結構❷。

斐恩 (B. Payne) 認為：長期規劃可以視為所有規劃功能的整體協調作業。它是一種規律，用來迫使組織的各項功能彼此協調而朝向預定目標邁進。❸

於本書中，我們採用史谷特 (Scott) 的說法，將規劃定義為：「所謂規劃，就是包括對未來的評估，在未來環境下之期望目標之決定，達成該等目標的各種選擇方案之擬定，以及從上述選擇方案中決定某一最適方案的一種分析過程」。❹

貳、規劃的特性

規劃的主要特性有下列幾點：❺

---

❶ George Steiner, *Top Management Planning.* (New York: MacMillan Co., 1969), p.5.

❷ *Ibid.*, p. 6.

❸ B. Payne, *Planning for Company Growth.* (New York: McGraw-Hill Book Co., 1963), p. 7.

❹ B. Scott, *Long-Range Planning in American Industry.* (New York: American Management Association, 1965), p. 21.

❺ Robert J. Thierauf, et al., *Management Principles and Practices,* (N.Y.: John Wiley & Sons, 1977), pp. 203-205.

（一）**規劃對目標的貢獻性**（contribution）：所有的規劃作業都是爲了完成組織目標而進行。

（二）**規劃的基要性**（primacy）：規劃作業乃一切管理活動之始，要做好管理，必須先做好規劃。

（三）**規劃的普遍性**（pervasiveness）：是指任何管理階層的任何管理活動均需進行規劃。

（四）**規劃的協調性**（coordination）：管理人員進行規劃作業時必須注意何人（who）、何事（what）、何時（when）、何地（where）、如何（how）與爲何（why）等問題之協調一致。

（五）**規劃方案的選擇性**（selection）：管理人員必須從許多擬具的規劃方案中選擇出最有利的行動方案來。

（六）**規劃的效率與經濟性**（efficiency and economy）：規劃作業的執行必須能以最小的成本儘速達成組織目標。

（七）**規劃的正確性**（accuracy）：在規劃過程中，必須正確的預測出經濟與科技的變動對企業所產生的影響，以免所擬具之計畫(plan) 變成不可行。

（八）**規劃的彈性**（flexibility）：所規劃出來的計畫必須能隨著實際情況的變化作調整，而不致失去其效率與經濟性。企業所面臨的不確定性愈高，愈須保持企業規劃的彈性。

（九）**規劃的控制性**（control）：管理人員規劃出來的計畫，必須能在實際執行中追踪比較，核對其執行結果與預期結果間的差異，以便加強其管理活動或修正該計畫。

第二節　規劃之重要性

從第一節的說明中，我們可以了解規劃的意義及其特性。本節將

繼續說明何以管理功能中要包含規劃功能。規劃功能之所以極端重要，主要有下列幾個原因：

（一）消除或降低企業所面臨的不確定性及變化

企業所面臨的是一個不確定的未來，它的變化很難在事先做有效的預測。因此，為了消除或降低不確定性與變化，企業的規劃已成為極必要的功能。企業的經營就像大海中的船隻一樣，卽使確定了航行目標，也不能就此忽略對它的規劃管理。由於未來的變化很難確定，而且時間愈長，愈難把握。因此，管理者必須隨時進行規劃與追踪控制的工作。

管理人員也許可以很肯定的確信下個月或下一季的訂貨量、生產成本、產能、流動資金等等企業生產因素，而預估下個月或下一季的獲利情形。然而，可能由於一次無法預期的災變，就可把所有情況完全改變。管理者愈往更長遠的未來進行規劃時，他將對企業內外在環境的穩定性愈缺乏信心，也對其所制定的決策之正確性心感懷疑。

卽使未來情況非常確定，規劃工作仍然必要。因為，第一、我們須從若干可能的行動方案中，選擇一項達成目標的最佳方案。如果未來相當確定，我們可以根據已知事實，利用數學模式或決策分析工具，來求取達成預期成果的最佳方案。第二、當最佳方案決定後，我們必須進一步安排其執行計畫之內容，以便使企業中每一活動都能有助於任務目標的達成。

在未來的變動趨勢甚為明確下，企業的規劃也可能互有差異，過去黑白與彩色電視機的生產規劃，卽為一適切的例證。從黑白到彩色電視機的市場需求的變化來逐漸調整其生產比例；有的廠商也許會毅然放棄黑白電視的生產，而全力發展彩色電視機；有的廠商也許會開拓黑白電視機的新市場，而同時維持兩種電視銷售的穩定成長。各個廠商所做的規劃與決策自然隨著個別企業特性的差異而有不同。至

於，在未來變化趨勢不明確的情況時，想要做好規劃工作，必愈形困難，也更趨重要。

（二）可集中心力，全神貫注於目標之達成

所有企業規劃都是爲了達成企業目標而做，因此，在進行規劃時，自然會針對企業目標全力以赴。而在規劃過程中，都以順利達成目標爲中心來考慮所有問題的解決，如此一來，各部門間的活動自然易於協調一致。企業所面臨的問題實在相當多，如果沒有適當規劃，管理者往往只顧著忙於應付當前問題的解決，而忽略了企業長期發展的利益。有了適當的規劃，可以讓管理者兼顧企業短期利益及長期發展之平衡，並且可以適時地配合達成企業目標之考慮而調整或發展新的執行計畫。

（三）便於有效而經濟的進行企業營運作業

企業規劃之所以能夠降低成本，是因爲其規劃過程中特別著重企業營運效率與協調一致的緣故。企業規劃是以合作指揮之努力來取代未經協調的個別作業，均衡工作流程；以及進行深思熟慮的分析決策。

規劃的經濟效益可從生產層面很清楚地顯現出來。參觀過汽車裝配工廠生產作業的人，都會對各種汽車零件組合裝配成車的情形留下深刻的印象。此種裝配作業是從高架傳送系統送來車身，再從其他地方送來各種附屬零件，並在指定的時間內把引擎、傳動系統，及各種零件正確地安置在適切的部位，而組合成一部完整的汽車。從這個例子中可以看出，如果沒有週詳的計畫，汽車的製造將會一團糟，而生產成本也將高漲。然而，雖然管理人員都了解生產規劃的經濟效益，對於其他的重要規劃問題，卻常常任憑它自己發展或過份依賴個人的隨意決定。

（四）便利公司營運作業之控制

管理者若無已規劃之目標，將無法查核其部屬的績效。沒有計畫的制度，即無執行標準可資參考比較。企業的控制活動也應如同規劃作業一樣，把眼光看向未來。一位高階主管即曾表示過，下班後即不再想當天所發生的事情，因為，往事已矣，重要的是未來的發展，也只有對未來的事情才可能還有作為。此事說明了有效的控制乃是著跟於未來的。

第三節　規劃之類型

企業所進行的規劃並非只從單一角度來考慮。事實上，規劃是一種多構面的過程，可以從不同的層面來加以說明分類。本節擬就(一)規劃的層次，(二)規劃的幅度，(三)規劃的時距，(四)規劃的重複性，(五)規劃標的等五個角度來說明規劃的類型[6]。

壹、規劃的層次 (level)

前此提到規劃之特性時，曾說明規劃具普遍性，亦即，企業內的各個管理階層，都需要從事規劃，不過，不同管理階層所從事規劃工作之性質各有不同。一般說來，高層主管所從事的規劃工作較偏向於戰略 (stratigic) 性質。　中層主管所從事的是偏重於部門別功能性規劃，是屬於戰術 (tactioal) 性質。而基層主管則主要從事實際執行性的規劃，為作業性 (operational) 規劃。

貳、規劃之幅度 (scope)

若從規劃的幅度來看，企業規劃幅度有廣狹之分。有些規劃係以

---

[6]　參閱郭崑謨著篩企業管理──總系統導向」，華泰書局印行，1984年，p. 592。

整體企業組織爲範圍，探討其未來之發展方向，可謂之整體規劃。有些規劃係部門所涵蓋業務爲範圍而進行，謂之部門（或功能）規劃。此外，還有一種方案規劃，係以某特定具體目標之達成爲範圍而進行之規劃。

叁、規劃之時距（time period）

企業規劃常配合實際或未來發展之需要而涵蓋不同的時間幅度。一般說來，有短期規劃（short-range planning）、中期規劃（medium-range）與長期規劃（long-range）之分。各種不同時間幅度的規劃，各有其不同的意義與目的，其規劃方法也有差別。

肆、規劃之重複性（repetitiveness）

企業規劃的作業，有些是一次完成後卽不需再重複的，如廠房擴建投資的規劃卽是；而有些則需經年累月的繼續重複，例如：企業的生產規劃、行銷規劃等問題卽需定期進行規劃。

伍、規劃的標的

規劃有產品（或勞務）規劃、人力規劃、市場規劃、技術規劃、資訊規劃等等，因規劃的標的物不同，而產生的不同規劃類型。

第四節 規劃之步驟

理想的企業規劃活動有一定的步驟可循，無論是興建一座工廠、購買一批重要材料，或發展新產品上市都可遵循相同的規劃步驟來順利達成目標。規劃的步驟可概略分成下列幾個步驟[7]：

[7] 規劃步驟的畫分，參閱 Harold Koontz & Cyril O'Donnell, *Management*, (N.Y.: McGraw-Hill Book Co., 1978) pp. 144-148.

壹、認淸機會的存在

認淸機會是規劃工作的起點。雖然實際上它是發生在規劃工作之前,但是由於在此一過程中,能對未來機會有一基本看法,而確切地認淸這些機會,將有助於規劃工作的效果 (effectiveness),因此將它列入規劃步驟中。

在此一過程中,我們必須了解自身的優勢及弱點,要了解何以我們要解決此等不確定性,以及我們所期望獲得的是什麼。基於這些認識,我們才能擬定實際的目標。因此,進行規劃必須仔細研判各種機會的存在。

貳、建立適當的目標

實際規劃工作以建立適當目標爲第一要務。此處我們所談的目標是以整個企業的營運目標爲最先考慮,然後再逐次向下推行,一直到各個附屬單位的作業目標之建立。此等目標確定了我們想做的事、應注意的重點, 以及應完成的工作。 這些事情則經由策略、 政策、 程序、細則、預算與方案等所構成的工作網來完成。

企業的目標應能導引所有主要計畫,這些計畫則反映企業目標,並界定了主要部門之目標。而主要部門的目標則控制其基層單位之目標,如此層層地沿著直線職權往下控制。在此一情況下,如果基層單位的管理者能够了解整個企業以及各主要部門目標,將能使其自身目標的訂定更爲完善。

叄、考慮規劃前提

規劃的第二個步驟是把規劃所需的重要前提建立起來,同時還須取得一致同意的運用與傳播。此乃針對事情的實質預測資料、可行基

本政策，以及公司現行計畫等前提。所以，規劃的前提，實際上，就是規劃的各種假定條件，亦卽，計畫執行時的預期環境。此一步驟帶來了一個重要的規劃原則：個人對所負責的規劃作業愈了解，對規劃前提的利用愈有一致的同意，則公司的規劃愈能獲得協調。

預測對規劃前提之決定非常重要。將來會有何種市場出現？銷售量會有多少？什麼價格？什麼產品？發展什麼技術？成本如何？工資如何？稅率政策如何？有什麼新工廠？什麼樣的股利政策？如何籌措擴充計畫的資金？政治及社會環境如何？等等都是規劃前提的內容，它所包含的遠超出對人口、價格、成本、生產、市場及其他類似事物的基本預測。

有些前提所預測的是尚未定案的政策；有些前提則是由現行政策或其他計畫中衍生而出。例如公司尚未訂定退休金計畫與政策，則在研擬規劃前提時，須對公司是否應訂定此一政策，如果訂定，其內容又將如何等問題加以預測。也許，公司曾規定每年稅前純益百分之三分紅員工，此一既定政策若無其他變化，卽成為一個規劃前提。

要建立完整的規劃前提使它能及時更新適用並非易事。其困難在於要使每個新的主要計畫和一些小計畫都成為未來的規劃前提。組織內高層主管與低層主管間的規劃前提可能略有出入。其原因在於不論主要計畫的新舊，實際上都將對下級單位管理人員所須規劃的未來有所影響。而影響下級主管權限的上層主管之規劃，卽成為下級主管的重要規劃前提。

規劃作業面對的是未知的未來環境，其不確定性與複雜程度均很高，因此，要想對未來環境的任一細節均做詳細的假定，實際上既不實在又沒益處。所以，在進行規劃作業時，其規劃前提應著重在關鍵性或策略性因素上，也就是著眼於對未來執行計畫時最具影響力的那些因素上。

管理者之間應有一致的規劃前提。如果管理者之間各自採用不同的規劃前提，將使規劃作業無法協調一致，而造成公司資源的浪費。因此，一個良好的規劃工作，必須由管理人員先對未來情況，設定出一個劃一的標準。有些公司的規劃常常同時考慮多種情況的發生，而發展出一組因應不同情況的不同計畫，使得公司對未來情況的變化都能應付自如。此一現象表示，雖然管理人員對未來情況應有齊一的標準，但也應考慮不同情況之發生而設定不同的前提，並據而規劃出各種不同的計畫，以備不時之需。不過，要想達成公司各部門的協調，一個計畫只能採用一組前提。這是一個相當重要的觀念。因此，高層主管進行規劃工作時，有一項重要的責任，就是要確使下層主管了解他們規劃時所應依據的前提。

通常一位具良好管理能力的企業主持人，常會綜合所有高階主管的不同意見，經過集體討論後，產生出一套大家都能接受的主要前提，而後指示所有管理人員據之進行規劃工作。如果幕僚人員是在各種不同前提下擬訂出公司未來的發展計畫，一個理智的主持人將不會輕易地冒然去執行這些計畫。

我們可以用一個實例來說明規劃前提的重要。曾經有一家公司的總經理認為規劃工作應由下而上，他指示各部門應各自擬訂部門預算往上呈核。當他收到後大為驚訝，因為此等預算間無法吻合，各個計畫大多紊亂而彼此矛盾。如果這位總經理事先知道規劃前提的重要性，他就不會在未指示有關規劃前提之前，即冒然要求他們提出預算了。

肆、擬定各種行動方案

確定了規劃前提後，即可開始找尋可能的行動方案。有些理想的行動方案並非明顯易求的。然而，我們最常碰到的問題，大多不是如

何找尋行動方案，而是如何減少這些行動方案，以便對最有可能的方案進行分析比較。即使利用數學模式和電子計算機，我們所能檢驗的方案也是有限。因此，常有必要利用各種方法來消除一些較不可行的方案。不過，對於一些不太明顯的行動方案，亦應愼加注意其評估與發掘。我們常常發現若干表面上看來不太理想的行動方案，最後才被證明爲理想的行動方案。

伍、評估各種備選行動方案

　　當我們求得各種可能行動方案後，應進一步比較研究其優缺點。優缺點的比較是根據規劃前提和目標內容來決定。有些方案可能獲利率高，但現金支出多或還本年限久；有些方案也許獲利低，但風險則小。在此種情形下，如何評估出那個方案最合適即需耗費相當功夫。

　　如果追求的目標主要是在迅速獲得最大利潤，而未來情況又甚爲確定，現金與財務不成問題，大部份因素都能簡化成確定的資料，則評估工作就會較容易。但是實際的情形恰好相反，因此，即使是很簡單的問題，評估工作也很困難。例如某公司爲提高它的聲譽，可能希望增添一條新的生產線，而經預測後，可能會發現此一措施將造成明顯的財務損失，至於所獲的聲譽是否能夠彌補此等財務損失則難於定論。由於大部份的情況下，可能的方案很多，其中所考慮的變數和限制之複雜，將使評估工作大爲困難，因此，必須借助作業研究、系統分析和各種數學方法的運用。

陸、選擇理想的行動方案

　　經過了適當的評估後，接下來是選擇理想行動方案的決策階段，此一階段中的決策是依據前一階段的評估結果來考慮，並經過愼重的分析比較而決定採用那個方案。也許我們評估的結果，顯示有兩個以

上的方案可以適用，此時，管理人員可同時採用這幾個方案，而無須執著於只選取某一最佳方案。

柒、建立進一步衍生的輔助計畫

做完決策後，規劃的工作仍未結束，還有重要步驟待續。我們還需要進一步建立一些衍生輔助計畫來支援原訂計畫之不足。例如：某家公司決定投資引進新的生產設備，此一決策一旦決定，緊接而來的將有一連串的衍生計畫必須配合發展。諸如：各類操作與維護人員的招募與訓練、備用維護零件的購買與保管、財務計畫的訂定、裝置時間的安排等都可能是隨之而來的輔助計畫。

捌、編列計畫預算

做完決策和安排好計畫後，最後的一個步驟就是使它們變得有意義而可行。為了讓這些計畫可行，必須編排它們的優先順序，以及編列預算。公司的總預算是由總收入與總支出的整體結果來表示。公司的各部門或某一專案計畫都有其預算，此一預算通常以費用或資本支出來表示，而且與公司總預算密切相關。

如果預算做得好，它可以把各項計畫緊密結合在一起，而且還可以作為衡量標準，用以衡量計畫的執行結果是否如所預期般的順利進行。事實上，由於預算具有此一功能，因此，常被利用來做為管理控制的工具。

第七章　目標之釐定

自從一九七〇年代後，策略規劃逐漸開始被企業重視[1]。企業管理人員，尤其高階管理之作業重點業已偏重於策略性決策。企業營運之規劃作業層次與幅度亦已擴大。企業運作目標體系之釐訂，顯然為企業主管人員八大職責之首要任務[2]。此一首要任務，是組織人力與物力之基本原因，亦為引導人力、物力之火光。

本章擬就目標的內涵加以探討後，提出訂定目標體系之程序與釐定企業目標時應考慮事項。

第一節　目標之內涵

目標可視為達成組織使命之「手段」，為運用組織資源所欲達成之「理想境界」，亦為引導組織人力與物力之「指針」或「火光」。例如國防部福利總處之使命為：『貫徹　總統關懷軍公教人員以及眷屬生活之德意，以「低價供應」，協助政府穩定物價，提高部隊士氣，安定社會民心，促進經濟繁榮』[3]。為達成此一使命，福利處之運作目標為：

---

[1] William H. Newman and James P. Logan, *Strategy, Policy and Central Management*, 8th Ed. (Taipei: Hwa Tai Book Co., 1981), p. V

[2] 郭崑謨著「主管人員之八大職責」，企銀季刊，第五卷，第二期（民國70年10月），第11-18頁。

[3] 國防部福利總處建立「企管制度」作業規定，國防部福利總處印行（印行日期未標示），第1頁。

（一）充分供應民生必需品，增進軍公教人員及其眷屬直接福利。

（二）為廠商開拓廣大市場，保障其合法利潤[4]。

當然隱含在此兩個目標之中者為本着自給自足原則，有計畫地拓展福利業務，亦卽福利處營運利潤與成長。

一般而言，企業目標可大別為經濟目標與社會目標兩大類。邇來消費公眾業已大大覺醒，對生活素質之改善開始積極重視。企業之社會目標已成為經濟目標之先決條件。

目標之內涵當然依不同管理層次而異。在同一組織內，最高階層之目標當應包括整個組織之對外「社會」責任（諸如提供價廉物美安全之產品、公平任用、防備公害等等）以及組織之利潤與成長目標；次一階層之目標包括生產與銷售之配合，再次一階層之目標包括工作之分配額及進度等等[5]。

第二節　目 標 體 系

壹、目標圈觀念[6]

整個規劃作業，實際上，可視為一連串目標圈之環接過程。循此觀念，企業目標體系有下列之數個不同層次之目標：

（一）追求滿足社會大眾（消費者與使用者）之「哲理目標」——亦卽主管人員價值觀念之表白或反映。如可口公司之基本目標為『滿足社會大眾之「保健」需求』。「哲理目標」往往以「宗旨」標示。

---

[4]　同註[3]。

[5]　郭崑謨著「企業與經濟時論」，民國69年六國出版社印行，第173頁。

[6]　參閱郭崑謨著「企業管理——總系統導向」，華泰書局印行，1984年，p. 612。

（二）提供某種特定產品（貨品或勞務）業務之「基本目標」或「使命」。如裕隆公司之「供應地面運輸工具」，首都旅行社之「提供大眾旅遊服務」等等。

（三）整個企業或組織成員所欲達成之具體理想，亦即「策略目標」，如中興電機公司之利潤率、成長率，以及社會服務等。

（四）公司內各部門企望達到之運作目標——「策略次目標」。如人事部之幹部訓練與輪調，財務部之淨資本比率之提高等等。

（五）公司各部門內組成機構或單位所欲達成之理想——「策術目標」。如訂定廣告費支用方式、銀行借款額度等等。

上述數目標之連貫性，可藉圖例 7-1 示明。如圖例 7-1 所示，基本目標（使命）為達成哲理目標（宗旨）之手段；策略目標為達成基本目標（使命）之手段；策略次目標為達成策略目標之手段；而策術目標為達成策略次目標之手段等等，形成一連貫之目標圈羣。

貳、目標體系[7]

企業目標不但「多元」而且具有層次及時間幅度。所謂多元乃特指企業目標除本身之穫利能力外有眾多其他目標，諸如成長、社會服務等多重目標而言。層次之高低乃指由經營者經哲理與企業環境生態因素所促成之宗旨，而至策術而言。至於時間幅度有長程、中程、短程之別。茲將此一兼顧三向度之目標體系理念以圖例 7-2 示明後，再以一比較具體之目標體系圖範例（見圖例 7-3），供作參考。

[7] 同註[6]，pp. 612-615。

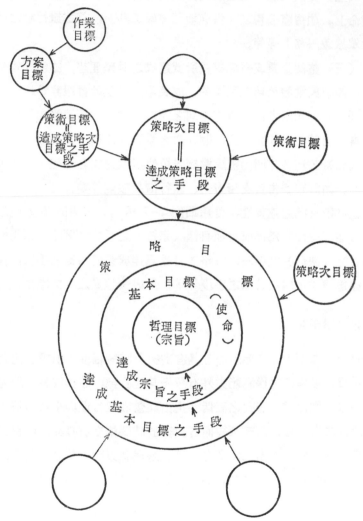

圖例 7-1 目標圈觀念

資料來源：郭崑謨著「論企業目標體系之訂定」，臺北市銀行月刊，第14卷
第 12 期（民國72年12月），第 54-63 頁。

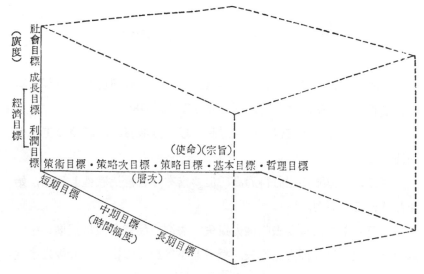

圖例 7-2　三向度目標體系理念圖

資料來源：郭崑謨著「論企業目標體系之訂定」，臺北市銀行月刊，第14卷
第 12 期（民國72年12月），第 54-63 頁。

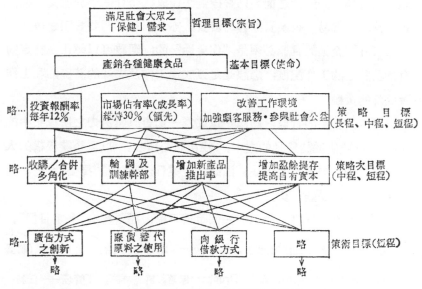

圖例 7-3　食品公司目標體系範例

第三節　釐定目標應考慮事項

為使企業目標體系之訂定，能切合需要，發揮規劃與控制的功能。主管人員在釐定目標時，應考慮以下數端❽❾:

（一）目標不能訂得過廣、過高，以免分散資源，誘使員工產生消沈士氣。

（二）目標雖不能訂得過高，但要富有『善意挑戰性』氣味，始能激發員工之潛力。

（三）主管人員要去除權力遺失之恐懼，始能有效地授權。主管人員沒有理由恐懼權力之遺失，授權並不等於『去權』。最後之權責仍然操於主管。

（四）主管之目標一定要與其所受上級主管所授予之權力相一致。倘目標大於所受之權力則目標無法達成；苟目標小於所受之權力則目標執行雖易，企業資源容易浪費，亦易引起部門間員工之爭議。

（五）企業的目標必須是"作業性"的；應該可以轉化為特定的目的及特定的工作配派；應該是足以成為工作及成就的基礎，和工作及成就的策勵。

（六）企業的目標，應該足以成為一切資源與努力之所以集中的重心；應該能從諸般目的之中，找出重心所在，以為企業機構的人力、財力和物力運用的依據。因此，企業目標應該是"擇要性"的，而非包羅萬象，涵蓋一切。

（七）企業機構不僅只有一個單獨目標，而是擁有"多重目標"。

---

❽　陳定國著「高階管理」，民國66年，華泰書局印行，第624頁（附錄二）。

❾　第㈣至㈧項原則，參閱 Drucker 原著，許是祥譯，「管理──任務・責任・實務」，中華企管中心，民國66年8月七版，p. 122。

這一點殊為重要。今天許多有關所謂"目標管理"的討論，往往認為企業機構應制訂"一項"正確的目標。這種看法，不但有如探尋"點金石"的不切實際，而且還將造成"禍害"，致人於歧途。

實際上，企業的管理，應該是求取多重需要和多重目的的平衡。因此，企業目標也必是多重性的目標。

（八）凡屬有關企業機構生存的事項，均須設定一項目標。各項特定目標的內涵，各企業各不相同，端視各企業機構的策略而異。但是目標雖不相同，其有設定目標的需要則一；因為這是企業賴以生存的因素。

第四節　釐定目標體系之程序 —— 目標管理導向

壹、目標管理 (MBO: Management by Objective)

目標管理制度是將整個企業之年度工作，變成一有體系之重點目標，進而使每一階層，人人均有具體目標，以為自己努力之準繩。

通常一個組織若採取目標管理制度，須先由高階層確定整個組織之總目標。至於各級主管當然必須以其單位主管之目標為依據，以設定其目標，依此類推，推及各基層單位主管，甚至各經辦人為止。

目標是隨組織階層而畫分。概言之，哲理目標（宗旨）以及基本目標（使命）之訂定，係以董事會為中心，而策略目標以及策略次目標之訂定，通常以最高管理階層以及(或)一級單位（部門）為中心，至於策術目標之釐訂則以部門階層以及(或)部門內一級單位為中心。

貳、訂定目標體系的程序

企業目標體系之釐定，其程序與步驟，常因不同的組織或管理者，而作法互異。本節擬從目標管理導向來敘述。因為，若基於目標

管理的理念與作法，來訂定目標體系，不但較能掌握重點，而且能藉著上下溝通與磋商的過程，提高員工參與感，將有利於日後之推行。

目標體系之訂定可依下列五大步驟進行：

（一）了解羣體之目標，由上層主管提示。

（二）由下而上各層次目標之提出。

（三）上下階層共同協調商議目標之可行性。

（四）修正目標使執行目標者同意。

（五）各階層目標之訂定完成。

整個目標之訂定過程具有高度之溝通作業。此種溝通作業之完滿與否，奠定來日之工作績效。目標如果設定過高，可致使組織成員士氣不振，反而無法激起成員之潛力，是故在訂定目標之過程中，上下級主管，或上下階層人員均應放大胸襟，溝通協調。畢竟個人之目標與羣體之目標無法完全吻合，執行目標者之參與目標之訂定，與上層主管之參與商議乃一重要過程。

部屬提出之目標，代表部屬之承諾，主管之參與商議可使目標系統化。

叁、目標管理的好處 ⑩

一般而言，目標管理大致有以下各項優點：

（一）使管理者集中其精力時間於正確的目標，容易達成預期效果，

（二）可以使組織內實施更大幅度的授權，因而增加一位主管所能領導之部屬人數——控制幅度。

（三）易於發掘人才，使有績效的經理人員獲得升遷機會。

（四）目標管理制度本身就是一種培育管理人才的辦法，可以使

---

⑩　參閱許士軍著「管理學」，東華書局，民國70年元月初版，pp. 110-111。

有能力的人發揮其潛力。

（五）使得規劃工作更加完整而有系統。

（六）改變控制之觀念，使各級經理人感到不是由上司在監督自己，而是自己控制自己，要把事情做好。易言之，所控制者，乃是所要達成的任務，而非個人所做的行為。

（七）工作人員由於本身參與及自我控制的緣故，達成任務將變得更大之工作滿足。

（八）由於以上各種因素，將可顯著改善上司及下屬間的合作關係。

第八章　規劃之依據——預測

規劃所著重者，為使企業之未來作業，能順利進行，達成目標。但是，規劃並不是憑空想像，也不是依樣畫符，更不能閉門造車。規劃應是有所根據的。首先，我們對未來的環境先要有某種假定或預期。而所謂規劃，也就是在假想的環境下，作成各種計畫，以達成未來的目標。

未來的環境，對企業而言，可能是一種營運機會，也可能是一項威脅。不管如何，對營運環境的預測，關係到規劃的成敗。「預測」不但是規劃的主要項目之一，而且正是規劃的依據。

本章就預測的涵義與種類、預測之常用簡易技術，以及預算的概念，分別論述。並以一些實例來說明銷售預測的過程，俾助讀者瞭解預測的內涵。

第一節　預測之涵義與種類

壹、預測的涵義

黃俊英教授認為風險性與不定性之事項，要用各種技術加以研判與估計。此種估計與研判謂之預測。茲就黃氏對預測之內涵，摘述於后[1]。

預測的目的在正確地預見未來。預測的歷史由來已久，人類自有歷史以來，即不斷地在預測未來，一直到今天，人類對預測的需要始

---

[1]　參閱黃俊英著「行銷研究」，華泰書局印行，70年2月增版，pp. 601-602.

終存在，而且日益殷切。人們不論是在日常生活上或組織活動中所面臨的各種決策問題，莫不需要借助於預測，必須能預見未來的變動，才能做出正確的決策。

近代由於國際間的經濟情勢複雜多變，日趨繁瑣，國內商情也漲落起伏，變化莫測，凡此都增加了政府機構擬訂政策及工商企業經營管理上的困難和風險，於是不得不研究預測的新知，運用預測的技術，推測未來的變動，以爲未雨綢繆之計。

今天的預測工作遠較往昔因難複雜，所幸由於由於統計資料比過去完備，新的預測技術及分析方法也不斷地在進展，使我們預測未來的能力亦遠超過往昔。

如前所述，預測的目的在預見未來的事件或現象。未來的事件或現象有三種不同的特性，卽確定性、風險性和不定性。所謂確定性就是指未來事件出現的機率爲一，譬如太陽在明天將從東方出來，從西方落下，此卽爲確定性的未來事件，確定性的事例多屬自然現象。所謂風險性卽指未來出現某一事件的機率介於零與一之間，其大小通常可由過去的經驗或歷史資料來決定，對於風險性的未來事件，我們雖不能百分之百的確定其發生或不發生的必然性，但可知其發生或出現的機率。至於不定性的未來事件，我們無法確定其出現的機率，只有使用各種預測技術加以研判和估計，以求得一個最爲接近的數值。這種對未來事件或現象的估計和研判，卽稱之爲「預測」。

貳、預測的種類

依據昆慈與奧大諾(H. Koontz & C. O'Donnell)，預測的種類，雖然相當繁多，但可按 (1) 企業內或企業外，(2)定量或定性，或(3)

---

❸ Harold Koontz and Cyril O'Donnell, *Management—A System and Contingency Analysis of Managerial Functions*, 6th ed., N.Y.: McGraw-Hill, Inc., 1976) pp. 179-180.

可控性等之不同而分類，茲將其大要摘述於後❷：

一、內在預測與外在預測

吾人提到預測，最容易想到者為對外在世界的預期。因為，這是我們最想作，而也是最難進行的課題。外在預測又可分成三類：(1)一般環境預測，包括經濟、技術、政治、社會，以及倫理價值等方面的預測。(2)產品市場預測，包括所有影響產品(或勞務)需求因素之預測。(3)資源市場預測。為了滿足市場的需求，企業必須有效取得各項必要資源。資源市場預測的範圍，包括土地、人力、原料、零件、資金等等。

內在預測的範圍，主要着眼於個別企業體的特定問題。例如，廠房設備的資本投資預測、組織型態的預測等等。另外，還有一些因素，平時不太提及，卻是非常重要。如企業經營的理念、最高階層主管的長短處、股權的異動、債權的控制、員工的向心力等等。

二、定量 (Quantitative) 預測與定性 (Qualitative) 預測

管理者往往會以為可以計量的東西，才能預測。而忽略了定性預測的重要。因為，我們談到預測，通常都是用數字來表達。最熟悉的不外乎金額、人工小時、土地建坪、機器馬力、單位成本等等。

與定量預測同等重要的定性預測，通常無法用數量來表達，但往往就是規劃過程中的關鍵要素。例如，當地居民對設廠的意見、產品在市場上的形象、政治的穩定性、員工對某一項人事政策的情緒反應、潛在顧客對某種產品格調的接受性等等，不勝枚舉。

三、可控性的程度

有些預測項目是在企業可自行控制的範圍內，但有些則為企業無能為力者，還有一些則介於兩者之間。例如，人口成長、未來物價、政治環境、稅率政策、景氣循環，可以說都不是企業所能控制的。再如，對本企業市場占有率的預測、員工流動的型態、定價政策、產業

立法等,則是企業可以操控到某種程度。又如,介入新市場的決策、研究開發的擴編、總公司地點的選擇等,大半可以由管理當局來決定。

第二節 預測技術

主要的預測技術依黃教授,大致可劃分成(1)判斷預測,(2)數量預測,(3)模擬預測等三大類。茲依次將黃教授所提技術之涵義,摘錄於後,俾供參考❸:

壹、判斷預測

判斷預測可分為專家判斷法及調查預測法兩部分。專家預測法係根據預測者的直覺反應和主觀評估做預測。在某些情況下,直覺或主觀判斷是預測者惟一可得的工具,只得憑此預測。因為沒有客觀的統計方法來評估預測的數值,因此一項判斷預測的結果是否被接受採用,大半要看預測者的聲譽或地位如何而定。判斷預測缺乏輔助性資料及客觀的分析,它所擁有的只是預測者的經驗及知識,而直覺和常識就是它的分析工具。

專家判斷法通常是根據個別專家的估計或一羣專家的共同判斷來做預測,常用的方法有個別估計法、小組討論法和德飛法(Delphi)三種。個別估計法是由專家做個別估計;小組討論法是集合幾個專家一起集會,共同討論,以得出一個一致的預測;德飛法比小組討論法複雜,它係以一系列的問卷向專家小組詢問,依據專家們對一個問卷的答覆擬訂下一個問卷,直到獲得一個令人滿意的預測為止。

調查預測法是利用常用的訪問法, 如郵寄問卷、 電話或人員訪問, 收集有關人們意圖的資訊, 然後根據意見調查所得的資訊做預

❸ 同❶, pp. 609-611。

測。 如果被調查者 （卽樣本） 是隨機抽取的， 則可用統計推論的工具來評估調查所得的資訊， 求得估計值的平均數 、 標準差及信賴區間。

調查預測法的運用相當普遍，美國有幾家商業研究機構如尼爾森 (Nielson)、蓋洛普 (Gallup) 及哈里斯 (Harris) 的調查預測舉世聞名。若干大學如密西根大學及洛杉磯加州大學的調查研究中心(Survey Research Center) 所做的調查預測也享譽甚隆。

貳、數量預測

數量預測可分爲時間數列模式和因果模式兩部分。時間數列模式把依（應）變數當做時間的函數，時間是其惟一的獨立（自）變數。此法以依（應）變數和時間二者的統計相關性爲基礎，但時間和依（應）變數之間並不一定有眞正的因果關係存在。時間數列模式中只包含兩個變數，卽時間和一個依（應）變數，很容易用圖形來表示。

因果模式是根據預測變數（依變數）和一個或以上的解釋性變數（獨立變數）之間的統計關係來做預測。在獨立變數和依變數之間，一般而言，要有因果關係存在，且要二者之間的統計相關性可供預測之用就可。譬如對某產品的需要量（D）和國民所得（S）似乎存有因果關係，則我們可把前者當做後者的一種函數，卽 $D = f(S)$，只要這個模式的結果正確，我們就可予以採用。

叁、模擬預測

所謂「模擬」(simulation) 是指「以一個系統的模式進行實驗的過程」。模擬預測是指操縱一個模擬模式以測定因獨立變數的變動所造成的依變數的變動情形的一種技術。在時間數列預測模式和分析性的因果模式不適用的時候，模擬預測特別有用。

第三節　銷售預測方法例舉

如上一節所述，銷售預測可歸納成三大類：(1)判斷預測，(2)數量預測，(3)模擬預測。上節已分別對這三大類預測的主要涵義，予以詳述。爲使讀者有更確實的體會，本節特別介紹最爲常用而且相當簡易的五種預測方法，並以實例說明。讀者從中自行練習之後，定能心領神會，舉一反三。

本節所要介紹的五種方法，分別爲(1)預期特定目標推估法，(2)營業人員綜合判斷法，(3)使用者意見法，(4)時間數列法，(5)廻歸分析法❹。

壹、預期特定目標推估法

本法係由預期各種目標，諸如市場占有率、預期利潤額、預期投資報酬率等等，推估銷售潛量或計算出預計銷貨收入。此外，若無法預估利潤目標，亦可經由銷管費用預算，而反求預期銷貨收入。有了預估銷貨收入之後，卽可求出成長率以及員工貢獻率等。茲將簡化公式，分別列舉於後。

一、由市場佔有率目標推估銷售量

目標市場	市場潛量	市場佔有率目標	銷售潛量
A	20,000	10%	2,000
B	40,000	8%	3,200
C	50,000	5%	2,500
合計	110,000		7,700

❹　本範例取材自陳輝逢著「企業銷售預測的方法」，環球經濟社未出版講義，74年4月。

二、由營業利潤目標推估銷貨收入

$$a.\ 預計銷貨收入 = \frac{預計利潤額}{預計利潤率}$$

$$或\quad b.\ 預計銷貨收入 = \frac{預計利潤額}{預計投資報酬率}$$

三、由銷管費用預算推估銷貨收入

$$預計銷貨收入 = \frac{預計銷管費用}{平均銷管費用佔銷貨收入比率}$$

四、預期銷售成長率

　　　前一年銷售業績×（1＋銷售成長率）

五、預期每位員工附加價值推估

$$預計銷貨收入 = \frac{每人附加價值目標×預計員工數}{預計附加價值率}$$

貳、營業人員綜合判斷法

一、

　　求出各部門營業人員之銷售判斷（尤其不同階層間之營業人員），求其對銷售值預期之平均數，甚或加權平均數，所獲得之銷貨額預測方法，謂之營業人員綜合判斷法。下列各種演算步驟，可供參考。

(1) 業務部門經理預測

$$
\begin{aligned}
甲 &\quad 1{,}000 \\
乙 &\quad\ \ 800 \\
\hline
\overline{X} = &\quad\ \ 900
\end{aligned}
$$

(2) 業務員預測

$$甲 \left\{ \begin{array}{cc} Q & P \\ \hline 1{,}000 & 0.3 \\ 700 & 0.5 \\ 400 & 0.2 \end{array} \right\} = 730$$

$$乙 \begin{cases} 1,200 & 0.2 \\ 900 & 0.6 \\ 600 & 0.2 \end{cases} = 900$$

$$丙 \begin{cases} 900 & 0.2 \\ 600 & 0.5 \\ 300 & 0.3 \end{cases} = 570$$

甲、乙、丙三員之平均數爲:

$$\overline{X} = 733.3$$

(3) 求平均數

業務經理與甲、乙、丙三員之總平均數爲:

$$T = \frac{900 \times 2 + 733.3 \times 1}{3} = 844.4$$

二、區間預測

將上述資料,利用統計推論原理,作出區間預測,如下表 8-1 所示。

表 8-1　區間預測計算程序

業務員	銷售預測 $(\overline{X})$	可能區間 (X)	可能性 (P)	$X - \overline{X}$	Z	標準差 (σ)	σ^2
A	200	150~250	0.8	50	1.28	39	1,521
B	250	180~320	0.9	70	1.65	42	1,764
C	180	150~210	0.75	30	1.15	26	676
小計	630						3,961

$\overline{X}$ = 平均數, 卽爲業務員之期望值

X = 大於或小於平均數之變數

σ = 標準差

$$Z = \frac{X - \overline{X}}{\sigma} \Rightarrow \sigma = \frac{X - \overline{X}}{Z}$$

$$\overline{x}_1 = \frac{630}{3} = 210$$

$$\sigma_1 = \sqrt{3,961} = 63$$

資料來源：陳輝遠著「企業預測的方法」，臺北市環球經濟社，未出版講義，民國74年4月。

(1) 在95％信賴區間時 $Z = 1.96$

$$210 - 1.96 \times \frac{63}{\sqrt{3}} < E(x) < 210 + 1.96 \times \frac{63}{\sqrt{3}}$$

$$\Rightarrow 138.7 < E(x) < 282.3$$

(2) 在90％信賴區間時 $Z = 1.65$

$$210 - 1.65 \times \frac{63}{\sqrt{3}} < E(x) < 210 + 1.65 \times \frac{63}{\sqrt{3}}$$

$$\Rightarrow 150 < E(x) < 270$$

配合上年實績加權推估

加權預估數＝ a ×上年實績＋（ 1 － a ）× （本年預測數），其中，a 為權數， $0 < a \leq 1$

叁、使用者意見法

依據使用者之意見資料，可獲得未來之銷售前景，該法之步驟如下[6]：

一、根據使用者規模、消費習性，以及預期購買量，求出品牌轉換率。

二、求品牌佔有率

$$\begin{array}{ccc} \text{品牌轉換矩陣} & \text{原品牌佔有率} & \text{預期品牌佔有率} \\ \begin{pmatrix} X_{11} & X_{21} & X_{31} \\ X_{12} & X_{22} & X_{32} \\ X_{13} & X_{23} & X_{33} \end{pmatrix} \times & \begin{pmatrix} X_1 \\ X_2 \\ X_3 \end{pmatrix} = & \begin{pmatrix} X_1' \\ X_2' \\ X_3' \end{pmatrix} \end{array}$$

三、求購買率

---

[6] 同[1]。

購買某品牌可能性	%	追際購買率（%）	實際購買率（%）
一 定 會 買	15	70	10.5
可 能 會 買	20	35	7.0
不 可 能 買	35	10	3.5
一 定 不 會 買	30	0	0
小　　　計			22.0

四、銷售預測

銷售量＝市場需求預估×品牌佔有率×購買率

肆、時間序列法

根據過去銷售數量之變化，利用統計之時間序列法，導出未來之銷售趨勢。

時間序列法中，最常見者為最小平方法，茲將一次、二次、三次，以及指數逼近之曲線方式及其圖形列示於後。

（a）一次曲線　$y = a + bt$

$$\Rightarrow a = \frac{\sum y}{n} \quad b = \frac{\sum ty}{\sum t^2}$$

（b）二次曲線　$y = a + bt + ct^2$

$$\Rightarrow a = \frac{\sum t^4 \sum y - \sum t^2 \sum t^2 y}{n \sum t^4 - (\sum t^2)^2}$$

$$b = \frac{\sum ty}{\sum t^2}$$

$$c = \frac{n \sum t^2 y - \sum t^2 \sum y}{n \sum t^4 - (\sum t^2)^2}$$

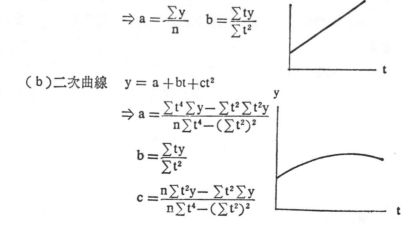

（c）三次曲線　$y = a + bt + ct^2 + dt^3$

$$\Rightarrow a = \frac{\sum t^4 \sum y - \sum t^2 \sum t^2 y}{n \sum t^4 - (\sum t^2)^2}$$

$$b = \frac{\sum t^6 \sum ty - \sum t^4 \sum t^3 y}{\sum t^2 \sum t^6 - (\sum t^4)^2}$$

$$c = \frac{n \sum t^2 y - \sum t^2 \sum y}{n \sum t^4 - (\sum t^2)^2}$$

$$d = \frac{\sum t^2 \sum t^3 y - \sum t^4 \sum ty}{\sum t^2 \sum t^6 - (\sum t^4)^2}$$

（d）指數曲線　$y = ab^t$

$$a = \log^{-1} \left(\frac{\sum \log y}{n} \right)$$

$$b = \log^{-1} \left(\frac{\sum t \log y}{\sum t^2} \right)$$

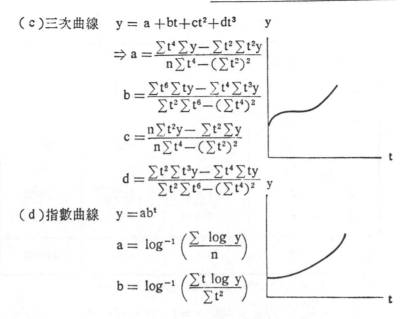

伍、迴歸分析法

廻歸分析法之內涵，將於有關章節詳加探討，茲就各段指示加於後，俾供參考。

一、簡單線性模式

X爲自變數，Y爲因變數，假設X與Y之關係爲 $y = a + bx$

$$\Rightarrow b = \frac{\sum XiYi - n \bar{x} \bar{y}}{\sum Xi^2 - n \bar{x}^2} \qquad a = \bar{y} - b\bar{x}$$

解此聯立方程，卽可求得 x，y 的廻歸直線（見表 8-2）。

表 8-2　廻歸分析之演算

年　度	銷管費用 Xi (萬元)	銷貨收入 Yi (萬元)	Xi²	XiYi
68	60	300	3600	18000
69	65	350	4225	22750
70	70	400	4900	28000
71	80	450	6400	36000
72	85	470	7225	39950
73	90	500	8100	45000
合　計	450	2470	34450	189700

$\bar{X}=75$　$\bar{Y}=411.67$　$\sum Xi^2=34450$　$\sum XiYi=189700$

$$\Rightarrow b=\frac{\sum XiYi-n\bar{x}\bar{y}}{\sum Xi^2-n\bar{x}^2}=6.355, \quad a=\bar{y}-b\bar{x}=-64.955$$

$Y=-64.955+6.355X$，若 $X=10$）萬元

則 $Y=-64.955+6.355\times100=570.545$ 萬元

資料來源：陳輝遠著「企業預測的方法」，臺北市環球經濟社未出版講義，
民國74年4月。

二、多元廻歸模式

如銷貨收入的多寡直接受銷售人力、舖貨率、促銷費用、廣告支出、商品價格等因素之影響，分析預測人員應先求得其間的相關係數 $\left(r=\frac{\sum(Xi-\bar{x})(Yi-\bar{y})}{\sqrt{\sum(Xi-\bar{x})^2\sum(Yi-\bar{y})^2}}\right)$ 後，利用多元廻歸模式推估銷售預測值。公式如下：

$$y=\beta_0+\beta_1X_1+\beta_2X_2+\cdots\cdots\cdots\cdots+\beta_{p-1}X_{p-1}+\sum i$$
$$=X\beta+\varepsilon$$

$$b=(X'X)^{-1}X'Y \quad (X'X)^{-1}=\frac{1}{|X'X|}adj(X'X)$$

求出 $\beta_0, \beta_1 \cdots\cdots\cdots\beta_{p-1}$ 之後代入公式即爲多元廻歸模式，日後只要將各種變因之投入金額代入模式，卽可求得銷售預測値。

第四節　預算概述

　　規劃之具體結果，通常反映於預算。預算係以金錢單位表示之計畫，同時也爲管制之主要工具之一。預算涵蓋之層面與幅度甚廣，例如：

1. 現金預算
2. 採購預算
3. 產製預算
4. 銷貨預算
5. 年度綜合預算
6. 長期財務預算

　　一般而言，年度綜合預算要建立於上述現金、採購、銷貨、產製等預算之基礎上。年度綜合預算係以貨幣單位表達之整年「經營之目標與計畫書」，而長期財務預算係以貨幣單位表達之「長期投資計畫書」。

　　預算之程序如圖例 **8-1** 所示，以收入預估爲第一步驟，但亦爲最無法確定之作業。

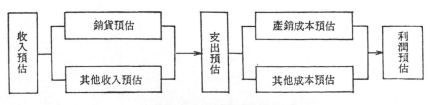

圖例 **8-1**　簡要預算程序

除上述之預算概念外，下列預算方法業已逐漸普受重視。

（一）變動預算：依據產銷量編製之預算，旨在配合銷售(市場)環境之變動，作規劃與管制之用。

（二）移動預算：將一般年度之預算，再細分爲若干（如二月、三月、六月）階段、編製預算，做爲短期策略應變及改進之依據。

（三）零基預算 (Zero-base budgeting)：此一預算制度要求每一編製預算人員，對每項預算應自 " 0 " 開始，同時附有說明爲何編列每項數目之充分理由。

第九章 決　策

在進行規劃的過程中，下達適當的決策，誠絕對必要。規劃與決策有如孔孟相隨，其間關係密切而不可分。管理人員的決策必然涉及組織目標、組織之構成及內部資源分配等問題，因而對企業組織的影響相當深遠。

要想深入了解管理人員的規劃工作，必須瞭解他們面臨的決策問題，以及有效完成決策的分析與解決方法。決策問題的發生，是由於決策人員在不完全確定的情境下，找尋問題解決方案而產生。

本章旨在介紹制定決策的程序，以及決策過程中所運用的分析方法。

第一節　決策之涵義及其重要性

壹、決策的涵義❶

所謂「下決策」(decision making) 就是從諸多方案中，選擇一項作為行動的途徑。這是規劃的核心。

規劃的最後一個步驟，便是作成各項計畫。在擬訂各項計畫之前，我們必須先制定許多決策，包括對資源的承諾、行動方向的決定等等。從這個角度來看，管理者最主要工作，其實就是「下決策」。他們無時無刻不在決定「作些什麼?」、「由誰來作?」、「何時、

---

❶ 參閱Harold Koontz 與Cyril O'Donnell 合著, *Managemant* (N. Y.: McGraw-Hill, Inc., 1976), p. 196.

何地以及如何進行？」等諸如此類的問題。 只要我們面臨「選擇」
(choice)，我們便得規劃，規劃過程中，我們便須「下決策」。可見，
決策是規劃的核心。

貳、決策的重要性

如前所述，決策乃計畫的核心，而計畫之付諸實行，乃指向某一
具體的目標，因而決策若有偏差，預期的目標就無法實現，此乃其重
要性之一。現代企業，著重系統研究與分析，每項決策必定與公司的
其他計畫相互關連， 牽一髮而動全局， 作決策時更不可不慎重，也
正足以顯示決策之重要。

第二節　決策之程序

決策的方法因問題、因人而各異其趣，沒有一個標準的模式。可
是，就理性的決策而言，還是有一些基本原則和步驟可循，這就是本
節所要介紹的決策程序。

（一）澄清並確認問題——仔細去分析問題，包括其背景與成因。
然後將之明確化，避免問題的描述有曖昧不明的可能。

（二）確立決策目標——確立決策目標，是決策分析程序中最重
要一環，決策目標，須能具體。例如增加利潤，必須提出希望增加何
種利潤，增加若干利潤等。同時決策目標要分兩方面提出：一方面是
此決策希望產生何項成果？另一方面是有何項資源可供執行決策？目
標須盡量列舉，愈詳盡愈佳。

（三）區分目標——決策目標列出後，再將所有目標區分成「必
須目標」和「期望目標」兩類，何項目標必須達成，何項目標希望能
達成，比較利弊得失而定其順序。

（四）**產生可行方案**——針對必須目標和期望目標，研提各種可能解決問題之不同方案。

（五）**評估並選擇決策方案**——根據評估準則，選擇符合條件之方案。但此方案並不一定是最佳方案，爲愼重起見，應再作進一步研究。

（六）**探究不良後果**——決策方案擬訂後，應進一步探求未來是否可能產生不良後果。尋出方案之可能不良後果之資料，予以列舉，再研究每一不良後果之嚴重性和可能性，假如所選擇決策方案各種可能不良後果之總和少於其他方案時，此決策方案即最佳方案。萬一決策方案可能發生不良後果之總和大於其他方案，即須考慮是否採用其他方案。

第三節　決策技術簡介

本節將特加介紹一些有用的系統化數量規劃技術，並對此等規劃技術之型態做一簡單的敍述❷。

壹、模式模擬

所謂模擬係指運用實體或模式（Model）以從事對基於事實或者假定的各種不同情況之試驗，俾能顯示在不同的或者不確定的情況下，實際從事決策或採取行動時所可能產生之結果。

由以上的說明可知，模擬是一種用試驗方法解決在不確定情況下的錯綜複雜問題之技巧，可以將一些不易控制研究的複雜問題，轉換爲以模式爲代表的單純問題，以此較易控制的單純問題所獲致之研究結果，來推斷實際的複雜問題所可能產生之結果。

❷　參閱郭崑謨著「企業管理——總企統導向」，華泰書局印行，1934年，pp. 77-92.

貳、投資機會分析

投資機會分析（Venture Analysis）是作業研究模式中最精密的規劃方法之一。它是一項投資規劃系統，用來分析新的投資機會並且包含以下的技術： 例如機率理論、 決策理論、 貨幣的價值和數理模式。由於它是一個密集的系統，它蒐集、連繫、評估和籌劃有關整個生命週期中企業風險的所有資料，所以投資機會分析儲存著很多種資料。所有與這計畫有關的成本都被發展出來。這些資料都爲了每一步的生產程序而加以模式化。在價格和促銷活動方面，產品價格在各種不同的需求程度需測定以便決定最適價格。所有與行銷產品有關的促銷費用，都要以選定的媒介，來分析並且加以計畫。研究發展成本和行政費用也應加以安排以便使資料完整。

下述者爲一個適當運用投資機會分析的典型例子。一家藥品公司有三種產品準備推銷出去———一種是抗生素、一種是頭痛藥、另一種是退燒藥。公司的財務狀況只允許其推出一種產品。在這種情況下就有很多重要的整體問題要被高階主管所提出。 諸如， 這項新產品可達到多少市場佔有率？在競爭者引進類似或更好的產品前有多久的時間？如果競爭激烈，那麼公司有沒有能力收回所有投資成本，包括：研究、銷售、廣告和促銷上的投資？此外由於每種產品的性質不同，也產生了一些自身上的問題。例如頭痛藥顯然不是新產品，因爲到處充斥著頭痛藥。這家公司的新產品可能與其他的產品一樣或者更佳，但是著手一項藥品的問世需要大量的資金來進行廣告、行銷和促銷。因此到底產品問世前要多久？要投資多少？也爲重要問題。

這些問題都是管理者應該回答的問題。雖然管理人員會提出不同的判斷，但是，不論最後採用誰的意見，這基本上是一個「選擇」的問題。在這情形之下，投資機會分析提供了可能的結果和一項對每一

可能發生結果之評估。從這些可行方案中，可以獲致最佳的選擇。

叁、風險分析

進行風險分析（Risk Analysis）確認長期的資本投資決策，是在資料不全的情況下要做之事。今天我們對企業計畫的風險評估，已有相當良好制度。透過風險分析可使幕僚人員易於洞察整個決策過程上的所有問題。

像回收法（Payback）和報酬率分析這種技術是用來量化資本投資決策方法。但是大多數這些計算性的方式並沒有考慮到投資決策的未來結果之危險性。

下述者為一個業經簡化的風險分析程序的簡例。

一個油公司正考慮興建一座新的汽油站，而市場分析顯示汽油銷售量的多少是最主要的不確定因素；同時，對於每加侖的實際利潤也有些疑問。公司方面有一個傳統的要求，就是在一項設備的使用年限之內，至少必須賺取此項投資之百分之十的利潤，而且管理階層已經接受了一項原則，那就是一項可接受的投資計畫必須至少要有百分之九十的機會可賺到百分之十以上的投資報酬才行。

對於所面臨風險情況進行討論之後，公司的分析人員同意每年銷售量定在 35 萬加侖左右。運用風險分析我們從汽油的銷售取得樣本並計算現金流量對每一樣本會產生怎樣的結果，折舊採用直線法每年提百分之十，稅後的現金流量就被用來導引這計畫的報酬率。每個樣本的報酬率都被繪於分配圖上，這個分配圖顯示這項投資報酬率的分配。在經過計算之後發現此項投資在稅後的報酬率低於百分之十的機率有百分之二十。基於這項結果，此項模擬分析建議是否定投資。

肆、決策理論

決策理論 (Decision Theory) 在減少不確定因素方面是很有用的，而這些不確定因素正是一項大資本投資計畫中基本的部分。決策的制訂可分為下列三種情況：㊀確定情況下的決策。㊁風險情況下的決策。㊂不確定情況下的決策。如果所有相關因素都已確實知曉，卽可採用第一種決策方式。由於決策者確實知道事件會不會發生，因此在這種確定情況下，決策程序當直接了當。

在有風險的情況下使用決策理論時，我們可以將風險視為可測定的不確定因素；在一個具風險的情勢下，結果雖然難以確定，但我們可以先前的經驗來決定發生某項結果的機率，而機率的大小則屆於 0 與 1 之間。如果過去的或客觀的機率無法決定，決策者就必須主觀的判斷發生這項結果的機會。

確定或者不確定可視為是「連續帶」上的兩極。這並不是說確定的情況就鐵定什麼都會發生，不確定的情況就鐵定什麼也不會發生。所謂“確定”是指在一個可知的環境中運作；而“不確定”則是在一個不可知的環境中運作，在這不可知的環境中，某一項結果會發生的機率當然無法預測。

茲特例舉一個個案，來說明如何將決策理論運用於不確定情況的決策規劃。假設我們計畫決定應該營銷那一種產品，而且已知要花費很多資本投入。在多項產品選擇中，規劃小組必須確定以下的資料：所需資本、市場占有率、售價、價格漲幅、工業成長率、投資的殘值、市場大小、操作成本、設備使用年限、和固定成本。

公司中沒有人具有確切評估所有這些變數的能力。規劃人員必須接受不確定情況。先前缺乏經驗是不確定性的來源，而且這些相互依賴的變數組成了對最後結果的影響因素。市場占有率的決定就是這些相互依賴變數的例子。它是一個售價、廣告、品質和市場大小的函數，而在這些被測定的變數中也存在著不確定性。在這些變數中一項錯誤

的判斷就可能嚴重改變市場占有率之預期結果。

　　一旦規劃人員接到了一套對決策上相關資料的完整判斷，這些變數就被集中而投諸計算的程序。如現金流量貼現法（Discounted cash flow method）被利用來評價資本選擇的價值。

　　從這個例子可以看得出來只要一個或多個變數的期望值是人爲主觀所測定出來，換言之，它們用主觀機率所表達出來者，其最後的結果就會存在某一程度的不確定性。當一個人能將這測定調節到與過去經驗相協調，不確定情況就可以被削減成風險情況。然而，在大多數的資本決策中，規劃人員卻常須憑藉個人的直覺來判定，這就是主觀的機率。雖然不確定程度能被大幅度削減，但是仍有部分的不確定性存在於決策過程中。

伍、決策樹

　　決策樹（Decision Tree）提供給公司內的規劃人員一個新的決策工具。因爲它將不確定程度或未來可能發生的機率轉變成一個決策。這簡單的數學工具使規劃人員有能力去考慮不同的行動方案，賦予一個金額，並且給予適當的機率以便進行比較。

　　所謂決策樹是因爲它看來像一棵樹，爲了方便之故以水平方向描繪。這棵樹的基礎就是現存的決策點，經常由一個小方形表示。它的分枝從第一個機率事件開始，以一個圓圈表示。每一機率事件產生兩個或兩個以上的可能影響，而它們中的一部分又導引其他的機率事件和併發的決策點。

　　基本上，這技術可用來分析複雜決策之潛在結果，它利用簡單的圖示方法，提供一種表達現存決策、機率事件和未來可能決策的內部運作情形，並且使規劃人員有能力去評估各個不同的可能機會。

　　要解決這個問題就必須引用反轉（Rollback)的方法。從決策樹的

右手端反轉回到現在的決策點。大多數的計畫決策在決策樹上有很多的分枝而且不止有一個決策點。由於決策點的多樣性而使得反轉程序有其必要。

為了顯示決策樹的用法，圖例 **9-1** 表達了在兩年內其行動和潛在

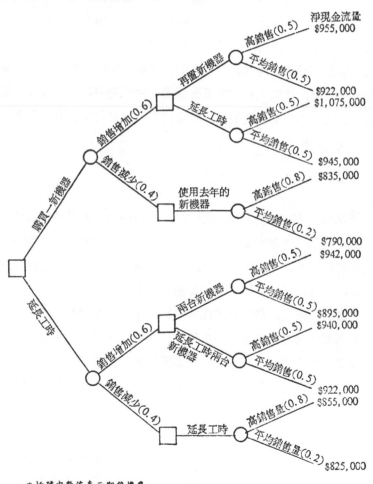

| 行動 | 事件 | 行動 | 事件 |

＊括號中數值表示期望機率

圖例 9-1　決策樹——一年期或兩年計畫

的事件。從左到右視察這些資料顯示決定點有兩個可能的原始行動，設置一新機器或延長工作時間。第一年的行動都可能導致銷售的增加與銷售的減少，他們的機率分別爲 0.6 和 0.4。如果在第一年有銷售量之增加，那麼在第二年爲高銷售量和平均銷售量的機率均爲 0.5。換句話說如果在第一年銷售量減少，第二年爲高銷售機率爲 0.8，中銷售量爲 0.2。在這些機率下，回收或現金流量就可被計算出來（參閱圖例 9-1）。察視了這十二個回收量之後發現一百零七萬五千元是最大值。在引用了反轉觀念之後，我們從在右邊的期望結果向左移動到決策的決定。那就是在第二年延長工作時間（Overtime）而在第一年買一臺新機器。

第十章 計　　畫

　　從第五章到第八章，分別討論規劃的概念、程序、根據，及其核心。我們對規劃的過程，已經有足夠清晰的瞭解。本章所要討論的就是，規劃的產品——計畫。

　　規劃是管理的一項基本職能，已如前述；計畫則是規劃的定案結果。換句話說，計畫是規劃的具體產品。古時候，稱之為「計謀」、「謀略」、「妙計」、「主意」、「藍圖」等等❶。徒有規劃，而無計畫，豈非議而不決，空手白卷。

　　本章將介紹各種計畫類型，包括策略、政策、規定、程序、時程，以及預算。

第一節　計畫之類型

　　前數章所探討者係從規劃的層次、幅度、時距，以及重複性等角度觀看規劃之各種不同的類型。正由於這些不同類型的規劃，自然也會產生不同類型的計畫。本節特僅以一般最常見的幾種類型，扼要予以說明❷。

壹、策略

---

❶　參閱陳定國著「高階管理」，華泰書局印行，中華民國68年元月修訂版，p. 6。
❷　參閱許士軍著「管理學」，東華書局70年初版，pp. 114-115。

組織爲達成某特定目的而須採取某些手段，因此而表現出來的對重要資源之調配方式卽所謂的策略。譬如，公司爲達到快速成長的目的，可能會選擇購併其他公司之方式，此種購併作法，卽代表一種策略。又如某公司欲進入一新市場，決定選擇一家推銷能力較強、信用卓著之批發商，做爲該市場之獨家經銷商。當然，它也可能採用直營經銷的方式，這就是一種策略的選擇。

貳、政策

政策也是「計畫」的一種，它告知管理人員在某些情況下應如何決策。政策內容有時非常概括，有時也相當具體，不過總給予決策者以裁決之相當餘地。譬如說，「本公司對於事務機器之採購，應選擇在國內具有服務能力之供應者」，或「本公司招募新進人員必須經過公開考試」。至於管理人員究竟向那家供應廠商採購、採購手續如何，以及公開考試何時舉行、考試科目如何等等，政策本身並未詳細規定。政策之執行細節，可由相關之管理人員或小組視情況決定。政策和策略有時難以明確劃分，許多政策也是一種策略，譬如「選擇經銷商時，以擁有高級商店印象者爲優先」，此種敍述，旣是政策，也可視爲策略。不過一般說來，政策可經常應用，而策略則否。總之，雖然有些政策具有策略性質，但通常所謂之政策只是實施或手續性質之原則，所以二者之間，在觀念上，仍可加以區別。

叁、規定

規定代表對某種狀況有非常具體之要求──包括做爲或不做爲兩種情況──所以具有命令的性質。它和政策略爲相同之處是，二者均供重複適用，以配合經常出現之問題或狀況；但二者最大不同，卽規定多係十分具體，缺乏政策之彈性。例如：「凡擬請假三天以上者，

必須在二天以前向主管提出」或「廠內禁止吸煙」之類。

肆、程序

程序可視爲「規定」之一種，但特別強調的是，有關某些工作必須採取之步驟，例如，接到客戶訂單後，應如何處理；或是對外採購，超過一定金額時，如何請購、選擇供應商，以及簽約、驗收與付款等工作之順序。

伍、時程

這也是一種計畫，係將一系列之工作，排定其相互次序及進行或完成的時間。一般而言，若工作的內容甚爲具體，所需時間亦可事先估計，則所排定出來的時間表，往往具有規定性質及效果。不過，如果工作內容不甚確定，或是受外界影響甚大，非本身所能控制時，即使排定時間表，也僅具有參考指導之性質。

陸、預算

預算爲最常見之一種計畫，與前述其他各類計畫最大之不同，預算乃以貨幣金額來表現計畫的內容。包括各組織單位在未來一段時間內之支出或收入。此種數字，乃經過一定程序並獲得批准，具有甚高權威性。但預算本身仍僅代表對未來情況的一種預期。

第二節　策略與戰術

壹、策略的性質

策略是所有其他各類計畫的骨幹，它介於目標與具體行動之間。策略不明確或不一致，行動易淪爲散漫而盲目的努力——既難發揮其

特有之協調與綜合的效果，更難保證行動是否能有效達成目標。策略
具有多種性質或類型。因此，組織需要很明確的知曉，它需要何種策
略？在整體規劃系統中，有整體策略，有長期策略，也有中期策略，
此外，還有功能性或支援性策略。

策略也是各類計畫中最具動態的部分。有效的策略必然是不斷反
映一公司所處外在環境與本身實力互相激盪的一種選擇。因此，隨著
環境因素的改變，或組織本身長處及短處的消長，策略也會隨同改
變。因此，在不同行業、不同環境下的企業所採策略固然不同；縱使
是在同一行業及環境下的公司，也可能由於本身條件的不同，所採的
策略也隨之而異。

如何選擇最適宜的策略，乃是規劃過程中最具關鍵性的決策。一
旦策略選擇不當，不管其執行多麼有效，均無法挽回所犯的基本錯
誤；反之，策略選擇得當，即使執行上發生差錯，雖然可能產生相當
重大的影響，但仍可能有彌補的機會。因此對於策略的決策，應該由
高階主管負責，以示慎重❺。

貳、策略與戰術的區別

策略為公司整體或任何管理職能範圍內，具有前瞻性與引導性之
決策。至於「戰術」則為策略之執行。根據策略決定主要資源之調
配，而戰術乃是依照所做分配加以實行而已。

在實際作業上，策略與戰術的區分，有時模糊不清；可是，有時
卻又差異顯著，一清二楚。

舉例來說，總公司決定由其事業部向外購買已經存在的公司，這
是總公司滲透歐洲市場的策略。根據這個策略，其執行的戰術，可能
就是由「電子事業部」在「德國」購買某類似公司的「多數股權」。

❺ 同❸ p. 116。

於是，總公司便將此戰術交給該事業部去執行，此項「戰術」就變成此事業部的「策略」。在執行總公司的策略時，該事業部可能採取它自己的「戰術」。譬如說，對某工廠以「股權交換」來購買「少數股權」，而非用現金方式來購買此工廠❹。

在此所以強調策略與戰術之區別，主要鑒於許多高中層管理人員常常將其大部甚至全部精力時間投於戰術決策。造成這種傾向的原因甚多，但最顯著者，有二點：第一，戰術決策代表每天所從事的工作，參與此種工作，在心理上容易感到有具體之成就感，也容易表現其工作成果。第二，此類決策都是眼前必須採取的行動，不容許耽誤延緩，造成急迫感覺。而策略似乎可早可晚，一般並無目前非做不可的理由。如果公司高中層主管過於疏忽了策略性決策問題，終將造成管理上重大危機，導致公司嚴重損失，甚至影響其長期生存之可能性❺。

第三節　政　策

壹、政策的功用

政策無法對於某一特定問題，提供具體的解答。但是，經由政策的明確，管理者可由此獲得其尋求具體解答的方向或範圍。政策之使用並不限於公司最高階層。在任何情況下，具體行動或決策需要某種程度的指導之架構時，都可以藉由政策的引導，以達到此一目的。尤其，在實施授權的組織中，由於授權並非表示放手不管，但又不能事事過問，此時政策提供了一項良好的管理工具。此外，規模稍大的組織內，在不同時間或由不同的人，會各自擬訂相同或相關的決策，為

❹　同❶ p. 49。
❺　同❷ p. 118。

了使這些決策能保持一致性，「政策」正是管理的一項利器。

貳、政策的構成要素❻

本章一再強調政策的重要性，那麼到底政策應包括那些內容，才算是明確及可行的政策。

一般而言，政策內容應包括三項構成部分：

（一）宗旨：對於制訂這一政策的目的及意義，應有所交待，使得遵守這項政策的人，瞭解其背後的理由或旨意何在。

（二）通用原則：對於某些重複發生的情況應如何處理的問題，提供一般性原則，因此這些原則能夠普遍適用。

（三）具體規定：對於某些行動，可進一步訂定若干具體的規定。至於未訂有行動規定的問題，則交給決策者，日後依照通用原則作成具體的決策，這樣可兼顧決策的彈性與一致性。

叄、政策制定的原則

（一）政策必須反映目標和計畫——倘使一項政策不能使吾人作更進一步的計畫，或不能使企業獲得更遠大的目標，那就失去了政策真正的意義。

（二）政策之間必須有一致性與一貫性，切忌彼此矛盾，「虎頭蛇尾」。

（三）政策必須具有彈性，能因時制宜——若目標、政策或主要計畫有了變動，則所定的政策，必須隨著環境的變遷而改變。

（四）政策必須形諸文字——雖然用文字說明有時不見得能充分表達所欲的目的和意願，但有了明文的政策後，至少可以消除意見間的紛歧和矛盾。

---

❻ 同❷ p. 120。

（五）政策必須加以解釋，以釋羣疑——倘員工對於所制定的政策未能有充分的了解，將來執行時可能導致偏差。

第四節　規定、程序、時程與預算

由於「規定」和「程序」之基本性質極其相似，在此不加嚴格區別。如前所述，有時規定和程序屬政策之一部分，或爲政策之具體延伸，但有時規定和程序之訂定，純粹爲了增加例行工作之效率。在許多稍具規模的公司，常將這些規定或程序編纂成「標準作業程序」。

舉一個例子來說明，可增加讀者對「規定」或「程序」與「政策」之關係的瞭解。假設有一公司在人事政策上，對於招募新進之管理人員，重視其所受正規教育及其成績。爲配合此一政策，人事部門可能如下之具體規定：

1. 報考資格限於管理或工程學院畢業生。

2. 經初步選擇後，初試及格者應由公司安排——全日的參觀活動，並至少與五位基層及中層經理人員面談。

3. 對於畢業成績在全班最前 5％者，應該予以優先考慮。

規定和程序，如果運用得當，可以成爲極具威力的管理工具。前述政策之種種功能，「規定」和「程序」也一樣具有這些效益，而且更加具體而清晰。如果一個公司的所有決策和行爲，都可以化成「規定」和「程序」，則管理將成爲極其單純而有效的工作。

但是，我們所生活的現實世界顯然沒有那麼單純，「規定」和「程序」不可能包羅一切可能發生的情況和問題。而且現實問題太過複雜，「規定」和「程序」也無法完全適用。縱然如此，我們也必須了解「規定」和「程序」所能適用的範圍和限度，超出這個範圍和限度，它們只會帶來僵化的後果。

「時程」的意義，已如前述。在此，僅略爲說明擬定時程的原則如下：

（一）排列時程，通常先編製時程總表 (Master Schedule)，然後再將其分配於每月或每週內，以便控制。如此非但可使預定之情形，一目瞭然，並可幫助控制人員將緊急的工作提前排列。

（二）總表編訂完成後，再根據實際需要，編製個別的詳細時程表。換句話說，時程表是控制各項計畫進度的基礎。

至於預算，已於第五章詳述，茲不再重複。

第十一章 系統觀念——整體規劃之基本理念

規劃人員, 不論階層之高低, 最忌本位主義與偏狹眼光。 苟如此, 所擬訂的各種計畫, 必然不可能為完美規劃產品, 甚將有損總目標的達成。

規劃人員在規劃過程中, 應時時本着整體的眼光, 抱持系統觀念, 對組織作整體的觀察, 以系統方法來分析經營情況。如此, 所擬定的計畫, 才能兼顧系統的內在與外圍因素, 如此的規劃才能稱為整體規劃。

由此可見, 系統觀念實係整體規劃的基礎理念。規劃人員應時刻銘記在心, 潛思默化, 運乎其外。

第一節　系統觀念及其重要性[1]

所謂系統乃指構成一個整體各成份間有目的有組織之內部關係, 且整體之成就超過個別部門相加之成就。企業管理人員所負責掌理之系統甚多, 通常在一個總系統下, 設有若干子系統 (Subsystems), 此等子系統之作業必須對總系統之目標有所貢獻, 始能稱為有效之作業。

所謂系統觀念, 是把任何事情都視為由許多元件所組成, 並且重視各個元件的特性, 及其間之相互關係。一個具有系統觀念的管理人員所重視的是, 整個系統的最後產出是否符合組織目標之要求。因此,

---

[1]　郭崑謨著「企業管理——總系統導向」,華泰書局印行。1984, pp. 74-76。

他必須注重事物的整體，而非個別元件。圖例 11-1 卽是以系統觀念來看整個企業機構的管理。

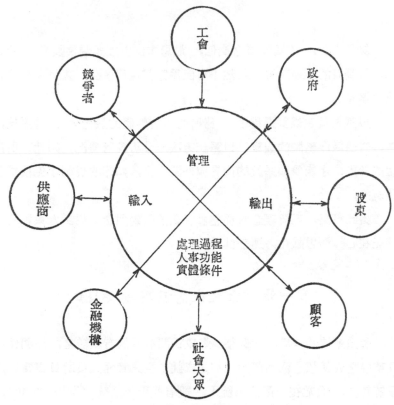

圖例11-1　組織整體系統之組成之例

資料來源：E.B. Flippo and G.M. *Management*, 3rd ed., (Boston: Allyn & Bacon, Inc., 1975), p. 31.

　　此一系統圖比較著重企業機構與外界環境之相互影響，任何管理措施均應審愼考慮企業機構與其整體系統中各部分子系統相互作用之關係。一個管理人員在規劃或執行管理工作時，若能注意組織整體系統之觀念，必然可以從多方面來思考問題，從而擴大其個人之視野，

以提高管理決策之品質。

利用系統觀念的一個重要的優點是可以體認綜效 (Synergy) 的好處。所謂綜效，簡單的說，就是由各部分組成的總和效果將大於各部分的個別效果之和。關係企業的形成就是發揮綜效的一個實例。關係企業通常是由一些產品類似、生產技術相近，或為了管理與財務上彼此支援而形成，結果將因集中規劃及控制而產生更大的效率。

管理人員運用系統觀念來處理組織內的管理問題時，必須考慮到系統內各元件之要求與組織目標間之衝突。為了追求整個企業機構組織系統的最佳效率目標，管理人員必須有效消除組織各單位中之偏狹觀念，協調各種資源的最佳分配，以求取整個組織的最大績效。吾人可從下述簡易範例體認到系統觀念之意義。

假設Ａ公司正面臨決定生產何種新產品及生產多少數量的問題。很顯然地，從各個功能部門主管的角度來看：生產部門主管一定主張，減少產品種類增加生產數量。因為，如此一來可提高機器使用率並減少制程改變所產生的成本。然而，行銷部門主管可能會主張生產多種產品，以便因應顧客之各種不同需求，同時還希望各種產品均能保持一定數量的存貨，以便應付顧客隨時訂貨而能即時送達。若從財務部門主管的立場來說，太多的產品庫存將使資金融通發生困難，為了便利資金週轉，提高資金使用率，庫存量則應愈低愈好。人事部門主管則認為，不論是少樣多量或是多樣少量的產品組合，其每月生產能量應維持一定的水準，以免旺季人手不足，淡季又嫌人手太多而造成增聘或解僱工人的困擾。對於此等組織各單位間之相互衝突的決策問題，要想有效獲致理想的解決方案，則需依賴決策人員採取系統方法來分析整合，方能圓滿達成。

第二節　系統方法之特性[2]

　　系統觀念的基本現象是系統內各部分元件之相互作用與相互依存
關係。系統中各元件之結合，關係相當複雜，某一元件之變動，將帶
動其他元件變化而造成深遠的影響。事實上，在我們的社會中，許多
事物都有此等相互作用與相互依存的關係。運用系統化的方法可便於
對各種問題進行有效的分析研究，而擬具妥善的解決方案。

　　因此，所謂系統方法，乃是一種思維方法、一種觀點、一種觀念
性的結構， 以及一種付諸實行的方法。 透過系統化方法， 可以讓管
理人員注意各事物間之相互作用與相互依存之關係，來思考公司的管
理決策問題。此一系統化方法，能基於使用者的需要及環境因素之考
慮，對管理工作做進一步的詳細規劃。

第三節　系統分析

壹、系統分析的意義[3]

　　「系統分析」(Systems Analysis) 是決策 (Decision-Making) 的
方法之一，可有廣義與狹義之定義。廣義的「系統分析」泛指在決策
過程中，要以「系統化」的方法，思考各種交替方案之優劣點。當面
臨「問題」，須待解決之時，決策者可用「分析」方法思考之，也可
能不加以分析，「立即」決斷對付之。在對問題予以分析思考時，又
可採取周全而深入之「系統分析」(Systems Analysis) 方式，也可採

---

　❷　　同註❶ p. 76。
　❸　　請參閱陳定國著「高階管理」，華泰書局印行。民國66年修定版。
　　　　pp. 484-485。

取膚淺偏窄之「局部分析」(Partial Analysis) 方式。這兩種決策模式可以圖例 **11-2** 示之。

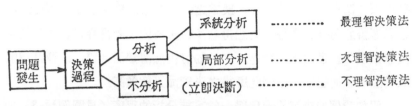

圖例11-2 系統分析與局部分析

資料來源：陳定國著「高階管理」，華泰書局印行，民國68年修訂版，p. 485。

　　狹義之「系統分析」是指在問題複雜及環境不確定(Uncertainty)之情況下，以邏輯步驟（如數學模式）有系統地檢討分析各個交替方案之成本、效益及風險，以選擇最佳方案付之執行之決策技術。

貳、決策過程與系統分析❹

　　廣義的「系統分析」可歸類為擬訂決策之一種理性方法，所以其精神與決策過程之內容相似。吾人皆知「決策」(Decision-Making)，是泛指尋找「對策」（或辦法）以解決問題的思考過程。若該問題具未來性時，則此決策即可稱為「規劃性」決策 (Planning Decision)。若該問題是屬日常性時，則此決策即可稱為「日常」(Daily) 決策。討論系統分析之前，先簡要敘述決策過程如下：

　　(1) 確定問題——診斷。

　　(2) 列出幾個主要的交替方案。

　　(3) 列出重要考慮因素。

　　(4) 依考慮因素評估各交替方案之優劣。

　　(5) 確定欲達之目的。

---

❹ 同❸ pp. 485-488。

(6) 選擇一個方案，並付諸執行。

企業經理人員時時刻刻須做各種不同的決策，欲得良好的決策結果則須遵循良好的決策過程。換言之，在決策過程中若能盡可能把問題思考得愈明確、交替方案想得愈多、重要因素列得詳盡、評估的程度愈數量化及書面化，欲達成之目的訂得愈清楚而具體，以及選擇的立場愈明確而堅定，則因此所得之決策品質就愈高。

假如我們把決策的過程與一般系統分析的程序（見圖例11-3）加

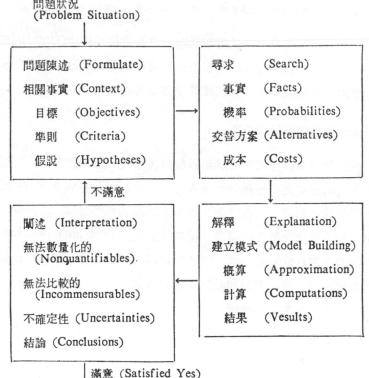

問題狀況
(Problem Situation)

圖例11-3　系統分析之程序
(The Process of Systems Analysis)

資料來源：陳定國著「高階管理」，華泰書局印行，民國66年修訂版，p. 487。

以比較，將不難發現兩者間相合之處。吾人若將問題所牽涉到的全部範圍視爲一個系統，則系統分析的目的，卽在幫助決策者造成一項最有效率 (Efficient)，同時也是最有效果 (Effective) 的系統狀態之改變。俾使改變後的系統更能適應環境，甚且創造新的環境。如果系統分析人員想對系統有重大的貢獻、自應對整個系統的問題、目的等等先加以確定、同時爲了達成目的，自然必須經過尋求 (Search)、解釋 (Explanation)、闡述 (Interpretation)，及建議行動之方案 (Suggest Action) 等步驟，所以圖例 **11-3** 與吾人所熟知之決策過程有其相近之處，當然不足爲奇。

管理人員是企業系統中的決策者，他必須經常面對各種問題而做出種種決策。有時候我們爲了方便，常常將「決策」依其問題主要所屬之子系統來加以分類，諸如生產決策、行銷決策、財務決策、人事決策……等。但無論如何分類，一個具有系統觀念的人，一定能體認到，不管他所面臨的是那一種問題，當他進行擬訂決策，必須從兩個角度出發：(1) 在決策過程中，吾人均須慮及所有相關之因素，假若所考慮者僅爲局部因素，則所得之結果絕不能說是"最佳"。換句話說，每一個決策過程均須抱持系統觀念。(2) 以整個企業系統而言，所追求者並非個別決策之最佳結果，而是所有決策的整合效果之最佳化。因此，生產決策並非可以不考慮行銷、財務等問題，而財務等決策亦必須配合生產決策之考慮。換句話說，任一子系統的最佳解未必是全系統之最佳解，因而若任一決策不能配合其他之決策，則絕不能稱爲良好之決策！

叁、系統分析的特性❺

系統分析固然是解決問題的科學方法，然而如何將它靈活運用於

---

❺ 同❸ pp. 488-490。

各種問題上，卻是一種藝術。對於從事系統分析的人來說，最困難的問題倒不在分析的技巧，最重要的乃是分析人員必須能把問題定義得很清楚；能選擇恰當的目標；能用清晰的模式描述問題及其所面臨的環境；能善加掌握解決途徑所牽涉的成本因素；甚至在必要時他必須能重建一個新的系統來尋求其他的解決途徑。

由於每個問題都有它的獨特性，每個分析人員分析的能力及習慣又各不相同，因此在不同的情況下往往顯現不同的分析途徑與結論。到目前為止，尚無一個可適用於所有問題而為大家所共同接受的系統分析之方法。不過，從另一個角度來說，作為一門學問或一種分析問題的方法，系統分析亦自具備有一些其它決策方法所沒有的特性，底下我們舉出一些較重要的特性，俾有助於我們對"系統分析"一詞有更進一步的瞭解。

第一、系統分析在解決一個問題的時候，往往須牽涉多方面的知識，尤其在處理複雜的問題時，更是如此。要想得到正確的結果往往須仰仗各種專門知識與不同專家的意見。系統分析即以一種有系統、有效率的方法將各種意見和知識整合起來。系統分析人員希望得到解決問題的可行方案，他必須努力建立出決策所涉及的觀念架構；定義出各種目標及評估準則；分析出各行動方案之成本與效益。我們也可以說，經由不斷與專家交換意見，系統分析的過程與結論，其實同時包含了專家的專業知識以及管理人員的想像力和判斷力。

第二、系統分析之過程中所引用、所強調者皆為「科學方法」。所謂科學方法可以有如下之涵義：（1）此種方法必定是公開而明確的，而且它所得出的結果，每一個不同的專家都可對它加以驗證。（2）它必定是一種有系統而且客觀的分析過程。（3）分析過程中所提到的假設均曾經過適當的方法加以檢定。（4）分析所需的資料盡可能地予以數量化。系統分析必須引進大量的科學方法之精神與工具。

第三、系統分析的過程中必然會牽涉到模式的建立。模式的功用在於將眞實世界簡化到可以研究的程度，同時經過精確設計的模式，也讓專家們容易溝通彼此的意見。

第四、系統分析是分析未來的問題，而不是處理過去的問題。因此，系統分析人員必須具備前瞻性的眼光與胸襟。

第五、系統分析嘗試降低因問題不確定性所導致的風險。決策所考慮的因素中難免有許多是具有不確定性質的，因而系統分析人員需要經常在晦澀而不明確的狀況下做出決定。如何面對不確定性，並降低不確定性的風險，應爲系統分析所面臨的課題之一。

第六、系統分析所欲解決的問題往往都是較大而且較複雜的問題。在簡單的問題上可以引用系統分析的觀念，但毋須執着系統分析的每一步驟。

第七、系統分析旣是一種科學，也是一種藝術。爲了說明系統分析是一種藝術，我們不妨重述一下奧維特氏（Ouade）的說法，他說:「要告訴別人如何去做系統分析並不是一件簡單的事情。到目前爲止，我們還沒有適當的理論來引導系統分析的實際行動。過去許多這方面的研究都偏向數量方法的發展，盡管變數再多，模式上的計算問題現已不再是"問題"。然而就另一方面來說，有關哲理上的問題，諸如確定模式所代表的意義、不確定因素的考慮，以及適當標準的選擇等等，卻一直仍是無法解決的"問題"。……由於系統分析是一種藝術，而不單是一種科學，因此我們必須做一些我們認爲正確但卻又可能永遠無法得證實的事情；我們也必須接受由於別人的判斷所引發出來的許多不可捉摸之相關因素作爲我們的輸入（Input）；此外我們也必須發掘出一些答案來作爲自己判斷的依據。盡管我們可以藉著各種推理來使判斷盡量接近事實，但判斷並不能提供百分之百的保證。」

總之，系統分析綜合了決策者與分析專家的意見，成爲一種科學

的決策工具。但系統分析的運用卻是一種藝術，任何人若以爲能將解決某--問題之系統分析方法，能一成不變的搬到其它問題上，將會誤用系統分析。

肆、系統分析的程序

在第二節裏筆者曾經說明，系統方法的特性。茲再就系統分析的每一步驟，分別說明於后:

一、問題陳述階段 (Formulate Stage)

當系統發生問題時，決策者可能會提出問題交給系統分析人員，或者有時系統分析人員會被要求具體的提出「問題之陳述」。問題的陳述必須包括對系統任務 (Task) 與目標的詳細描述。譬如假設所承擔的是關於一個大城市運輸問題的系統分析，則系統分析人員首先必須知道所追求的目標爲何——是要增加交通速率？還是減少顧客的負擔？……等。

問題的陳述階段亦包括了主要變數的確認，同時亦必須定義出各變數間的相互關係。如上述的例子中，主要變數至少將與運輸型態（汽車、地下火車、公共汽車、火車、飛機……等）有關。同時，在找出主要變數之後，吾人尙須選擇決策準則，以決定何種方案是較爲可行的方法。例如: 假設目標是在決定應發展那一種運輸工具，則吾人選取的評估標準很可能是: 投資成本、乘客的舒適程度或空氣污染的威脅等等。

二、尋求階段 (Search Stage)

問題經澄清並尋求共識之後，接著必須找出與問題相關的各種資訊。此一階段是整個分析程序中頗爲困難的一段，因爲系統中有許多資訊，往往不是很容易就可取得的。

三、解釋階段 (Explanation Stage)

於此階段中，須將發掘出之資訊整合起來，並加以解釋。於是，往往就需要建立模式 (Model)。此由於現實世界太複雜，因而我們須將複雜的事實加以抽離(Abstraction)、簡化成可研究的程度；若模式要能對眞實問題之解決有所幫助，則必須包含所有重要的變數，同時變數間的關係亦應明確地建立。有時在較複雜的問題中，系統分析往往包括了一個以上的模式，各個模式對問題的各方面均提供一種良好的解析能力。

在本階段中，分析人員尚須確實掌握住模型中之不確定性。因此模型中必須要有敏感性分析 (Sensitivity Analysis)，以觀察各種因素或假設之改變對整個計算結果，到底有多大影響。此種分析對決策者選取行動方案極其重要。

四、闡釋階段 (Interpretation Stage)

最後一個步驟是將模型得出的結果在眞實世界中加以檢驗。若結果可適合於眞實世界，則付諸行動，否則整個分析過程將重新循環一遍。

伍、系統分析的限制⊙

系統分析固然是很好、很有力的決策方法，但由於它牽涉極廣，因而分析人員於分析時常會犯許多錯誤，或者踏入一些 "分析的陷阱"，底下我們節錄陳定國敎授所歸納之常見的"陷阱"：❻

第一、把太多的時間花在對問題的瞭解上，因而花在解題的時間相對就顯得不夠。

第二、太相信數量性方法，並且分析人員所關心的往往是 "模型"，而非眞實的世界。

第三、系統分析人員，往往不肯主動去發現或承認整個分析之缺

---

❻ 同❸ p. 502。

陷。

第四、對某些事實之詳盡分析，不一定能得出有用的結論。

第五、雖然簡單的模式較易於處理，但過於簡單往往不足以代表眞實世界。

第六、往往爲了使複雜的問題易於分析，而將問題勉強納入某一分析之架構。

第七、想建立一個能同時包括某一複雜問題的所有重要因素的模式，往往會失敗。

第八、常常把注意力集中於交替方案的選擇上，而忘了更重要的是選定正確的目標。

第九、沒有那一個模式是放諸天下皆準，不同的問題與環境須適用不同的模式。

第 四 篇

組　　　織

第十二章　組織之基本概念

企業，不論大小，需集眾多之人力與物力始能營運。人具人性，人性因人而略異。物有物性，物性無由自主。企業營運上之人力與物力苟未加組織，任憑其性，自然發展，各執其是，則人力、物力不但無法發揮其高度效能，而且"力""力"相克必然造成人力、物力之浪費❶。如何將人力與物力按其相互關係分門別類，歸入整個系統，以便其在整體系統下發揮高度效能達成企業營運之共同目標，乃企業營運之首要任務，此乃為組織問題。

自古以來，有了人羣，就有組織存在。基於共同目標、共力合作之意志，與可溝通思想之媒介，組織以不同型態出現。有些是有形而正式化，有些為無形而僅存在於成員之心目中。不管是何型態組織，人類從悠久之組織經驗中已分辨出構成靈活而健全組織之必要因素。組織內部體系雖各企業不一，但此健全組織必備因素卽不變。易言之，組織有其基本原理存在。藉著這些基本原理，吾人更容易檢討組織內部體系，改善組織體質。

本章首先對組織的基本概念作一介紹，本篇其他各章依次將再討論工作畫分、部門畫分、組織結構、組織變革等諸問題。

第一節　組織之涵義及其特性

壹、組織的涵義

❶ 郭崑謨著「現代企業管理學」，修訂版，華泰書局印行，民國67年。
p. 172。

　　組織就是結合眾人之力， 透過擴散和漣漪的效果， 以求羣策羣力，竟收眾志成城之功。一個人單獨的能力有限， 要完成一件事物就很難辦到。卽令可以辦到，其付出的時間與力量亦不甚經濟。若是能集合眾人之力， 使各盡所能， 互爲長短， 則定能事半功倍，發揮綜效 (synergy)。但人們天生資質互異， 雖具有同策共進之心， 但常易於各行其道， 各認其是。如此一來， 仍不能獲致同策共進效果。所以， 必須施以編組， 有階層、有領導、有方法，使各盡其才，才盡其用， 合眾人之心爲一心，集大家之力爲通力， 合作無間。然後朝著共同的目標， 去完成所負責任， 同時， 也可達成自我的目標❷ 。

　　組織結構可以非常簡單， 也可以非常複雜。 一般而言， 隨著事業的擴大， 其組織結構， 由於分工較細而會增加水平與垂直方面的階層， 而使得組織結構漸趨複雜。

貳、組織的特性

　　組織不論簡單或是繁複， 均須具有如下之自然特性:

一、組織必須有共同目標❸

　　凡是組織都須有其共同的目標， 組織的成員都須盡心努力，爲達成這個目標而努力。因爲組織的目標與每個份子的切身利害有關， 每個組織的成員來自四面八方，動機各異；但若仔細考察他們的來意，必然會發現他們雖會具有自身利益， 但總有一些部份屬大家所共有。組織的目標與他的願望要有一致之處，否則他們不會輕易參加此一不如己願的組織， 浪費光陰。縱然， 當他一旦參加一個組織之後， 發覺組織的目標與自己的意願相異，遲早必會辭退。

二、組織必須有統一的領導❹

❷　李裕寬著「組織行爲學」， 正中書局印行，民國72年，p. 23。
❸　同❷ pp. 9-11。
❹　同❷ pp. 11-12。

　　組織爲羣體有效之結合，係各個成員爲實現其共同目標所組成的「有機體」。因此，若無最高權力來統御領導，則將各行其是，各自東西，行動不能一致，便不成組織，而淪爲烏合之眾。

　　三、組織必須有溝通的意志

　　溝通意志方法之完備，爲現代組織賴以擴大之基礎。而組織結構本身又成爲溝通意志、齊一步調、達成活動之工具。

叄、組織的原理

　　（一）分工——歐西科學管理之父——泰勒（F. Taylor）主張:「凡屬腦力工作者盡可能由工廠分出，集中於規劃部門處理；盡量將腦力工作與體力分開，此爲科學管理重要原理之一」。泰勒氏主張「科學性選擇並教導工人，分析考驗其所適宜之工作」以及「爲每一工人指定一個明確工作責任」。凡此種種，反映將分工原理高度發揮於工業管理及其人事管理之好處。

　　（二）**管理層級**——人之精力、體力、時間與知識概有限，居於組織運作中心之領導或主管人員，若欲同時直接個別領導數百數千人之活動，必致不能使之相互配合發揮組織力量。此一限制條件，在組織和管理上，稱之爲管理幅度之問題，亦即掌握監督之限制。所以，管理幅度問題迫使任何數十人以上之組織不能不分設層級，迫使任何喜歡攬權之主管，不得不採取分層負責和分層授權制度。此原理實爲組織重要原理之一。

　　（三）**配合**——任何組織必須建立權威中心,指導其成員之活動,其目的即在使各個成員的活動能互相配合。任何組織必須建立組織系統，必須建立管理制度，必須權責劃分清楚，明定職掌，其目的亦在於使各成員之努力得以互相配合。各單位、各成員能互相配合，才能發揮組織的功效與力量。

（四）平衡——若欲維持組織之生存以達成目的，必須注意使組織適應變動，使外在及內在因素維持平衡。一個組織建立制度，在於納組織活動與各成員之行為於一定軌道內，以求組織之穩定。在建立組織制度時，務使注意適應變遷之彈性，使能隨時與外在環境條件相配合，和內在因素維持平衡，並力求內部人事與工作相互配合平衡進展。

（五）效率——管理的價值，在於效率，效率是輸入與產出的比較，產出應大於輸入。效率是組織與管理的第一步。

（六）應變能力——組織效能之發揮，貴在因應組織環境生態之快速變化，掌握變化所帶來之機會，廻避或化解變化所導致之威脅。

肆、現代企業組織的趨勢

（一）授權與協調——在企業規模日漸龐大的今天，一位主管要能日理萬機，有條不紊地經營企業，必須漸漸走向授權之制度。授權乃將決策權力交由部屬執行。當然，授權之後，不同單位間的協調，將是企業組織的一項大考驗。

（二）動態組織與才能發展——為適應環境之變化，企業組織應趨向動態組織。並且透過職務機會之提供、職務之擴大及員工對工作態度之改變，可以培植並發展組織成員的才能。

（三）管理權與所有權日漸分離——由於企業規模之日漸擴大，並由於企業管理技術日趨專門化，使企業之管理權與所有權逐漸分離。所有權者可經由董事會任免經營者，而經營者負有管理成敗的職責。唯有此種「權」、「能」分開的方式，才能使現代企業得以壯大發展。

（四）研究發展與公共關係日益為人所重視——自由競爭的經濟體制下，促使企業必須注重研究發展，不斷改進自身產品和工作，試驗新制度與新方法。否則，不研究即落後，不力謀發展即將被淘汰。

至於，公共關係是研究如何藉由建立良好的人與人之間與組織與組織之間的關係，從而收到輔助事業成功之效，近年來，公共關係部門普遍設立，卽爲明證。

（五）**組織氣候與組織發展之觀念日趨重要**——組織氣候的觀念，用以說明組織環境對於員工行爲動機之影響作用。如果管理者能藉由各種途徑以創造組織氣候，將可間接引發員工的服務動機，促成某些行爲。所以，組織氣候這一觀念，對於管理者具有極重要的意義。

組織發展係指藉個人成長與發展的需要，期使其與組織目標相吻合，而增進組織效果的一種過程。組織發展可以增進企業生產力，提高工作人員效率，使組織更具彈性與適應力。

第二節　組織設計之原則

爲達成企業目標，企業家集眾多人力、物力，依據實際需要劃分權責，擬訂人力、物力之相互關係，期發揮團隊組織力量，企業家以及每一層次之管理人員應明瞭下面所述幾點原則❺。

第一、組織之目標及政策應明確易行。目標及政策若不明白、正確，組織內之成員無法一貫執行權責，成員間易起糾紛、工作分散，組織力量往往不易集中。目標若定得過高，政策又難於實行。成員在追逐目標過程中，遇事多頹喪，容易失卻對工作之信心，由積極而轉入消極，組織力量自然無法發揮。

第二、職權、職責兩者之份量應保持平衡。職權增加職責也應正比例增加。設想紡織公司門市部經理負有銷售公司產品之職責，如果無權決定店內陳列擺設，無權聘用所需店員，而需要一一請示廠方上

❺　同❶ p. 176。

層主管，則門市業務之進展必定遭受到權責之阻塞而難期順利。

　　第三、組織之指揮應『單一化』，指揮單一化係指每一部屬應只有單一直隸主管而言。倘若組織成員有一個以上之直隸主管，成員之作業指揮將混淆不清。成員一遇有疑難，需求解決，向何主管請示，莫知所措，成員間步調自難一致，眾力分散，組織力量由此而削減。

　　第四、分層負責、分工專業乃發揮團隊力量之基本要素。良好之組織最忌權責之過份集中。權責之劃分應據實際需要及管理人員之能力而定。權責類別應視業務性質作適切之分界以作擬定人力、物力關係之憑據。權責過份集中之情形，在小企業內屢見不鮮，這正說明何以小企業之業務無法擴展之原因所在。

　　第五、組織之圓滑作業全賴組織內各部門間之和諧行事，一致向共同目標前進。是故組織功能之發揮，非有高度之協調莫成。協調之道在於建立良善之協調工具及溝通系統，如會議制度、公司通報系統、資料收集制度等等。

　　第六、組織內之指揮權責與參謀權責應明確劃定，以防止指揮系統之混亂，助理幕僚不應沾權指揮。

　　第七、組織應具適切之伸縮性。組織內外環境，時刻變遷，組織本身若不具彈性，環境一變（如同業競爭、政府政策及法令、勞工運動、主傭關係等等），組織隨著易成陳腐，難濟新變化。組織之伸縮性可架構於組織政策內，以便利應變。因此在擬定政策時不能忘卻對未來情況之估定及應變之措施。

第三節　　組織之程序

　　組織是管理職能之一項。因此，吾人可將組織的過程，視為一種管理程序。從這個觀點來看，組織的過程，包括組織結構的設計、領

導與善用人才等，應有一些共通的步驟可供遵循。茲依據管理學者孔
茲的研究，歸納爲如下六點❻：

1. 確立組織的目標——組織結構必須能適切反應組織的目標。

2. 制定組織的延續目標、政策，以及各種計畫——組織結構必須有利於這些政策與計畫之執行。

3. 整理歸納出，欲達成上述各種目標和計畫，所需之種種活動與工作，並分類之。

4. 將這些活動與工作，根據人力與物質資源的配備，予以畫分和分組，俾便資源之最佳運用。

5. 每一組指定一個領導者，並授予足夠的職權，使該組織能順利執行其應完成之活動與工作。

6. 以水平和垂直的方式，透過職權關係和資訊系統，將各個小組整合起來，使其成爲一個統一的實體。

---

❻ Harold Koontz 與 Cyril O'Donnell 合著, *Management* (N.Y.: Mc Graw-Hill Book Co., 1976), p. 279.

第十三章 工作分析與工作劃分

從第十一章第三節「組織的程序」中，我們知道，工作分析是組織程序中的一項重要步驟。有了完善的規劃之後，必須仔細分析，為達成目標與計畫，需要何種工作。

工作分析的目的，就是為了作好工作劃分。而工作劃分，正是組織結構設計的基礎。由此可見，工作分析與工作劃分，乃為組織程序的首要步驟。

本章將先介紹工作分析，而後討論工作（職位）劃分。

第一節 工作分析之涵義與方法

壹、工作分析的意義

確立組織結構前，須將各項工作或職掌之任務、責任、性質，以及工作人員之條件等予以分析研究，作成書面紀錄，以為組織設計之依據，即所謂工作分析 (Job Analysis)，亦稱為職務分析。即是對一職位工作之內容及有關各因素為完全有系統、有組織之描寫或記載，故工作分析亦曰職位分析與說明。

工作分析所檢討事項，乃一職位之七「W」，即此職位所需用何人 (Who)、做何事 (What)、何時 (When)、何地 (Where)、如何 (How)、為何 (Why) 及為何人 (For Who) 等問題。

貳、工作分析的用途

企業機構營運目標的達成有賴於企業內所有員工羣策羣力來共同完成。欲使企業內所有員工的能力得以充分發揮，則須有效設計組織結構，分別按各個員工之所長進行工作分派，以達到職能配合、人盡其才。然而，要使企業內所有員工人人都達到職能配合而各盡其才。則須先對企業營運上之所有業務進行工作分析 (Job Analysis)。

為了達成企業營運目標，應如何設計組織結構，應從事那些業務活動，這些業務活動又應如何分解成一些工作單元，此等工作的內容、它的任務、工作的方式與彼此間有何關聯等，都要經過詳細地研究、設計與分析才能確定。

從另一個方向來看，要想有效經營一個企業，管理人員必須具有豐富的管理知識與工作技能，才能制定適當的決策。而豐富的管理知識與工作技能，包括對工作內涵與工作特性之瞭解，以及知人善任的能力。管理人員具備此等條件，方可做出最佳管理決策。此等知識與技能雖可由工作歷練中獲得，但是此種獲得方式比較沒有系統，我們可以經由工作分析來得到管理決策上必要的資訊。

進行工作分析的另一個重要的原因，是在於企業管理人員之任用，必須「因事擇人」而不宜「因人設事」。既然要因事擇人，則在制定人員之任用決策之前，當然應先對有關工作加以研究分析。只有在確切了解該項管理工作的範疇和工作內涵之後，才能據之選任最適當的人才來擔任該項工作。

一、工作分析之用途

從工作分析中，我們可以獲得許多有關的資料，包括工作內容、個人必備的資格條件、以及此工作與其他工作間之關係。因此，對新設定的工作進行工作分析，可作為人員的遴選與安置之用。至於對那些現有工作所進行之工作分析，則除了遴選與安置的作用外，最重要的作用還在於工作績效的評核。事實上，企業機構內的每項工作的設

立，其目的乃在達成組織生產力之提高和維持企業的生存與成長。因此，透過工作分析，我們可以明白的看到每位管理人員的實際工作情形與該工作的角色規範間是否相配合。

經由工作分析，最後可得到工作內容描述與工作資格說明兩種重要資料。為了讓讀者了解工作分析之重要，本節特別列出工作分析的一般用途如下❶：

（一）人員羅致與任用

工作資格說明的資料乃遴選人員之基礎。主管人員或人事單位在羅致及任用人員時，可藉工作分析所得工作資格說明來選用所需人員，以達到職能之配合。

（二）訓練與發展

工作分析乃訓練與管理發展的基礎。適當的訓練與發展計畫，可提供各級員工學習新技術的機會，並激發其工作意願。有效的訓練計畫必須根據有關工作的詳細資料。除非對所訓練的工作之性質、職務與責任，及其他相關因素有所了解，否則參與訓練的人員無法收到適當的訓練效果。工作分析讓員工訓練得到明確的目標，藉由此一認識，可透過訓練計畫的實施，彌補員工實際行為與角色規範間之差距。

（三）工作評價

工作分析的資料可廣泛適用於工作評價上。工作內容描述可用來評價各種工作對公司的價值，然後配合工作要件 (Job Requirements) 來建立薪酬給付制度。

（四）績效評核

---

❶ 參閱①謝安田，「人事管理」，（臺北：自行出版，民國71年，pp. 223-24）。②鄭伯勳譯「人事心理學」，修訂三版，（臺北：大洋出版社，民國67年，pp. 41-43）。

建立工作目標後，評核其目標的達成程度，可正確評核出員工的工作績效。工作內容描述對確定工作目標與評核工作績效方面，相當有效。

(五) 陞遷與調職

工作分析可顯示工作與工作間之關係，此等資料有助於企業內職位之陞遷與調職途徑明朗。讓有關人員得以明確安排自我成長與發展的機會來設計其職業前程發展途徑。

(六) 組織結構稽核

工作分析所獲資料，可顯示出組織結構是否健全？在現有的設備之下，何種工作程序較為妥當？應在何時引進自動化設備？要不要引進工業用機器人(Robots)？此等問題可在工作分析之後，一一查究。因此，工作分析可做為職位重新設計之基礎，成為組織結構稽核之有用工具。

(七) 工作指導

員工接手一項新工作後，從工作內容描述中，他可以獲得足夠的資訊，來了解其工作內容與有關的企業內部概況。此等資訊可指導員工早點進入情況，而可便利其工作之執行。

(八) 薪酬評核

工作分析所得之工作內容描述，可用來比較不同公司間同一職位的薪酬給付情形。此等比較可作為公司薪酬調整之參考。

(九) 勞工關係

工作內容描述是以事實為根據，管理人員與員工可以藉以獲得共同的了解。一旦管理人員與員工之間有爭議發生時，此一書面記錄即可用來作為裁決是非的依據。所以，工作分析可以減低公司內部的衝突，使得所有工作人員都能同心協力來推動各項業務計畫，以達成企業目標。

（十）勞工安全

勞工安全專家可以從工作分析上得到資料，確認工作的危險性與工作環境的安全情形，並藉由工作內容描述來提示員工，以降低意外事故的發生。

（十一）工作簡化

藉由工作分析，可以研究探討工作方法之改進，以簡化工作程序，消除重複及不必要的工作步驟，而達到工作之簡化與工作績效之改進。

工作分析雖然在管理實務上有許多用途，然而，其中最重要的目的，還是在於人員的遴選與任用。要想做到有效任用，必須先進行工作分析，以便確定該項工作的工作內容描述與工作資格說明，而後，方能據以任用最合適之人選。

叁、工作分析的方法

所謂工作分析，是指管理人員以有系統的方法，去研究分析企業內各種工作的權責、任務，以及執行此等工作所需的管理知識、技術和能力。透過工作分析，可以確定各項工作的工作要件，以便員工得以了解他們的工作職掌❷。

麥柯米（E. J. McCormick）認為進行工作分析可從四個角度來加以探討❸：㈠從工作分析所獲知識之類別，㈡從工作分析所獲知識之形式，㈢工作分析方法，㈣蒐集工作知識的人員與裝備等。

麥柯米也提出工作分析的方法，主要包括：直接觀察工作人員的

---

❷ R. L. Mathis & J. H. Jackson, *Personnel: Contemporary and Applications*, 2nd ed., (St. Paul: West Publishing Company, 1979), p. 127.

❸ E. J. McCormick, "Job Analysis: An overview," *Indian Journal of Industrial Relations*, 1970, 6(1), pp. 5-14.

工作行爲；與工作人員進行晤談；舉行技術討論會；利用結構式問卷調查；查看工作記錄；使用記錄分析……等。馬希士與傑克森(R. L. Mathis & J. H. Jackson) 認爲主要的工作分析方法可歸類爲三種，卽：觀察法、調查表法、與晤談法等❹。下面我們將對幾種常用的工作分析方法略加說明。

(一) 現場觀察

工作分析的目的主要是在探討工作的內容（卽作什麼）、工作的程序與方法（如何作）、工作的預期成果（爲什麼要這麼做）、工作的執行者（誰來做）、工作場合（在什麼地方做）等問題。透過實際現場觀察，可以將工作者的整個行爲過程有系統地記錄下來。其記錄方式可利用檢核表（Checklist）來記錄。在進行現場觀察時，必須事先了解該工作的性質及有關事項，觀察結果列記於檢核表，同時還須整理出該工作之工作內容描述，及工作者的角色規範。

同一項工作必須選取不同工作地點的多位員工加以觀察，以獲取普遍性的資料。切不可只觀察某一員工卽驟下定論。以此種方法進行工作分析可直接獲得有關工作的各項基本資料，但在實施過程中必須注意避免下述問題的發生。

第一，觀察過程應避免干擾到員工的工作行爲。最好是採取秘密觀察的方式，因爲員工若知道有人在記錄他的工作表現，可能產生兩種後果：可能更加賣力，儘量做的更好；也可能產生焦慮而做得很差。

第二，不適用於心智活動的觀察。有許多工作的內容包含廣泛的心智活動，此一內在的行爲，無法經由外在的觀察得知。如果只利用觀察法，將無法獲得該有關工作的重要資料，因此，必須輔以其他方法來進行工作分析。

---

❹　Mathis & Jackson, *op. cit.*, pp. 133-37.

第三，不適用於工作週期很長的工作。對於工作週期很長的工作，如設定完成一部精細的汽車模型，也需要花費數日到數年的時間，此種工作即不宜利用觀察法來進行工作分析。

（二）現場晤談

觀察法在使用上有許多限制，譬如，有關工作任務、責任、權利與義務等，均無法獲得正確資料。此時，可利用現場晤談的方式來解決此一問題。透過晤談，還可解決工作週期過長的問題，因為，工作執行者本身對整個工作過程相當了解，經過適當的晤談即可取得有關資料。此外，還可進一步探究工作人員的心智活動。

實施晤談，必須事前有周詳計畫，將有關問題有系統地整理好，同時還須注意晤談的技巧，以免迷失晤談方向，徒然浪費寶貴時間。下面兩個問題是進行現場晤談必須注意的事項。

第一，應先與被晤談人員建立起良好的關係，以取得他們充分的合作意願。如此，才能便利資料的蒐集。

第二，避免被晤談人員歪曲其工作過程。此問題可透過選樣的增加來消除其不利影響。

當然，最重要的還是事先須有結構式的晤談綱要以及詳細的晤談計畫。

（三）問卷調查

此方法是利用結構式問卷，要求受試者詳實填寫有關資料，譬如，其工作任務、工作環境、使用的材料設備、工作方法與工作程序等。以此種方式蒐集資料可節省時間與人力，不過較乏彈性。若受試者對問卷內容的意思有誤解，則其資料即產生偏差，而難以較正。晤談法則可適時調整，避免其誤解，而可獲得較正確的資料。

另外，問卷調查法也可能產生受試者歪曲事實的現象。此種錯誤可透過其直屬主管的審閱來加以調整修正。

根據過去的經驗顯示，此法適用於教育程度較高的人員或中高階層的工作。

(四) 歷史資料

從過去資料來判斷分析是一種節省精力的做法。從歷史資料的整理分析中，常可發現若干可循軌跡，而有利於工作分析。通常工作若能保留各種工作內容描述的檔案，可使工作分析的實施得到極大的方便。如果公司內部沒有此等資料，則可設法從其他公司取得，或是查尋職業辭典或職業分類標準即可取得有關資料❺。

取用公司外的資料，須注意事先調查分析自己公司該項工作的執行過程，並考慮彼此間所運用生產方法，或技術上的差異。如此，才不致於誤導了工作分析的方向，而建立了錯誤的工作內容描述。

第二節　工作分析之步驟與文件

壹、工作分析的步驟

(一) 確定工作分析的計畫——工作分析的目的與性質不同，則實施之工作分析簡繁自亦不同。

(二) 慎選工作分析人員——工作分析人員須具有學識經驗、機械與工業技術之常識，習工業心理學，富良好記憶力，且具有易獲員工信任及合作之能力。

---

❺　有關資料可從下列來源尋獲：

1. *International Standard Classificaton of Occupations*, (Geneva, Switz.: International Labour Office, 1958.)
2. United States Department of Commerce, Bureau of the Census, *Alphabetical Index of Occupations and Industries*, (Washington, D.C.: Government Printing Office, 1960.)
3. United States Department of Labor, *Dictionary of Occupational Titles*, 3rd ed., (Washington, D.C.: Government Printing Office, 1965.)

（三）搜集工作分析所需資料

1. 製訂工作分析調查表，分給員工填寫。爲恐員工填寫詳簡不等，設計表格時，即應注意及此，使員工合作，始易有效。

2. 以會談方式調查工作分析資料。並備妥詳細之工作記錄卡，記載所得資料。

3. 觀察員工工作資料，觀察記錄或用攝影方法協助記錄。

4. 將所搜集之資料，研究分析，撰擬工作說明書及工作規範。

貳、工作分析的文件

工作分析中，「工作說明書」與「工作規範」是最重要的兩項文件，也是工作分析的「成品」。茲簡述如下。

（一）**工作說明書**——所謂工作說明書，就是說明每項工作的性質、內容任務、責任、處理方法，以及擔任此項工作的人員所應具備的資格或條件等的書面記錄。

（二）**工作規範**——工作規範，就是規定每一部門，或每一單位工作的基本職掌、工作範圍、權責、目標、控制方法，以及其與組織中其他部門或單位的關係的書面記錄。

叁、工作內容之描述 ❺

工作分析的結果就是要建立工作內容描述。工作內容描述是對工作的任務、責任與義務所做的陳述，以及個人執行該項工作所必須具備的資格與履歷。主要是用來說明該項工作的內容是在做什麼、目標何在、如何去做，以及其他各種有關資料。只有讓員工得知公司對該項工作的預期如何，才能促使員工走向正確的方向，完成工作目標。

---

❺　郭崑謨著「企業管理——總系統導向」，華泰書局印行，1984，pp. 766-767。

工作內容描述的編製，主要是以工作分析所獲得的資料整理彙總而得，其過程可概分成下列幾個步驟：

（一）蒐集包括工作名稱、員工人數、工作環境條件等等資料。

（二）將上述資料整理分析，有系統地分類與彙總。

（三）依分析彙總所得資料編製成工作內容描述的草稿，送請有關員工與主管過目，徵求他們的意見，做必要的修正。

（四）編分類檔案號碼，便於資料的處理。

（五）送呈管理當局認可，公布實施。

一份好的工作內容描述必須讓員工易於了解其工作內容及所負之責任與義務。同時，也可讓管理人員知道，應發掘什麼樣的人才來擔任該項工作，或給予何種發展訓練，以及如何對員工進行工作評價。一般說來，工作內容描述必須注意到其時效性以及工作名稱的清楚定義。因此，工作內容描述必須隨著工作技術、工作環境的變化而即時調整。

第三節　職位劃分之意義與功能

有了詳盡的工作分析之後，便可以進行職位劃分，俾能人盡其才。

壹、職位劃分的意義

所謂職位劃分，係指根據工作性質、工作繁簡難易、責任輕重及所需資格條件四個標準來分析區別各職位之有系統方法。換言之，即根據各個職位之職務與責任，運用客觀的科學方法，加以分析比較，化簡為繁，「併異為同」，將個別職位歸入適當之職級。其分類方法，先以工作性質做縱的分類，再以職責輕重和難易程度為橫的分類。

貳、職位劃分的功能

（一）考選任用規律化——職位分類後之考試,概以職級為依據,著重為事擇人, 對於每一級職位之工作內容, 所需資格條件及專門知能等, 均訂有具體的客觀標準。依此標準, 所選人才, 自可切合實用。

（二）考績內容具體化——職位分類之考績, 係就每一職級職位之工作性質、數量、權責等決定。其考核之標準, 因每一職級職位之工作內容及處理情形, 範圍較狹, 考績標準容易作具體的規定。按工作人員所具備及在工作上所表現的程度, 予以評分。成績優良者, 得以循級晉升; 低劣者考其原因, 予以適當的補救。倘發現有不稱職之情事, 可迅予遷調其他適當之職位工作。

（三）報酬薪給公允化——職位分類後之薪給計畫, 係以職位之職務與責任為基礎, 依據工作分析及工作評價的結果, 凡屬同一職級之職位, 無論在任何機關, 均適用同一薪給幅度, 使擔任同等工作人員獲有同等之報酬。

（四）編製預算合理化——職位分類後各部門有若干工作量, 需要若干人去做, 均有精確統計, 可據以釐訂精確的人員編制。而根據編制人員所編制的人事經費預算, 亦可準確無誤。

（五）員工工作效率化——在職位分類制度下, 工作責任既有一定之標準, 實行同工同酬, 待遇公平。擔任職位之員工, 自能安心服務, 力求上進, 工作效率必然增進。

第四節　職位劃分之方法

（一）訂定計畫——首先應將所需人員、經費、時間、進度等,

事先計畫，以便當作進行分類工作的依據。

（二）**搜集資料**——搜集組織規章、組織系統表、權責劃分、工作流程圖等資料。

（三）**職位調查**——調查的對象有現在擔任這項職位的人、各級單位主管，及對所調查的職位熟悉其內容者。調查方法計有直接調查法、問接調查法、綜合調查法。

（四）**分析評價**——職位劃分的因素，一般而言，包括下述七項：(1) 工作關連性的大小程度；(2) 其所必需的監督程度；(3) 其所依循例規；(4) 其所需之創造力；(5) 與其他各人的接觸程度；(6) 此項權責的大小；(7) 其所應具的資格與條件。

（五）**製作職級規範**——所謂職級規範就是，職級任務與職責特徵的一項書面說明。職級規範，依一般情形而言，可包括下列各項：(1) 職級的名稱；(2) 職級的編號；(3) 職級的特徵；(4) 工作的舉例；(5) 所需的資格；(6) 所需的知能；(7) 其他事項。

（六）**職位歸級**——將各項職位，分別歸納於各種職級中。

（七）**職級列等**——將各職級列出高下等級。假若二職級的工作繁簡難易相同，不管其工作性質如何，應列為同一職等。

第十四章　部門劃分與組織體系

經過工作分析與工作劃分之後，下一步驟要進行部門劃分的工作。部門劃分係按某些特性為基礎，將組織內的工作與人力資源，予以整合，而組成各部門，進而形成各色各樣的正式(Formal) 組織體系。

本章將介紹常見的部門劃分之方法，以及較常受用之正式組織體系。

第一節　部門劃分之原則

部門劃分 (Departmentation) 的意義，已如上述。在未討論部門劃分的方法之前，若先瞭解部門劃分的基本原則，將有助於融會運用各種不同形式的部門劃分方法和組織體系。

茲分述重要基本原則如下❶：

（一）某項活動須歸於運用最多的部門。例如工程活動，可以歸於生產部門，也可以歸於銷售部門，如何決定須視該項活動的需要情形而定。如為了適應顧客的需要，就應置於銷售部門，如為適應生產技術需要，就應該屬於生產部門。

（二）盡可能將相關的活動，置於同一部門內。例如收貨與出貨活動，通常置於同一部門，而不將之分裂為生產與銷售，以達成經營的經濟性。

---

❶　參閱 Harold Koontz and Cyril O'Donnell, *Management*, (N. Y.: McGraw-Hill, Inc., 1976) pp. 327-331.

（三）將某些活動劃分爲不同部門，以加強各部門間的競爭性，便於激發管理者的工作熱忱。例如，將銷售活動，劃分爲國外與國內部門，或按產品線劃分，以加強其競爭性。

（四）加強部門間的協調與合作，以避免部門間的競爭。這一原則與第三原則正好相反，取捨之間則有賴於管理藝術的應用。

（五）顧全組織的整體利益。

第二節　部門劃分之主要方法

部門劃分通常有三種最常用的方法, 即職能別部門劃分(functional departmentation)、產品別部門劃分 (product departmentation)，及地區別部門劃分 (territorial departmentation)❷。

壹、職能別部門劃分

職能別部門劃分，是最廣爲採厒的一種部門劃分方式。其劃分的標準係按事業機構的各項主要業務、組織。例如一個製造業，其主要的職能或其 "有機性的職能"，包括市場推銷、生產、及財務等項，則其職能別部門劃分的組織系統表將如圖例 **14-1** 所示。

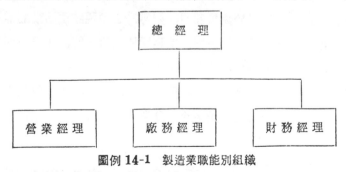

圖例 **14-1**　製造業職能別組織

❷　參閱 R. M. Hodgetts, *Management: Theory, Process, and Practice*; (N. Y.: The Dryden Press, 1982) pp. 102-107.

　　如果是一個非製造業的公司，則其職能與此不同。舉如：一家銀行，其主要職能通常包括審計、業務、法律、及公共關係等項。一家保險公司，則通常所見者有精算、簽證、代理、及理賠等部門。一家公用事業機構，其各項職能則將包括會計、業務、工程、人事等等。凡此種種，均屬組織機構的主要職能部門。由各主要職能部門，又可再分爲"衍生部門"(derivative departments)。例如由圖例 **14-2** 所示。

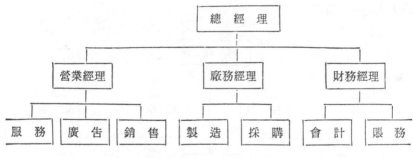

圖例**14-2**　衍生的職能別部門

　　凡屬採用職能別部門組織的事業機構，均可仿此一一予以組織；但其結構並不一定以第二層級爲止。有時可劃分到第三層級、第四層級，甚至於第五層級，悉視該機構的規模大小而定。

　　爲什麼此項職能別部門劃分能如此普遍地爲許多事業機構所採用，其主要的理由是，組織乃以其基本業務爲重點，若按職能別劃分，便於專業化。但是，此種方式確也有其缺點。其缺點之一，是此種部門劃分的方式可能肇致一種"隧道視線"(tunnel vision)。所謂隧道視線，是說職能別的專技人員除了其本身的領域以外，其他什麼都看不見。此外，有時候一家公司之所以採行職能別部門劃分，並沒有什麼理由；他們只是看見別的公司這樣組織，所以他們也模仿這種方式。事實上說不定產品別的部門劃分對他們可能會較適合。

貳、產品別部門劃分

產品別部門劃分的組織，如今越來越加重要。尤其是多產品線的大型企業，採用更爲普遍。例如，通用汽車、福特、杜邦、RCA、奇異電氣等，都是採用產品別部門劃分的方式。許多公司過去原來採用職能別部門劃分的組織者，後來規模日漸增大，有按產品線改組的必要，於是採用了產品別部門劃分的組織。圖例 14-3 是此種部門劃分方式的一個示例。

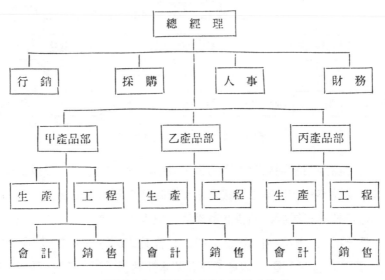

圖例14-3　製造業產品別組織系統表

在圖例 14-3 的示例中，我們仍然能在其組織結構上看到市場推銷、生產、及財務等項有機職能的組織；可是最令人重視的，當是各產品線的部門。凡屬有關某一產品的各項業務，均歸屬於同一部門之下。

採用此種組織方式後，協調較易進行，且易於實施專業分工；這

一點正是此種組織的主要優點所在。尤以對較大規模的企業機構，此種方式更見適合。舉例來說，一九七四年，美國奇異電氣的組織中共設有十個主要作業羣。其每一作業羣之下，又各分設有五個或竟多達十個部門。例如圖例 14-4 所示者，為該公司的"消費品部"（Consumer Products Group）及"工業品部"（Industrial Group）的組織情況。如果說奇異電氣採用的是職能別部門劃分的組織，則那採龐大的協調工作，將是不可能的事。

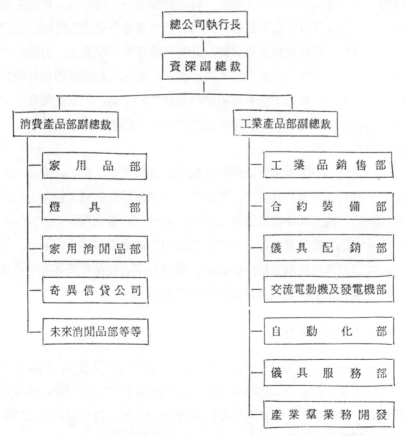

圖例14-4 奇異電氣公司消費者產品羣及產業羣之部份組織表

這樣的組織方式，對於績效的測度及管制也將甚爲便利。蓋因公司的各項收益及成本均能分別按產品區分予以歸屬，故而得以建立成本中心 (cost centers)，從而可以加強高利潤部門的發展，而將無利的產品線放棄。

採行產品別部門劃分，對於執行人員也能提供一項極佳的訓練機會。蓋因各部門均各有多項職能，每一部門的業務均與一個獨立的公司類似；其執行人員因而得以歷練各項職能，故而有助於克服上文所稱的"隧道視線"爲未來作準備。對於將來有一天將成爲公司的主要執行人，需身負有關市場推銷、財務、及生產等全般業務的協調之責者，此實爲一種極其重要的訓練。過份偏重任何一項職能，而犧牲他項職能，均將可能造成重大的危害。而一位經理人倘係由市場推銷方面升遷而來者，自將不免有偏袒市場推銷部門之虞，其在決策程序中勢難免對此多加顧慮。但採行產品別部門劃分的組織，則這項缺點，將較易消除。

但是從另一方面來說，此種組織自也有其問題。第一，產品別的部門也許發展得過於自主了，可能會帶給高階層管理種種控制上的困擾。第二，由於此種組織強調的重點乃在於"半自主精神"(semiautonomism)，故惟有對擁有足夠的管理通才的事業機構最爲適合。第三，在採行此種組織方法的機構中，常能發現各產品事業部的某些功能，常有重複的現象，因而成爲組織的浪費。

叁、地區別部門劃分

一個企業機構如果作業地區分散，例如大型企業機構，則採行地區別部門劃分的組織型態者頗爲常見，例如圖例 14-5 所示。試將此圖與圖例 14-3 所示之產品別部門劃分作一比較，將可見兩者之間頗有許多類別之處。

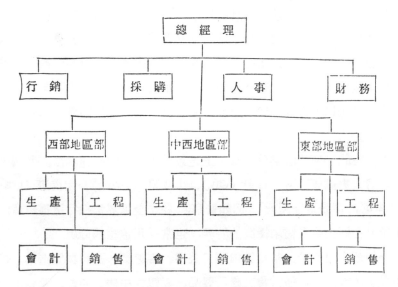

圖例14-5　製造業地區別組織系統表

地區別部門劃分的主要優點，在於其便利當地的作業。舉例來說，製造的作業，宜地近原料的供應，則產品單位成本當能較低。又例如建立地區性的銷售部門，則銷售業務人員當更能瞭解其顧客與市場。

地區別部門劃分也有其缺點。其缺點與產品別部門劃分者相同。高階層管理往往不易控制，且業務方面也可能有重複現象。

肆、部門劃分的其他型別

上文討論了職能別、產品別、及地區別等三種部門劃分的組織型態。但部門劃分的型態，並不僅此三種，尚有種種其他的型態。比較上常見者，有按"人數"作部門劃分者，有按"時間"作部門劃分者，有按"顧客"作部門劃分者，也有按"裝備"或"程序"作部門劃分者。

大凡一個機構的業務，係完全有賴於"人力"者，可採用按人數

作部門之劃分。社區慈善活動的組織，便是一個例子。在這樣的組織中，通常是一位"經理人"下轄若干位義務工作人員，並負責一個城市內的某一個地區。這樣的組織，其工作的成敗往往視其所擁有能夠挨戶逐屋敲門拜訪的人數為轉移。軍隊也是一個例子；尤其是步兵，組織上仍是以人數為基礎。至於工商企業方面，一般的勞工組織也是按人數分組。

按時間作部門的劃分，算得上是最"古老"的一種辦法。舉例來說，將人力劃成三班：日班（day）、小夜班（swing）、大夜班（graveyard），便是這種型態。例如警察，幾乎全世界都採行這種組織；工業界在遇上生產需求極高的時候，也常採用這樣的分組。

按顧客而劃分，常見於肉類包裝業、零售業、及容器製造業。以肉類包裝業而言，通常會設置乳製品、鷄鴨、牛肉、羊肉、及副產物等等的部門。零售業多分設男裝、女裝、童裝等部門。容器製造業則通常分設藥物及化學品、塑膠容器、及飲料容器等等。教育機構也是按"顧客"劃分部門的，例如正規班級、推廣教育（夜校及校外補習等），係按不同的學生的需要而分。此種部門劃分的組織，優點是能夠配合顧客不同的需要。

最後，是按裝備或程序而作的部門劃分，常用於製造業。例如，為電腦設備而成立一個電子資料處理中心。同樣的情形，在許多工廠中，我們常看到將車床、壓床、或自動螺釘機械集中於一處。這種組織型態的優點，是如此分組將能較為經濟。將這類機器予以集中，效率上也將更為良好。

上文我們已經討論了部門劃分的種種基本型態。那些都是常見的型態。但是，我們應該明瞭企業機構各有不同，其在實際組織上均將各有其特殊的變化。大部份企業機構，採行的都是一種混合式的設計；換句話說，也許基本上是採取職能式的組織表，但其中也有按產品、裝

備、程序、顧客、或地區的部門劃分。事實上，採用一種純粹的職能別組織、或純粹的產品別組織、或純粹的地區別組織，都極爲少見。

第三節　組織體系

組織體系乃組織整體內權責類別層次之結構，從此定義，組織內人力、物力之關係亦表明在其體系中。管理者（或領導者）在體系內可藉其權責關係充分發揮其領導能力達成組織任務。企業組織體系類型琳瑯滿目，不可勝數。話雖如此，企業組織體系可依權責在組織內遞轉流動情況，歸別爲：㈠純指揮體系；㈡純功能體系；㈢指揮參謀體系；㈣委員制體系；與㈤綜合體系等五大類❸。

壹、純指揮體系

組織結構若純由指揮權責上下連貫，而無特設參謀權責系統，其組織體系可稱之爲純指揮體系。在純指揮體系之組織內，指揮（管理）權責由最高層管理人員，如總經理，依序層遞授命而至最低層工作人員。指揮系統明確簡單，管理決策容易迅速達成，上下層權責既分明又一貫，惟管理人員需兼顧系統內人、物力之一切運用，易顧此失彼，組織內各類權責系統間之協調亦不易圓滑達成。

此種組織體系屢見於小企業界。小企業經理人員大多身兼指揮與參謀活動，權責範圍十分廣泛，由管理機械、存貨、至員工之昇調。若非宏才碩彥，恐無法樣樣顧全。縱然有多才多能之管理人員，企業一旦擴展，苟無人助理管理權責，恐無法提高管理效率，擴展進度自會因之緩遲。此乃純指揮體系不能適合於大企業之原因所在。

圖例 14-6 是純指揮體系之典型範例。該組織之權責結構屬於三系一體之指揮體系。各系之指揮權責概由董事會而直線傳遞流向基層

❸　參閱郭崑謨著「企業管理——總系統導向」，華泰書局印行，1924年，pp. 670-677。

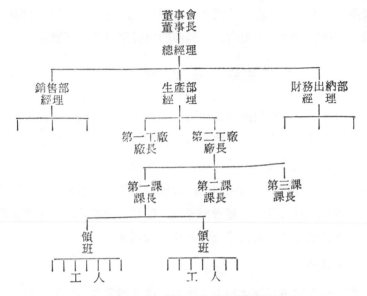

圖例14-6 純指揮組織體系部份別

資料來源: 郭崑謨著「企業管理——總系統導向」, 華泰書局印行, 1984, p. 672。

工作人員。例如生產系, 乃由董事會而總經理, 而生產部經理, 而第二工廠廠長, 而第一課長, 而領班, 終至工人。

貳、純功能體系

企業組織內之營運、權責循各不同專業功能, 如生產、行銷、財務出納, 下達最低層工作人員。而每一專業功能權責系統之管理人員, 直接對所有基層工作人員管轄指揮其專業部份, 分擔營運權責。此種組織結構, 謂之純功能體系。

純功能體系之優點在於專業指導, 每一專業管理人員可發揮其專業技能指導部屬, 其主要劣點為每一部屬需對眾多主管負責。指揮系統極易混淆不清, 影響工作紀律, 減低工作效果。在企業營運趨向多角化之現今, 此種組織體系只能生存於小企業簡易經營環境中。

　　圖例 **14-7**，例舉純功能體系之指揮系統。在小工廠或小零售商中，時常見聞，每部門之經理均有權差使所有員工。在此種企業中，權責之層次較少，因此管理階層自然也較少。業主（往往兼任經理）易直接與基層員工接觸。明瞭企業營運狀態。但若企業營運擴展，員工人數勢必直增，管理人員之管理幅度隨著膨大，管理效率必然大大降低，該種組織體系定無法適應環境。

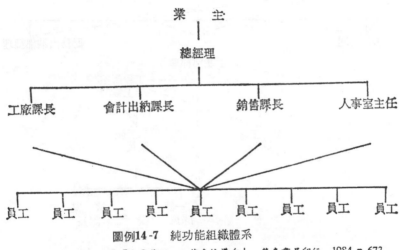

圖例14-7　純功能組織體系

資料來源：郭崑謨著「企業管理——總系統導向」，華泰書局印行，1984, p. 673。

叁、指揮參謀體系

　　取純功能體系之長而捨其短，在純指揮體系裏，增設專業參謀系統以助理指揮權責之達成，由指揮與參謀兩權責相輔而成之體系，乃今日企業界最普遍之組織體系。

　　圖例 **14-8** 之實線係指揮權責流動結構，虛線乃參謀權責流動架構。指揮參謀體系雖具有明確一貫之指揮系統，並具必需之專業助理服務，但往往易生指揮參謀權責衝突，或造成指揮者依賴性，以及指揮者決策緩遲等弊端。

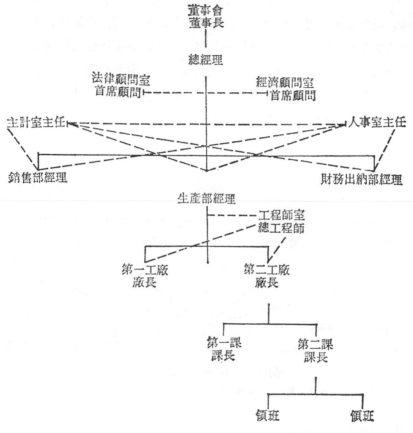

圖例**14-8** 指揮參謀體系（部份別）

資料來源：郭崑謨著「企業管理——總系統導向」，華泰書局印行，1984, p.674。

肆、委員制體系

　　委員制體系是在純指揮體系中增添由相關部門主管組 成 之 委 員
會，而構成之組織體系。委員會之主要任務是輔助各部門主管擬訂管
理決策並協調各部課間之作業。委員會之權責在各個體企業間差異甚
大。有些委員會秉有指揮大權，實質上取代有關部課主管之決策權。

而有些委員會僅具參謀權責，助理部課主管。更有些委員會，雖牌名高掛，只負有協調連絡之責。

概言之，委員會可集思廣益，裨益管理決策之釐訂，但人多意見亦紛紜，決策之協議往往枉費時日，頻有緩延決策之制訂。再者，委員會易受少數委員操縱，致企業業務之發展失卻應有之平衡。在組織內權責之行使上，委員會超權，甚至於篡奪指揮權之情事亦時有所聞。委員制體系雖在功能上頗似指揮參謀體系，基於上述之種種弊端，企業界對此體系之採用遠較指揮參謀體系不普遍。

圖例14-9是委員制體系之寫照。該組織有總委員會及部委員會，前者由總經理、各部經理組成，後者（生產部）即由生產部經理、廠

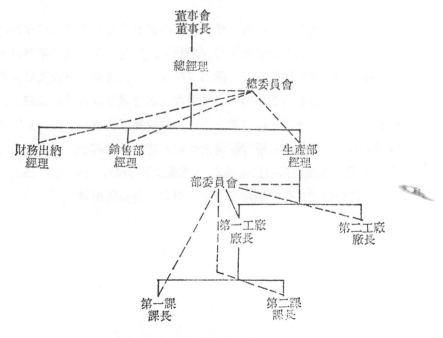

圖例14-9　委員制體系（部份例）

資料來源：郭崑謨著「企業管理──總系統導向」，華泰書局印，1984, p.675。

長及有關課長組成。虛線表示權責流動過程。

伍、綜合體系

綜合乃合指揮、參謀、與委員會三大系爲一體之謂。該體系中之委員會成員來自指揮及參謀人員。委員會之主要功能係磋商、協調、連絡，而不具任何指揮權責。多角經營之企業，極需此種體系，蓋委員會可連繫多角權責，彌補多角業務空隙。將來此種體系可望普及。惟中小企業仍不甚適用綜合體系。此種綜合性體系在所謂『企業集團』之發展過程中具有十足之功能。

陸、權責集中性體系與權責分散性體系

不管是何種企業，其營運權責可集中在最高管理階層（總裁），亦可次第分散在數次級管理階層（廠長）。於是有集中性體系與分散性體系之別。集中性體系（見圖例 14-10甲）之特徵乃在最高層主管（總經理或總裁）掌攬各部門之直接權責。其管理幅度自然非常龐大。分散性體系之特徵爲指揮權責之次第，按權責層次授命分散（見圖例 14-10 乙），是故最高層管理者之管理幅度相形地縮小。指揮中心外散。 權責分散性體系可依產品別 （或廠別） 分散， 亦可依區域別分散。 權責分散體系往往適用於企業合併與企業集團組織。

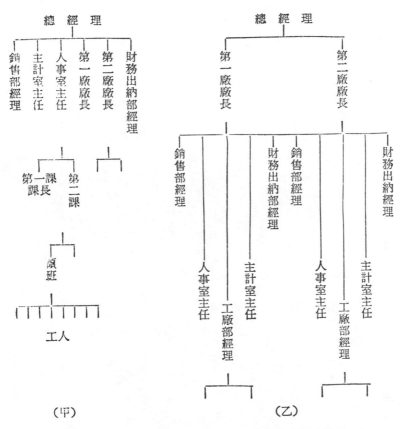

圖例 14-10　權責集中性體系（甲）與權責分散性體系
（乙）（部份例）

資料來源：郭崑謨著「企業管理——總系統導向」，華泰書局印行，1984, p. 676。

第十五章 組 織 行 為

　　組織係一社會系統。任何人要在組織內工作或掌管組織，必須先去了解組織的運作情形。組織是整合人力與科技而形成的一個團體。科技本身已經很難理解，組織中卻同時還包含了人的因素，使得組織變成一個複雜而難以理解的社會系統。然而，為了想從科技中獲取利益與達成人們所尋求的各種目標，我們必須借助組織的力量。為了借助組織的力量，則需了解組織的運作。由於現今社會是由眾多組織機構所形成的社會，因此社會的發展完全取決於組織機構是否能健全的生存與成長而定。

　　在探討組織行為時，我們須有一個基本認識，即：對於組織問題並無絕對理想的解答，也沒有簡易可行的處理守則可有效處理組織成員之人際關係。我們所能做的祇是增加這方面的了解與實際處理技能，以便改善組織內的人羣關係。

第一節　管制幅度

　　所謂管制幅度 (Span of control)，就是一位主管能有效地監督部屬的人數。依照古典組織理論，一位主管的管制幅度不宜太大，否則他將不能有效監督。

　　一般而言，高、中層主管所監督者，乃屬管理人員，其控制限度較小，應在三至九人之間；反之，基層主管所監督者，屬於作業人員，其控制限度可增大至三十人。這種主張，顯示控制限度大小，實

在要看其他因素而定，而不能硬性訂定一種普遍適用之標準❹。

管制幅度之決定，通常必須考慮以下諸因素。

（一）組織的階層——最低階層，大部份是承擔特定工作的責任，所以管理者能够同時監督較多數目的部屬。因此，最基層的管理幅度，要比中階及高階的幅度爲大。

（二）工作型態——通常差異度與變化度越大的活動，需要較小的管理幅度。因爲，較大變化的工作活動，必需要有較嚴密的管制。相反地，固定性的例行工作，可以容許較大的控制幅度。

（三）工作人員素質——對於大部份從事獨立工作的人員，如專業銷售人員、科學研究人員、大學教授等，可以適用比較大的控制幅度。

（四）組織的型態——在集權的組織型態中，主要計畫都由高階層管理，預爲安排。爲了保證計畫的完滿達成，對各階層人員，需要嚴格監督，因此控制幅度較大。

（五）主管本身的條件——凡主管本身條件優良，才智過人者，管理幅度不妨稍大：而主管本身條件平凡，領導能力弱者，管理幅度宜小。

（六）活動成果的評估，統制手段之有無——對於部屬活動成果有完備的制度能迅速客觀地測定時，（例如統計、編製報告書、事務機械化等），可擴大控制幅度。

管制幅度可藉圖例 **15-1** 示意於後。

---

❹ 許士軍著「管理學」，東華書局70年初版，p. 240。

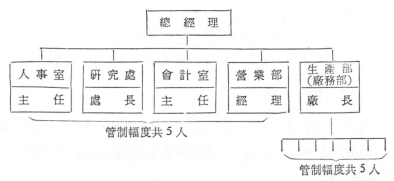

圖例15-1　管制幅度

第二節　直線與幕僚

壹、直線與幕僚的意義❷

　　直線人員與幕僚人員有時很難區分，通常，其區別應視所擔負的業務功能，該人員對於組織任務或目標而言，係居於何種關係或擔任什麼角色而定。如果他所擔負的業務功能和組織任務直接有關，則屬於直線工作；反之，如係支援直線活動，但是仍與組織任務有間接關係者，則屬於幕僚工作。以製造業來說，一般認為，製造及行銷活動屬於直線性質，而人事、財務、研究發展等等，都是為支援產銷活動而設，因此屬於幕僚性質，這些部門也就是幕僚部門。可是，對於工程顧問公司而言，則研究發展及服務活動，反應算為直線活動。

　　很不幸的，依照上述基礎來區分直線或幕僚部門，在許多情況下，還是非常困難。這種分類只適合於早期的企業，等到企業規模日增，業務內容愈趨複雜，要說某種功能與組織目標直接有關，某些只是間接有關，着實非常困難。

　　因此，有人認為，直線和幕僚之不同，乃取決於職權關係。凡屬

❷　同註❶　pp. 246-247.

於指揮路線之一環，能對下屬發號施令者，即屬直線職位；反之，不能對下屬發號施令者，即屬幕僚。若依此種說法，傳統所認定之幕僚部門內，某些人員若獲有這種指揮職權者，仍屬直線人員。

貳、直線與幕僚的關係

直線人員與幕僚人員之間的關係，並無固定型態。根據管理學者古鹿耶克（Glueck）的研究，直線與幕僚之間的關係，大約可有如下幾種類型❸：

（一）純粹諮詢性質——幕僚人員可應業務部門之要求，主動提供建議。但幕僚人員旣不接受後者之命令，亦不能給予命令。

（二）兼具中央幕僚人員及各業務部門內幕僚人員之地位——業務部門內之幕僚單位，一方面接受所屬業務主管之指揮，另一方面又必須接受上級幕僚部門之指導。因為，上級幕僚部門擁有功能職權，可以指導下級單位之幕僚人員。

（三）幕僚單位派出人員於業務部門工作——此等人員之主管仍屬幕僚單位上司，但在行政上必須接受業務部門主管之指揮，有如該部門人員，但幕僚主管得經業務主管之同意，予以調動。

（四）業務部門內各自設立幕僚單位——此時幕僚單位完全接受業務部門主管之指揮監督，並對後者主動或應要求提供建議。

參、直線與幕僚的衝突

（一）直線人員對幕僚的抱怨：

1. 幕僚有奪攬直線主管權力的傾向——直線人員雖然知道幕僚人員有存在的必要和價值。但他們卻常埋怨幕僚所做的，時常越過應有的界限，因而他們認為幕僚會妨碍他們的任務和權力，甚且奪取其

---

❸ Glueck, *Management* (Hinsdale, Ill: The Dryden Press,) p. 227.

原有的權力。

2. 幕僚不能提供好的建議——很多直線人員認爲幕僚的建議，未考慮現場的需要和困難。所以認爲幕僚的建議只是「學術性」，不一定合乎實際需要。

3. 幕僚坐享成果——幕僚占有一切計畫成功的名聲，但卻可不負執行失敗的譴責。

4. 幕僚未能考慮全盤狀況——有些直線人員認爲，幕僚只是專注於固定的目標或專門性的問題，反而忽視了組織整體利益，易於「見樹而不見林」。

（二）幕僚方面對直線的抱怨：

1. 直線主管不重視幕僚工作——直線人員總是拒絕幕僚所提供的意見和幫助，反而認爲幕僚的動機是謀取他的權力。並且直線人員常不願把自己的工作坦誠佈公，或許是爲了怕招致批評。

2. 直線阻礙新觀念的發展——許多幕僚感到直線人員大多眼光短淺，而妨礙新觀念的推行。幕僚通常對於專業領域的新見解和革新創意樂於接受，但直線卻多所顧慮，以保守現狀爲滿足。

3. 直線不給幕僚充分的權力——許多幕僚認爲他們既然知道解決問題的最好方案，那麼就應該有充分的權力去要求有關人員執行。可是，幕僚人員又沒有充分的權力，要求別人完成決議之事項。

肆、直線與幕僚間關係的協調

如上所述，直線人員與幕僚人員之間時有衝突發生。爲使直線與幕僚建立良好的合作關係，約有如下之原則可資遵循：

（一）設法使得直線與幕僚人員都能瞭解他們的職權關係。如果直線人員能夠瞭解，幕僚人員是在幫忙他們作決策，那麼他們也許更能欣賞幕僚人員。同樣的道理，幕僚人員必須瞭解他們本身僅僅是一

種輔助性的職務，他們必須將其構想推銷給直線人員，並沒有權力命令直線人員採納。

（二）設法鼓勵直線人員聽取幕僚人員的意見。

（三）幕僚人員設計計畫時，務必注意其可行性。

（四）幕僚人員設法間接參與業務部門的工作，使其一方面能夠從實際工作中獲得經驗；另一方面，可兼採直線人員的觀點，如此自可改善關係，減少衝突。

（五）慎選幕僚人選，不得以人設事，使每一位幕僚人員皆學有專長，方能獲得主管人員及部屬之尊重。自然也就容易使人信服其所作的分析。

第三節　授權與分權

授權與分權乃組織管理上極為重要的觀念。在每個企業機構中，一定有某種程度的授權與分權。一個完全不授權沒有分權的機構，根本無需組織結構之存在，因為，所有決策權力均在高階管理人員手中，其他的人都成為高階管理人員的部屬，凡事均直接聽命於他們。反過來說，如果主管人員將全部職權授給部屬，則該主管實際上已經和企業營運完全無關，最後，他將被除名於企業機構外。

壹、授權的重要性

授權是企業組織的必要工作之一。企業組織唯有透過授權的關係，才能使組織內所有人員各有所司，各盡其才，來完成組織交付的任務。所謂授權，即是賦予部屬執行任務所需之職權，使能圓滿完成其工作目標。

如果企業內沒有適當授權，身為主管者將窮於應付各種迫切的日

常決策，而無暇構思使企業發展成長的重要決策。此外，主管人員若未能充分授權，可能會因為管理幅度過大而降低其日常決策的效能與效率。結果將使企業機構蒙受重大損失。

主管人員之所以必須授權，其主要理由可以歸結如下：

（一）經由授權可以減輕主管人員的工作負荷，使他們能承擔更重要的決策工作。

（二）授權部屬，可以提供部屬發揮其才能的機會，一方面訓練部屬獨立擔當的工作與管理能力，一方面也可激發部屬的潛能。達到部屬管理才能發展的目的。

（三）授權部屬執行任務的結果，可讓企業內的各種業務有充分而適當的人員來處理，不至於有「人在政在，人亡政亡」之虞。

（四）授權部屬可表現出主管對部屬的信任，除可激起部屬的工作信心外，還可讓部屬有知遇之心，而提高工作努力，產生更大工作績效。同時也能建立上司與部屬間的良好關係。

貳、授權的目的與種類

授權係一非常重要之組織行為，茲將其目的及種類分述於後。

（一）授權的目的：

1. 期使部屬自己做決策，並對自己的決策負責，以求更高的管理績效。

2. 期藉授權以搜集各項情報與資料。

3. 使部屬能全面參與管理。

4. 提高工作效率，發揮團隊精神。

（二）授權的種類：

1. 「利潤中心」型的授權——最高極致的授權是利潤中心的設立，即一般所謂產品經理或事業部制的設立。產品經理負責產品的成

本與效益，而以利潤的多寡來判斷其績效的高低。

2. 「成本中心」型的授權——僅授以成本費用的控制權，部屬只須負責費用支出的控制。

3. 「責任中心」型的授權——僅授權部屬承辦某項特定工作，除該特定工作外，部屬對其他事務無決策權。

叁、授權的好處

授權有許多優點，主要者有：

（一）授權足以令主管騰出充分的時間從事管理功能之發揮。在此謂「管理功能」，係指為實現整體目標而進行的計畫、組織、指揮、與控制等活動。倘若主管事無鉅細均躬親為之，則他將無法獲致足夠的時間發揮管理功能，整體目標之實現勢將成為泡影。事實上，金字塔形成的組織圖所代表的即是「分層負責，逐級授權」之基本概念。

（二）授權是一種高效率的在職訓練。在職訓練基本上是一種「邊做邊學」的訓練方法。在有計畫的授權之下，一方面下屬之技能及適應力可因工作經驗之累積而增加，另一方面主管亦可由下屬之工作表現認明有無繼續施以訓練之必要。

（三）授權可增進下屬之歸屬感。在授權過程中，主管需要向下屬說明他所指派的工作之性質並探詢下屬構想中的工作執行方法，而下屬亦可藉這個機會表白他對指派的工作之看法並提出有關之建議。經過這樣的意見交流，下屬之參與感、認同感，與歸屬感將可隨之增強。

（四）授權能提高下屬之工作滿足。授權的一個必然結果，便是下屬（需要承擔）完成工作的責任。許多行為科學家的研究報告均指出，大多數的下屬均願意主動承擔責任，因為責任之承擔將為他們帶

來工作滿足。

叁、有效授權的原則

證諸過去企業主管授權之成敗，管理學者歸納出若干有效授權原則[4]，可以作為企業內各級主管實施授權之依據。

(一)按預期成果授權之原則(Principle of delegation results expected)

授權的目的是要讓被授權的人擁有足夠的職權來順利完成所交付任務，而對企業目標有所貢獻。因此，對於個別管理人員的授權應該適當，使其確有能力達到預期成果。在這種情形下，才能發揮授權的真正效用。

(二)功能分明之原則 (Principle of functional definition)

將各種有關的業務整合在一起，以便利企業目標之達成。而各個部門的主管則須擁有足夠的職權來協調處理部門內與部門間之業務。

(三)層級層次之原則 (Scalar principle)

此層級層次是指組織內從上到下的直接職權關係。職權係沿著上司部屬的階級層次關係往下授，而且最後總得有人接受該下授職權。因此，組織內上下職權關係愈清楚，將愈能有助於授權之實施。

(四)職權階層之原則 (Authority-level principle)

許多高階主管常常抱怨,已經授權給部屬的工作最後又被呈回來,部屬並未加以解決。事實上，如果授權得當，對於此等問題應堅持部屬親自完成決策，沒有必要再為他們擔當。主管們若想透過有效授權來減少工作負荷，則應讓部屬確實了解他們確切的職權範圍，而且在

---

[4] Harold Koontz & Cyril O'Donnell, *Management: A System and Contingency Analysis of Managerial Functions*, 6th ed., (N. Y.: McGraw-Hill Book Company, 1976), pp. 378-81.

部屬決策範圍內的事絕不可費心幫他們下決策。

（五）命令統一原則 (Principle of unity of command)

部屬愈是完整地向特定的單一上司負責，就愈能避免指揮上的衝突發生，也愈能加強部屬對工作成果的責任感。在實際的授權過程中，部屬的決策最好是由單一主管授予。如此方可使部屬對其職權範圍有更清楚的了解。否則若有多位主管同時授權一位部屬執行某一任務，可能會產生職權範圍不確定，與權責衝突的困擾。

（六）權責相稱之原則 (Principle of parity of authority and responsibility)

部屬被授權指派完成某項任務後，他就有圓滿達成此項任務之義務。事實上，職權是執行任務的必要權利，而責任則為達成任務之義務。任務執行者必須權責相符，才能順利達成目標。否則，責過於權，對於任務執行者太過苛求；權過於責；則又難免造成可用資源之浪費，兩者皆有不宜。

（七）絕對負責之原則 (Principle of absoluteness of responsibility)

責任既是一種義務，即無法授予他人。任何上司都不能因為授權部屬執行某項任務，而不負該任務的成敗責任。同樣地，部屬如果接受上司的授權去執行某一任務，亦須向其上司絕對負責完成任務的績效表現。然而，不論結果如何，上司都不能不對該任務負責。

肆、衡量分權程度的基礎

分權實乃授權的基本態勢。一個完全沒有授權的企業機構即是集權式的機構了。前面已說明過，為了順利達成企業的任務目標，適度的授權係絕對必要的事。為了配合授權，企業機構應該設計出合適的部門劃分結構；透過部門之劃分即可便於實施分權管理，而達到企業

生存與成長的目標。

分權與集權可視爲管理連續帶上的兩端。企業機構不宜完全集權管理，完全集權的企業對於環境變化的因應能力總是比較遲緩，而企業機構也不可能完全分權而毫無制約。最低限度，企業的分權仍得受到最高管理階層的適當管制，才能獲致協調整合的效益。因此，所謂分權，實是一種程度上的問題。

企業分權的基礎是基於相對較低層次管理單位決策上的若干特性而定。一般說來，有下列幾項衡量基礎❺：

（一）決策的次數

於中、低組織階層中的決策次數愈多，其分權程度就愈高。A公司行銷部門的決策次數若多於B公司行銷部門的決策次數時，表示A公司行銷部門的分權程度較高。

（二）決策的範圍

於中、低組織階層中的決策範圍愈廣，其分權程度就愈高。例如，某家公司祇允許其分公司自行決定有關業務方面的決策，而另一家公司則允許其分公司自行決定有關業務、人事、生產方面的決策時。顯然後者的分權程度高於前者。

（三）決策的重要性

於中、低組織階層中的決策之重要性愈大，其分權程度就愈高。

（四）決策的呈核

於中、低組織階層中的決策愈不需要往上呈報審核，其分權程度就愈高。中、低層主管決策時所需諮商或照會的人愈少，其分權程度就愈高。

---

❺　Ernest Dale, *Planning and Developing the Company Organization Structure*, (N.Y.: American Management Association, 1952), p. 107.

第四節　正式與非正式羣體

人是一種社會動物，在社會組織中，個人行為與同一組織中其他人的行為，必會發生交互影響作用而產生錯綜複雜的行為關係。自從美國霍桑 (Horthone) 研究以來，研究組織管理的學者即已注意到工作羣體會影響到個人的動機與行為。然而，由人所組成的羣體並非永遠不變，它們常隨著時間的遷移而變化，羣體一變，羣體行為也將隨之變動，而其變動之結果必定影響到企業組織行為。

羣體的形成必然基於客觀的需要與共同的價值信念所致。然而，羣體成立以後能否長久維持，則需視羣體內的成員是否能精誠團結，和衷共濟而定，而此種精誠團結，和衷共濟的精神即為羣體凝聚力。羣體中凝聚力愈強，便愈能團結一致而共同持續發展，反之，則羣體將日趨分化而終歸瓦解。

壹、正式羣體的發展

正式羣體的發展一般可分成下列四個階段:

（一）初步形成

將具有完成目標任務能力的人集合起來，指派工作任務。於此階段中，羣體成員明白彼此的社會需求，為了成員自己的利益，也願意給予及接納友誼和其他親和的象徵。

（二）目標之發展

於此階段中，羣體開始尋求建立共同的任務目標。若目標界定得愈清楚，愈是與個人需求相符，而且愈為成員所贊同，則愈有可能完成。

（三）結構之強化

此時，最重要的工作是協調。管理當局指派正式領導者，同時鼓勵成員溝通意見，強化羣體結構。

（四）領導者之發展

為彌補上司或高階管理者正式領導之不足，非正式領導者開始出現，而扮演重要角色。工作羣體發展到最後會出現兩位領導者。一為任務領導者 (task leader)，乃管理當局所指派，關心的是正式任務目標的達成。另一則為社會領導者 (social leader)，通常是由羣體中的最有社會地位的人來擔任，可能是技術最佳、年資最深、年齡最長或倫理背景等其他特殊原因所致，此一社會領導者實卽非正式領導者，主要是執行社會維護(social maintenance) 的功能。

貳、非正式羣體的形成

在組織中除了正式羣體的發展外，也會形成一些非正式羣體。這些非正式羣體的形成，主要是由於下列三種情形所致。

（一）工作上的需要

支持此一論調的學者，提出工作需要理論 (the demand of the job theory)，來說明非正式羣體的出現，基本上是由於工作上的需要而產生。他們認為某些工作必須有適當的小羣體出現才能順利完成工作。於此種羣體下的個人，其生活極依賴羣體，因而對羣體的形成有很強的動機，潛艇上的官兵卽是一例。

（二）經常往來的結果

贊成此一論調的學者提出了互動理論 (interaction theory)。他們認為非正式羣體的形成，是因為某些人經常往來，彼此有互動的結果。互動的次數愈多，彼此間的凝聚力愈高，因而愈能形成或維持羣體。

（三）背景的相似

支持此種論調的學者認爲羣體的形成與持續端視羣體成員之相似程度而定。他們提出類似理論 (The similarity theory)，認爲成員間彼此背景愈相似，則羣體形成的可能性也愈大。此等背景包括：工作價值、生活經驗、敎育程度、社會地位、經濟狀況、性別、年齡、宗敎、倫理背景等。

叁、羣體對組織的功能

經由前述說明可以了解，在一個組織中，正式與非正式羣體的發展形成乃一必然的現象。要想刻意去阻止它們的形成實爲不智之舉。由於羣體的形成乃是彼此的社會需求發展之結果，阻礙非正式羣體的形成，員工可能會因社會需求無法滿足而引起更多的離職、曠職、意外事件、或低工作品質的事情發生。

事實上，根據學者的看法，羣體對企業組織至少有三種重要的貢獻：㈠新進員工的社會化；㈡促成任務；㈢幫助決策。

1. 新進員工的社會化

所謂社會化，是指使新進員工適應組織環境的過程。透過此一社會化過程，可讓員工接受組織規範並塑造其正確的工作行爲。許多研究顯示，如果員工不能遵守羣體的規範，則羣體將會施加壓力迫使員工順從。例如：在怠惰的羣體中，個別成員很難自行提高自己的產出水準；反之，在一個績效良好的羣體中，個別成員也難以怠惰懶散。由於個人與羣體在日常工作上互動頻繁，因此，易於控制與塑造員工的行爲。如果只靠主管人員來指導，則難竟其功。

2. 促成任務

員工進入企業組織後，組織理應提供一個訓練的機會，以敎導新進員工如何完成其工作。不過實際上，此一訓練常常不够完整，無法使員工順利完成任務，所幸此一缺失，通常都爲其工作羣體予事後彌

補。

3. 幫助決策

個人所做的決策自然不如多數人集體做出決策的考慮來得週密與完整。在羣體中，由於個人背景不同，而可從各種不同角度來分析問題。因此，所做決策自然較佳。

肆、非正式羣體對正式組織的不利影響

非正式羣體，亦有其弊端，產生不利影響，諸如：

（一）**產量之限制**——非正式羣體的成員之間的社交活動往往在工作中進行，這將有礙於產量水準之維持與提高。其次，更嚴重的是，非正式羣體為了對抗管理階層，常常不惜以限制產量為手段。至於為何會以限制產量為手段，則無固定之答案。

（二）**變革之抗拒**——變革不但代表現狀之打破，而且也代表不確定性之引進，這對力圖安定與追求名份及地位的非正式羣體而言，無疑地是一種威脅。只要變革被視為一種威脅，它將遭遇抗拒。

（三）**謠言之散佈**——非正式羣體之成員因不受正式組織的命令系統所約束，故其訊息傳遍有如葡萄藤（grapewine）一樣可以隨處伸展，這就是非正式羣體之傳訊系統被稱為「葡萄藤」的原因。葡萄藤與正式組織之傳訊系統並存，前者使用量之多寡視後者使用量之多寡而定。既然謠言是因人們對訊息之迫切需要而產生，故它並不是起源於非正式羣體。只是當謠言一出現，則非正式羣體將透過葡萄藤而加速及擴大其傳播，這是令管理人員就心的一件事。

伍、管理人員面對非正式羣體之道

近年來行為科學家所倡議的對待（不同於對付！）非正式羣體的方法是：首先瞭解它們，其次接納它們，最後影響它們。茲分述如

下。

（一）**瞭解非正式羣體**——對待非正式羣體之第一步便是瞭解它們。管理人員必須能認識它們是什麼？爲何存在？其目標何在？領導人物是誰？如何運籌？其凝聚力有多大？其潛在影響力如何？不瞭解它們將無從對待它們，因此管理人員對它們的瞭解應該愈詳盡愈好。

（二）**接納非正式羣體**——爲避免非正式羣體成爲正式組織運作上的絆腳石，管理人員可訴諸以下各種有效途徑：

1. 肯定非正式羣體之存在。

2. 讓非正式羣體之成員瞭解，他們已被管理人員所接納。

3. 在採取任何行動之前應考慮該行動對非正式羣體所可能產生的影響。

4. 應避免採行過度威脅非正式羣體的利益之舉措。

5. 盡量考慮讓非正式羣體參與決策之制定。

6. 對非正式羣體之領導人給與適度之敬重，多找機會接觸他，並諮詢他對組織之意見。

（三）**影響非正式羣體**——培養團體意識可以說是影響非正式羣體之根本辦法。管理人員應命令非正式羣體成員瞭解他們在整個組織中之地位，以加強他們對正式組織之歸屬感及認同感。其次，管理人員應設法協調正式組織及非正式羣體之目標，當這兩類組織之目標趨於一致時，它們之間的對立狀態將消失於無形。

第十六章　組織變革

　　組織結構設計好之後，並非從此便一勞永逸，可以安枕無憂。事實上，組織的程序是一個永不停息的過程。

　　科技的一日千里，社會變遷的日漸劇烈，人類行爲與思想日趨多元化與複雜化。正由於種種環境因素，快速地變遷，組織便不得不集思廣益，尋求各種變革，以思因應。

　　本章討論組織變革的諸般問題。首先分析組織需要變革的原因後，再討論組織變革可能有那些抗拒以及應如何消彌抗拒。最後，闡述組織變革的方法與應遵循的原則。

第一節　組織需要變革之原因

　　有時候，組織效率低落，並不是因爲當初設計時的錯誤，而是由於時代進步以及種種內在與外在因素所造成。這些造成組織需要革新之因素，本節概分爲內、外兩方面，分別敍述之。

壹、外在因素

　　1. 促成組織改變之最明顯的外在因素是產品市場的變動——消費習慣及嗜好之改變、競爭廠家的數目之增加、本身產品或勞務之品質與水準日趨落後等,在在皆使企業在行銷策略上有根本調整之必要。行銷策略之轉變，往往使組織必須在結構上、協調上，以及控制考核方面進行一些改變。否則，只有策略上之改變而無組織變革上之配

合，必然難以達成策略改變之目的。

2. 促成組織變革的第二個外在因素是人力資源之消長——勞動人口供不應求或勞工成本增加，將迫使農工各業日益走向生產自動化。自動化程度增加後，工作之分派、監督，工人之選訓等組織現象皆必隨之調整。同時，勞動生產力的提高，無形中，提昇了企業中員工的相對地位，也推動了一些更合乎「人性」之管理制度。企業內之組織政策若不朝此方向努力，必然為時代潮流所摒棄，而且亦不見容勞工法令之規定。

3. 促成組織必須改變之第三個外在因素是科技水準的激進——近數十年來，各種生產技術日新又新，使企業之最佳規模有大幅向上增長之趨勢。大企業和小企業所面臨的問題性質都不一樣。但只要該企業還想繼續成長，其組織之亟待變革是必然的。進步科技的引進，使企業中許多工作職位變成單調乏味，也使另一些工作職位充滿了前所未有的趣味性和挑戰性。新的科技，一方面淘汰了許多工作職位，一方面又創造了許多新的工作機會。這些都是科技對組織的影響，一味的排斥，將於事無補。

4. 社會文化之變遷，對組織亦發生了極大之衝擊——近年來，吾人所處之社會已朝多元化方向發展，「社會人」不但對任何一個特定組織之「忠誠性」減少，而且在人生目標和價值取向上，亦呈現出一種紛紜的局面。這種趨勢，又因大眾傳播工具之發達而更加加速進行。這種趨勢對任何一個組織的管理當局而言，想把這些紛歧的想法和價值觀念再重新整合起來使能納入組織的目標，必然是一件異常艱鉅的工作。而這項工作，也正是組織變革工作中極重要的一環。

貳、內在因素

促成組織變革之內在因素不外乎「人」與「組織過程」。後者包

括組織中之決策、溝通，以及人際關係等。這些方面倘若發生問題，就表示組織內需要變革。例如決策品質一直未能改善，或經常喪失決策先機，這就隱含在決策系統和權責分配上有改革的必要。組織中若溝通不良，命令無法貫徹、下情不能上達、平行單位間難於協調，則意謂著在溝通網路上需要整頓，或主管們的溝通技巧有待加強。又如組織中若發生了（潛在的或表面化了的）衝突和矛盾，則表示在人際關係能力和團隊精神方面存在著某些問題。這些都是組織變革之可能原因與對象。

論及內在因素方面，爰特就企業現階段所面臨，較爲迫切的問題，分成三點，加以敍述❶：

1. 人力素質改變的影響

工業開發中國家的主要特徵之一，乃是人口逐漸流向都市，而鄉村亦逐漸趨向都市化。此種都市化的結果使人民的教育程度日漸提高，連帶使勞力市場也發生了結構性的變化。例如，我國由於教育普及，且因實施9年國民義務教育之故，所以就業人口的教育程度比十幾年前提高甚多。工廠工人或行政人員教育程度越高，工作能力也可能跟著提高，但因此，他們在各方面的需求也必然跟著提高。管理者面臨此種新的勞動人口，必須要有新的管理方法及作風，組織結構與管理技術也應能適當的調整。否則，勞資關係的不和諧，終將影響企業的長遠發展。

2. 工作滿足轉變的影響

目前年輕具有活力而且受過良好教育的工作人員，已明顯表現出其欲望需求層次較前人提高。他們已不認爲金錢的報酬是最高的比重，而逐漸追求工作的自主性、決策的參與權、升遷機會、自由表現、自我實現等層面的工作滿足。因此，管理者與被管理者之間的關係也應

❶ 吳定著「組織發展──理論與技術」，天一圖書公司，民國73年, pp. 7-8。

作適度的調整。組織最好能夠設計出一套能平衡內在滿足與外在滿足
的報酬系統。

　　3. 企業國際化的影響

　　隨著外貿活動的增加，國際資金的交流，我國的經濟體系刻正朝
向國際化與自由化而努力。目前許多企業與非企業組織已逐漸變成國
際性的組織。而國際環境極為錯綜複雜，為了適應未來的趨勢與型
態，更應特別著重組織能力的加強，否則不僅業務難以拓展，整個組
織甚且有潰亡的可能。組織變革強調的就是如何因應外在環境變化而
作內部必要的調整。

第二節　　組織變革之抗拒

　　組織變革乃是一項改變現狀的努力。而通常，任何企圖改變現狀
的作法，總會或多或少遭到變革對象的抗拒。

　　本節擬對組織變革遭到抗拒的原因，及其因應之道，予以探討。

壹、抗拒組織變革的原因

　　組織成員抗拒變革的原因，吳定教授曾具體將之歸納如下，茲摘
錄於後，俾供參考❷：

　　（一）因變革威脅到傳統規範與價值的改變

　　如果變革會使原先的組織行為規範與價值觀念發生改變時，可能
遭致「保守派」的抗拒。

　　（二）因變革係由外界壓力所造成

　　如果變革是由機關組織外的個人或羣體之建議並發動，使該機關
組織從事必要變革。則其成員在「維護機關榮譽」的心理下，可能不

───────
　　❷ 同❶ pp. 291-292。

認爲有變革必要，而採取反抗態度。

(三) 因變革威脅到羣體關係的改變

如果變革使成員彼此關係必須重新調整時，因對新關係懷有疑懼，不知能否適應，可能爲保持現狀而採抗拒態度。

(四) 因變革威脅到個人經濟利益

如果變革結果會使某些人失去目前既得經濟利益，則此些人可能千方百計設法抗拒變革，以維護其眼前利益。

(五) 因變革導致工作技術與方法改變

如果變革的目的是在改變原來的工作技術與方法，如以電子計算機代替算盤，可能會遭致恐懼難以適應新技術與方法者的抗拒。

(六) 因變革而產生不安全感覺

如果變革使某些人在心理上、生理上及工作上產生不安全感覺，認爲必將遭致顯著損失時（如失去工作），卽可能採取抗拒行爲或態度。

(七) 因變革威脅到權力結構的改變

如果變革會使某些擁有權勢者可能失去其權勢時，則變革行動卽可能受到他們的抗拒。

(八) 因變革而產生不方便感覺

如果變革的過程中必須修改法令規章及調整設備等，因顧及未來種種不方便，在「怕麻煩」與「惰性」的觀念下，變革行動可能遭遇抗拒。

(九) 因變革目的、內涵及作法遭致誤解

如果組織成員對變革的眞正目的及其作法懷有偏見，或有所誤解時，變革行動卽可能受到不分靑紅皂白的抗拒。

貳、如何減少組織變革的抗拒

由前面的論述可以瞭解，爲了組織的生存與茁壯變革有時候是不可避免的，但變革所受到的抗拒幾乎是存在於每一個角落，只是程度的差異而已。變革推動者與管理者的努力重點，不在設法完全壓抑抗拒的發生，而應設法疏解抗拒的發生並降低其強度，以使變革計畫能取得各方的協調與瞭解而順利的推動。

管理學者柯特 (Kotter) 與史勒辛吉 (Schlesinger) 曾提出六種途徑，冀以減低組織成員對變革的抗拒。這六種途徑爲❸：

1. 敎育與溝通 (education and communication)

2. 參與與投入 (participation and involvement)

3. 協助與支持 (facilitation and support)

4. 磋商與協議 (negotiation and agreement)

5. 操控與吸納 (manipulation and cooptation)

6. 明示與暗示強迫 (explicit and implicit coercion)

茲將上述六點分述於下。

（一）敎育與溝通

（1）適用情況——當抗拒的原因是由於缺乏資訊，或資訊傳達不正確與解釋不正確時。

（2）優點——一旦被說服後，抗拒者常會協助變革工作的執行。

（3）缺點——如果抗拒者爲數眾多，此種途徑可能相當花時間。

（二）參與與投入

（1）適用情況——當變革推動者沒有十足的把握或能力來設計變革活動時，可以讓相關人員一起來參與變革內容的設計。

（2）優點——相關人員旣經參與設計，自將承諾去執行變革計畫。

（3）缺點——如果參與者設計了一個不適當的變革計畫，或參與者之間造成紛歧的意見，恐將弄巧成拙，反而增加執行上的困難。

---

❸ 同❷ pp. 295-296。

（三）**協助與支持**

（1）適用情況——當人們因調整行爲產生認知失調或適應不良而引起抗拒時。

（2）優點——如果抗拒原因完全來自調適的問題，本法將是最具建設性與穩定性的方式。

（3）缺點——可能相當花時間、昂貴，而最後仍然失敗。

（四）**磋商與協議**

（1）適用情況——當某人或某羣體明顯會因變革遭致某些利益損失時，爲維持其既得利益，必然會出之於有形或無形的抗拒。

（2）優點——若協議成功，此途徑可以理性地避免主要的抗拒激結。

（3）缺點——在許多情況下可能代價太大，但是此舉提醒其他的人可藉磋商而換取順服。

（五）**操控與吸納**

（1）適用情況——當其他途徑行不通，或代價太大時。

（2）優點——它可能可以相當迅速且便宜的解決抗拒問題。

（3）缺點——如果人們害怕被控制的話，可能導致未來產生若干問題。

（六）**明示與暗示强迫**

（1）適用情況——當爭取時效時，而且當變革推動者擁有相當權力時。

（2）優點——此舉收效快，短期之內可以壓制任何種類的抗拒，而屬行變革。

（3）缺點——如果人們對變革產生不滿情緒甚至反感時，變革的推動必遭巨大的阻力，可能還會導致某種破壞性的副作用。

第三節　組織變革之方法與原則

大多數的組織變革方法，可以由兩個方向來考慮。一是改變組織成員的行為，一是改變組織來影響組織成員的行為。

區分這兩種方式，只是幫助我們瞭解組織變革。事實上，實際組織變革的過程中，上述兩種方法，通常是同時並用的。

壹、以人員爲中心的組織革新步驟❹

欲使組織成員的行為改變發生效果，唯有使人們的心理需要得到滿足，他才會對管理人員想要加諸於他們身上的影響起正面的反應。因此在改變之前，管理人員必須製造出一些不滿意的氣氛，使員工感覺到有加以改革的必要。

（一）創造不滿的氣氛

爲了創造一個不滿的氣氛，管理當局可以什麼都不做，只是靜待環境的變化促使部屬對管理當局的行為產生不滿。所以有時當管理人員獲悉有一個外在的壓力將對組織產生影響時，他可以不告知部屬，而讓該壓力對組織產生一種令員工不滿的情況，使員工自己去感受變革的需求。如第二次大戰時，美國總統羅斯福並沒有事先警告人民關於日本可能偷襲珍珠港的事情，或許羅斯福總統認爲卽使他提出警告，美國人民也不會相信他所說的。只有遭到一次真正的攻擊才能令美國人民對當時的政策重新加以檢討。

當然管理人員可以不必如此被動，他可以主動創造恐懼或不滿的氣氛。

---

❹　韋伯（Weber）原著，吳思華等譯，「組織理論與管理」，長橋出版社，民國67年出版，pp. 676-679。

另一種激起壓力的方法是製造出對變革後美景的期待。告知人們如果他的態度或行為改變的話，將會有個更美好的未來、更好的績效、更多的報酬，甚至可為他們帶來更大的希望。反之，他們如果不改變的話，對他們而言顯然是一種損失。說來好像很簡單，但眞要使那些對現況並沒有不滿的人感到不滿，並不是一件容易的事。

（二）解凍（Unfreezing）

解凍乃是刺激個人或羣體去改變或放棄他們原來的態度，並化解那些造成這些態度或行為的因素，灌輸他們一些新的觀念。將固著舊觀念的態度減至最少，就能鼓勵他接受新的觀念。例如在新兵入伍訓練時，那些新兵被迫與家人、朋友和他所熟悉的一切環境隔離，甚至於連他以前所穿的衣服也不能再穿，他們被禁止離開營地，俾利於長官向他們灌輸一些新的觀念，他們那些舊有的、以自我為中心的舊習性是不對的，只有接受軍事訓練，具有軍人氣息的行為才能得到大家的讚賞。

（三）改變（Conversion）

使個體接受各種刺激而發生改變，這種改變可經由模仿和內化作用（Internalization）產生。個體於改變過程中，除模仿到新的行為型態外，若再加上內化作用，則這種新的行為模式就更能被強化而定形。要求成員改變的變革者須提供足夠的訓練計畫。若訓練計畫能夠創造出模仿與認同的環境，則被訓練者較易於達到潛移默化的境界。

（四）固結（Refreezing）

訓練者放棄了原有的態度行為，因改變而形成新的態度或行為時，這時變革者又面臨了另一項難題，如何使被訓練者新獲得的行為模式長久保持下去，亦卽是固結的問題。

貳、以組織為中心的組織革新

主張以組織結構爲革新重點的人常認爲，以人員爲中心的組織革新比較昂貴。 而且， 要改變人的行爲， 倒不如改變其周圍的環境來得較有意義。 舉個例來說， 美國駕駛人員敎育方案平均要花費美金88,000元以減少一件車禍的傷亡，但駕駛人員座位上的安全帶只要美金 87 元。只是要強迫人們繫上安全帶卻不是一件容易的事，而事實上，可能對降低車禍傷亡更爲有效。

組織結構的改變，會改變人們周圍的組織環境，因此人們若欲滿足他們的需求，就必須修正他們原來的行爲。改變組織結構的方式包括如下的對象: 正式的組織結構、工作說明、溝通流程、獎懲制度、政策、工作程序和辦公室陳列等。除此之外，改革時尙須考慮組織中心理和社會因素。若管理人員於改革時，忽視了組織中非正式羣體的社會組織，可能將引起人們的不滿和憤恨，而導致功虧一簣。

其次， 由於組織是一種社會的和技術的混合體制。所以，若引進新的技術創新，必須考慮原有的社會體制可能發生之變化。員工可能發覺於改變後，他們必須和一些新人交往或建立一種新的社會關係，這種社會體制的改變亦是引入變革時所應顧慮到的重要因素，應預先妥爲規劃。

叄、推動組織變革方案的原則

推動組織變革方案，有其執行的艱因。根據前人之經驗，綜合成如下原則，以資遵循俾能避免誤蹈前鑑:

（一）避免過多或不必要的變革——變革既然足以招致員工之抗拒，在推動變革之前，管理人員必須確切地衡量變革之必要性。爲變革而變革是管理人員最爲忌諱的一件事。 因此， 若時生不必要之變革，對組織所產生的干擾很可能較現狀之維持更加不利，則將「畫虎不成」。

（二）**切忌操之過急**——倘若變革無從避免，則在推動變革時應盡量能讓員工得有適應的機會，避免一廂情願，管理學者認爲變革之推動最好是依據「解凍——改變——固結」之步驟，以收長遠之效。

（三）**有效傳達各類資訊**——爲避免或減輕員工對變革之抗拒，有關變革之資訊必須暢通無阻。倘若訊息阻塞，則將導致謠言滿天飛，甚至將造成員工人人自危，這對變革顯然不利。

（四）**妥善處理組織內部之非正式團體的反應**——組織內部存有形形色色之非正式團體。這些小團體往往以抗拒變革作爲展示實力之手段。管理人員必須承認組織內之非正式團體之存在，而且有其特定功能，應積極設法瞭解它們、接納它們以至影響它們，以便將它們對變革之抗拒扭轉爲對變革之支持。

（五）**不要空待奇蹟出現**——管理人員在完成變革後，仍須針對變革實施成效，從事追踪與研究，而不應該以爲變革完成後奇蹟自然出現。變革成效的維持，反而才是變革工作者的眞正挑戰。

第五篇

領　　　導

第十七章　領導之基本概念

管理的第三職能是領導 (Leadership)。所謂領導，從廣義來說，乃特指爲根據事先決定的計畫來著手行動的過程。若干古典管理學者認爲領導是控制功能的一部分。他們的立論根據是認爲透過組織結構散播出的計畫只須加以控制就好。其隱藏的一個含意是良好結構的計畫常會導致組織成員的順從。但是這一假定並不正確，因爲往往欲使組織成員順從計畫的要求須付出相當大的努力才能刺激或激勵部屬去行動。因此行爲學派認爲應將領導從控制中分開來。

爲了要依照某一原定計畫，著手行動，主管須激勵部屬，這是領導的本質所在。所以領導者的行爲，即領導風格，與部屬的行爲大不相同。領導者行爲與其從事領導和協調工作時的某一特定方案有關。例如：領導者可誇獎、批評，提出有效的建議或顯示出他對組織成員福利或感覺上的關切。

本章將對領導的基本概念作一介紹。第一節將說明領導的涵義與特性；第二節介紹主要領導理論；第三節則闡述領導之型態。

第一節　領導之涵義與特性

壹、領導之意義

領導乃主管將所作的決定傳達於員工，使各項工作能作有效的推行。主管人員所作的計畫、組織、人事等方案，無論如何完善，倘不以工作的要點，告知並教導其員工，則其方案仍難有效施行，故領導

乃爲主管人員的職責。主管人員如要工作納入正軌，卽須激勵並發動所屬員工的行動，供給其所需的資料，使其確實了解管理的意向，而在正確的工作目標上努力。因此，領導對優良管理的獲得，與其他管理要素如計畫、組織等，具有同等的重要性。

機關之設立，一定有其目標，至於如何達到目標，則非靠機關內人員合作無間之工作行爲不可。而使人員工作行爲合作無間，則有賴於領導。領導之對機關，正如大腦之對人體爲絕不能缺少之因素。

貳、領導之本質

領導在古典及行爲管理理論中均占一重要部分，它可被定義爲用來刺激和激勵部屬達成指定工作的方法。領導者雖然是團體的一部分，但是他『特出』於其引導、指揮與指導的職能。爲使組織內產生有效領導效能，三種力量(forces)須特別注意：此卽分別來自領導者、部屬、情境的三種力量。這三種力量的消長常依情境而不同，較敏銳的管理者可依其不同而決定採用何種領導型態較爲適當。以下分別對這三種力量略予討論。

（一）來自領導者之力量

基於各人的背景、知識和經驗之不同，各個領導者常以個別的方法去理解領導問題。影響個人的力量有 (1) 個人的價值體系 (Value system)，(2)對部屬的信心，(3)領導傾向(Leadership inclination)，和 (4) 在不確定情況下的安全感❶。如果一領導者能理解到這些力量對其行爲的影響，那麼他就更能體會到是什麼使部屬有如此之表現，因而能更發揮領導效率。

---

❶　Robert Tannenbaum and Warren H. Schmidt "How to Choose a Leadership Pattern," *Harvard Business Review*, May-June 1973, pp. 173-175.

(二) 來自部屬之力量

在決定如何領導一團體之前，管理者須考慮影響其部屬行為的一些力量。管理者應記住影響其員工的個人變數和要求。一個管理者愈能了解這些，他就愈能準確決定領導的風格而使部屬反應得更有效率。

研究顯示部屬表現的品質會直接影響到管理者的領導行為。根據報告指出，一個高成就團體之領導者常會表現出對其部屬的支持與促進員工間的互動，並能發展出員工對團體的凝聚力與團體生產力的增長❷。反之，低成就團體的領導者常表現出威脅的態度，而導致成員滿足感的降低和成品品質的低落。

(三) 來自情境之力量

除管理者本身的因素及部屬因素對管理者行為有影響外，一般說來，情境特性也會影響管理者行為。圍繞在管理者身旁的關鍵性環境壓力包括那些來自組織、工作團體、問題的性質和時間壓力❸。

近來有關領導方面的研究都集中在情境問題上，他們的結論是：情境因素決定了領導的型態。在此一觀點下，一個人在某一情境下可能是領導者，而在另一情境下可能是隨從。一領導者可能會發現他的才能適合某一情境，而在另一情境則否。

第二節　領導理論

領導行為是組織行為方面最被廣泛研究的主題之一。早期理論認為領導是遺傳而來的。後來，才慢慢開始強調訓練 (training) 和特

---

❷ George F. Farris and Francis G. Cion Jr., "Effects of Performance on Leadership Cohesiveness Influence-Satisfection and Subsequent Performance," *Journal of Applied Psychology* Vol. 53, No. 6, Dec. 1969, p. 496.

❸ Tannenbaum and Schmidt, *op. cit.*, p.178.

性 (traits)。近年來，由於領導的情境理論 (situational theory) 普遍流行，因而逐漸衍生出權變理論 (contingency theory)，徑路目標理論 (path-goal theory)等。茲分別說明於後。

壹、早期領導理論

以現在觀點來看早期理論往往有不切實際的感覺。遺傳說認為領導者是天生而非後天塑造的。例如，歐洲貴族為確保其領導權之永續乃互相通婚。在此方式下，權力、財富將會被移轉到下一代領導者或統治階層的身上。顯然，於今日大多數社會裏，此種作法將行不通。

另一種早期的領導理論則強調訓練的功效。這一派的學者認為，任何經過訓練的人都能成為領導者。一般說來，任何人都可以根據他所欠缺的領導特徵來加強訓練，予以彌補改善而成為一位有效的領導者。企業組織可著重於加強領導會議 (leadership sessions)、訓練式會議 (training conferences)、角色演練 (role-playing sessions)，與個案研究。個別訓練則可進行領導基礎、羣體動態學，與人羣關係等課程之研習。

貳、領導的特徵理論

特徵理論 (Trait Leadership Theory) 是用來解釋組織內領導行為的一種共通方法。一位成功的領導者本身的特性常被用來預測其他領導者的領導能力。雖無這些特性因人而異，但也有許多共通之處。它們包括智能、創造力、想像力、熱誠、樂觀、利己主義、勇氣、獨創力、感受性是否敏銳、溝通能力、光明正大、性格、不屈不撓、監督能力、對人性的了解、自我肯定等。數位學者想試圖定義出幾種對領導具有絕大影響力的特性。哈雷爾 (Harrel) 指出四點重要特性: 堅強的意志、外向性 (extroversion)、權力的需求 (power need)、

成就的需要❹。 戴維斯 (Keith Davis) 認為這些特性是: 智能、 對社會認識的深廣度、本身激勵、人羣關係等❺。

　部分研究指出此種方法對領導特性有著不當的解釋。但是季賽利與史托笛 (Ghiselli and Stogdill) 卻認為領導的效能與各人特性有直接關係。季賽利認為這些特性包括智能、監督能力、創造力、自我肯定和獨特的工作法等❻。史托笛則認為這些特性包括智能、學識、可靠性、負責性、社會參與、社經地位等❼。我們分析這些特性之後可以發現，有些特性的確塑造出不同的管理行為。

叁、領導的情境理論

　從情境的觀點——團體、問題和環境——來看，它對領導型態的影響似乎已經比過去的一些理論更合邏輯。情境的不同可能使一個人由追隨者變成領導者。

　情境領導 (Situational Leadership Theory) 在領導者與團體交互影響方面顯得很重要。人們常追隨那些可能滿足其慾望的人。在史托笛、沙特 (Shartle) 及其同伴的研究中，他們分析了四百七十位海軍軍官，其中，共涵蓋了四十五個不同的職位。結果發現，他們的領導能力嚴重的受到以下情境因素的影響——他們的差事、受其領導的

---

❹　Thomas W. Harral, *Managers Performance and Personality*, (Ohio: South-Western Publishing Co., 1961), p. 171.

❺　Keith Davis, *Human Relations at Work*, 3th ed., New York: McGraw-Hill Book Co. 1967, p. 99.

❻　E. E. Ghiselli "Managerial Talent," *American Psychologist*, Vol. 18, No. 10, Oct. 1963, pp. 631-641.

❼　R. M. Stogdill "Personal Factors Associated with Leadership: A Survey of the Literature," *Journal of Psychology* Vol. 25, 1964, pp. 35-71.

人之特性，及他們操作的組織環境等之影響❽。另有其他研究也顯示出，有效的領導要看他對環境因素的反應能力如何——例如企業的過去和歷史、組織所處的社會、被領導者心理上的氣候 (climate)、團體中成員的個性和文化之影響，以及作決策的時間問題❾。

肆、權變理論

權變理論 (Contingency Leadership Theory) 可歸之爲情境理論的一種，它是由費德勒 (Fred E. Fiedler) 所發展出來的。在這理論下有一個最重要的變數，就是領導者"對其最不被喜歡的同事之尊重"分數 (LPC score)。爲了得到此一分數，每個人在一至六個有兩極形容 (bipolar adjective)（例如愉快、不愉快）的尺度上來衡量此領導者。這些衡量結果的總合就成了他的"LPC"分數。大體說來這分數就被視爲領導之向上的測定標準，高"LPC"的領導者就被視爲是人際關係(interpersonal relations) 導向的領導者，而低"LPC"的就視爲是工作導向的領導者❿。

爲了描述領導效能，費氏(Fiedler)採用團體——工作(group-task)情境上三個主要層面: (1) 領導者——成員關係，(2)工作結構，(3)領導者之職位力量。領導者——成員關係之測定是在能指示領導者被其部屬所接受之程度的團體氣氛上來執行的。此氣氛可能是以下任何一型——友好或不友好、鬆弛或緊張、支持的或恐嚇的。工作結構是

❽ R.M. Stogdill C.L. Shartle., and Associates, *Patterns of Administrative Performance*, (Columbus Ohio: Bureau of Business Research, The Ohio State University 1956) Section 4.

❾ Alan C, Filley and Booert J. House, *Managerial Process and Organizational Behavior*, (Glenview, III; Scott, Foresman and Co., 1969), p. 409.

❿ Fred E. Fiedler, *A Theory of Leadership Effectiveness*, (New York: McGraw-Hill Book Co., 1967).

以目標的明確度、它製訂決策之可證性、解答之特性和解決問題在選擇上之複雜性來評定。領導者職位力量是以領導者對賞罰的影響程度和其職權來決定。

為了將每層面二分化，吾人可將八種型態之團體——工作情境以表 17-1 示明其定義❶。

表17-1 工作情境

情 境	領導者一成員關係	工 作 結 構	領導者之職位力量
1.	好	結 構	高
2.	好	結 構	低
3.	好	非結構	高
4.	好	非結構	低
5.	不 好	結 構	高
6.	不 好	結 構	低
7.	不 好	非結構	高
8.	不 好	非結構	低

資料來源: Ternce R. Mitchell *et. al.* "The Contingency Model: Criticism and Suggestions", *Academy of Management Journal*, Sept. 1970, p. 255.

領導者對其成員之影響及控制程度有所不同。特別是在情境 1 中領導者被認為有最大的影響力；相對的在情境 8 中影響力最小。研究證實指出具有較低 "LPC"（工作導向、控制型領導者）較易在很簡單或很困難（情境 1，2，8）的情境中表現良好。同時，具有高 "LPC" 之領導者（寬大的、體貼型的領導者）在中度困難的情境（情境 4，

---

❶ Ternce R. Mitchell, Anthony Biglan, Gerald R. O. Chen, and Fred E. Fiedler "The Contingency Model: Criticism and Suggestions," *Academy of Management Journal*, Sept. 1970, p. 255.

5，6）中較易有好的表現。因此 "LPC" 能在不同的情境中分辨出
高效率或低效率之領導者。

假設一個工作羣體面臨工作結構欠缺的問題，同時沒有正式權威
和地位低的領導者的情況。在此情況下費德勒的理論認為其領導效能
將依靠兩項變數來決定：1. 領導型態是工作與結果導向 (task-and-
relations oriented) 或是人與關係導向 (person-and-relations orien-
ted)。2. 領導者與羣體間的關係是好還是壞。依照權變模式 (con-
tingency model)預測，在一領導者與成員關係不好的羣體中若想得到
最好的結果就需要一位工作導向的領導者，如果領導者與成員關係良
好，那就需要一位關係導向 (relations oriented) 的領導者。經過多
次在此模型各方面印證後，發現此模型受到支持。在領導效能方面以
情境變數加以權變，就目前的觀點是合理。但須注意到這方面的實證
資料大多不是來自工業組織。費氏 (Fiedler) 只是提供一個正確方
向，更多的研究發現仍然有待開發。

伍、徑路─目標理論

此理論的根據是以徑路、需要、目標來表達[12]。目前，徑路目標
理論 (Path-Goal Leadership Theory) 含有兩重要部分：第一，正式
領導者 (formal leader) 的策略功能之一就是喚起部屬心理狀況，以
導致其對工作的滿足及產生激勵作用。此功能可視為有輔助領導者中
心功能之作用，而其中心功能是在提供部屬：訓練、指示、協助及提
供環境所缺乏的要素[13]。第二，環境所決定之領導者的特殊行為可完
成以上諸功能。豪斯與戴斯樂 (House and Dessler) 建議採取兩類情

---

[12] Robert J. House and G. Dessler "The Path-Goal Theory of
Leadership", ed. J.G. Hunt and L.L. Larson Carbonale, (III:
Southern Illinois University Press, 1974), pp. 29-55.

[13] *Ibid.*, p. 4.

境變數 (situational variable) 以調節領導者行為與其他變數: 1. 部屬所從事之任務的特性以及2. 環境因素。

支持路徑——目標理論的研究是由豪斯氏始訂的[14]。在一項對一重裝備製造公司的辦公人員所作的研究中，角色的不明確性 (role ambiguity)（部屬對其任務的不確定度）被引用來作為領導者體制結構 (leader-initiating structure) 與體恤關懷 (consideration) 兩個變數之間的中介變數。領導者體制結構可被定義為減少角色不確定性的路徑，而體恤關懷則可增加部屬滿足感的徑路。角色的不明確曾被用來當作逼近路徑與目標間不清楚關係的一個變數。研究結果發現，在此假設下領導者體制結構與角色不明確間存有顯著的負相關，而與部屬滿足變數存有極大的正相關。

前面所蒐集的資料之第二項分析中豪斯尋求測試領導者體制結構與關懷部屬行為間關係上有關"工作自主"(task autonomy) 的調節功能之假設，特別假設工作自主對領導者體制結構和部屬滿足及表現間的關係會有正的調節效果，結果發現對於此假設大體上支持。

在以後的研究中，美國豪斯和黎佐 (Rizzo) 在一設備製造公司中，研究管理者和專業技術員工對組織和領導運用上的測定被關連到部屬滿足感、預期效率、憂慮和離職趨勢上，發現角色的衝突和不明確被支持，而且作者認為在組織行為模式中，對於角色的不明確性，應更加的強調[15]。戴思樂建議任務的確定性（任務環境的可預測性）應被認為是領導者行為和部屬態度間關係的中介變數來研究[16]。他特

[14] Robert J. House "A Path-Goal Theory of Leader Effectiveness" *Administrative Science Quarterly*, Vol. 16, 1971, pp. 321-38.
[15] Robert J. House and J. R. Rizzo, "Role Confict and Ambiguity as Critical Baribles in a Model of Organizational Behavior and Human Performance". Vol. 7, 1972, pp. 467-505.
[16] G. Dessler "A Test of Path-Goal Theory of Leadership" Academy of Management Proceeding 31st Annual Meeting, 1972, pp. 178-181.

別假設: 當任務確定性增加時, 領導者體制結構與部屬滿足感間的關係將降低, 而領導者的體恤關懷與部屬滿足感間的關係會提高。研究的結果經常支持這些假設關係。無論如何, 任務確定性的調節作用, 本質上是曲線形的。這些研究發現顯示: 當我們使用任務相關變數如角色不明確、任務自主 (task autonomy) 和工作確定性來運用徑路——目標理論時, 徑路——目標理論可以說是研究領導行為的一項可行方法。

第三節　領導型態

領導理論旨在探究領導型態

領導型態著眼於領導者的行為模式 (behavior patterns)。領導型態有很多種, 羅氏 (Lewin) 把它們分為: 獨裁、參與、放任型三者。李克特則提出另一類似的領導型態之架構[57]。茲將各種領導型態介紹於後。

壹、獨裁式領導

在領導構面的連續帶上 (leadership continuum) 上獨裁領導 (autocratic leadership style) 是一極端的類型, 其決策權完全操在於領導者手中。獨裁式領導可以為正面領導或負面領導。如果主要是以恐懼、威脅和迫力來刺激或影響他人的話, 稱之為負面領導。反之如果以誘導、獎勵者則稱之為正面領導。領導者決策的施行可以下列方式: 威壓, 仁慈和操縱。威壓式領導者是要求和命令別人絕對服從的人。他是獨斷獨行的, 對部屬給予或撤銷獎勵或懲罰。強硬的獨裁

---

[57]　參閱 Kensis Likert, *The Human Organization.* New York: McGraw-Hill Book Co., 1967, 一書。

者往往使用負面領導。而仁慈的領導者常使用正面領導的多數技巧，如: 誇獎，「拍拍肩膀」、機智和外交手腕以達到其理想結果。操縱型領導者允許部屬參與決策過程，而他則在幕後操縱。而事實上，參與決策的部屬都被操縱來達成組織所希望的結果。

　　在存有強有力的工會 (labors unions) 的社會，負面領導比較不恰當。此外負面領導較適合於軍中，因爲服役期限一定，不同於私人企業。因此在工商企業中正面領導比負面領導廣泛。但是，由於正面領導之複雜性常使其難以運用。正面領導者與負面領導者同樣要影響其追隨者執行某些任務。在了解其成員個人的需求之後，就可讓其成員在指定方式內完成任務之後滿足其慾望，且其滿足須在公司能力範圍之內。公司的需求與個人的要求之配合，對任何領導者而言，均是一項高度複雜的運作過程。由於其複雜性和時間上的限制常使很多管理者使用負面領導。雖然正面領導使人推崇，但是負面領導沒有什麼不好。在某些情況下管理者仍然需要使用負面領導來應付X理論型的人。值得注意的是要以領導者、追隨者和情境之不同，來考量其適用性。

貳、參與式領導

　　此型領導者在領導連續帶的中間。當決策影響此團體或部屬能有所貢獻的時候，參與型領導者允許其部屬參與決策的制訂。參與領導 (Participative Leadership Style) 是建基於 "人都想要參與" 的假設之下。如此非但能給予他們發揮創造力的機會，同時也有助於他們完成其任務。領導者使用讚美或建設性的批評試圖喚起部屬對於完成團體目標的責任感。雖最後決策的責任都在於領導者，但是決策的制訂卻由組織成員來分擔。對於此型領導方面有很多的研究，斐力與豪斯 (Filley and House) 發現參與型對組織成員的滿足有正趨勢，但是領

導型態與生產間並沒有一致的關係⑱。總而言之，這些學者指出要能以任務性質和部屬本身爲依歸，才能成功的運用領導型態。他們認爲在以下兩種情形之下參與型最有效⑲：(1) 當任務不需非例行決策（Nonroutine decisions) 與標準資料，以及決策不需很快的做出時。(2) 當部屬對獨立自主有強烈的需求，覺得自己應參與決策並會有所貢獻，以及對其工作能力有信心，認爲不需要嚴密的指導時。

叁、放任式領導

　　放任型與獨裁型正好位於兩極端上。此一型態下的領導者，試圖把決策責任轉移到羣體中。領導者給予極少的指導和充分的自由。所以此羣體的結構鬆散，決策緩慢，更有許多推諉責任的情形。結果任務無法達成，情況變得有作混亂。此一型態的領導所假設的團體與Y理論導向相同。麥葛里果 (McGregor) 自己對於這世界是否眞有不需指導的員工也感到懷疑。他曾在1954年寫下這段話⑳：在未到安地哥 (Antioch) 大學以前，我相信一個領導者可以成功的在他的組織中當顧問。後來，不知不覺地，我希望能躲開那作困難決策的不愉快，或在很多不確定的情況中擔當某一行動的責任。例如做錯或是接受結果和事實。我想，如果我可以一種使人人喜歡我的方式來操作——良好的人羣關係——如此一來就可降低所有不協調和失望，也不會在過去發生那麼多的錯誤。因此，麥葛里果自己最後了解到直接領導的重要性。爲了使工作順利完成，團體成員可能會要求以某種結構來運作。然而，放任型結構的運作結果往往得不償失。

　　儘管放任式領導 (Laissez Faire Leadership Style) 有其缺點，

---

⑱　Filley and House, *op. cit.*, p. 403.

⑲　*Ibid.*, pp. 404-405.

⑳　Douglas McGregor, *Leadership and Motivation*, (Cambridge Mass: MIT Press 1966), p. 67.

然而在某些情況下還是相當管用。例如在一研究團體中有一羣管理者或工程師正從事對一問題的定義和診斷的工作，並試圖發展出可行的步驟來解決它。在這組織中的此一團體，唯一直接感受到的，就是老闆所設定的那些限制，於此種領導型態下，如果老闆參與決策過程，他將不會使用權威，而願意協助完成任何團體所作的決定。

在此情況下對決策過程的參與性比較大。但是管理者仍然要依其上司的期望負起責任，縱使這決定是以團體為基礎作成，他也必須承擔此委任部屬們所作成的決策，及可能發生的任何風險。縱使此組織結構鬆散，但是訊令的一致仍應存在於組織之中。

肆、李克特領導型態的連續帶

密西根大學社會科學研究院的李克特發展出一種包含四種領導型態的連續帶 (Likert's Continuum)[21] 與黎溫的分類很相似：它們分別是系統（一）——剝削獨裁 (Exploitative autocracy)，系統（二）——仁慈獨裁 (Benevolent autocracy)，系統（三）——諮商領導 (Consultative leadership)，系統（四）——團體參與領導 (Participative group leadership)。在圖例 16-2 中前兩個系統屬獨裁式領導的部分。系統（一）如同高壓領導，系統（二）同仁慈領導，系統（三）中團體成員在決策做成前受到諮商雖然他們沒有直接參與決策之製作。團體參與領導（系統（四））如同參與型領導。必須強調的是團體參與是參與達到決策的全部過程。部屬能自由的與其領導者討論事情，而領導者則以輔助方式對待部屬而不以擺架子方式對待他們。李克特主張整個機構應順著系統（四）加以設計，以一系列的重疊團體(Overlapping groups) 來進行工作。團體領導者則充當其團體與其他組織單位的一種連繫角色。

---

[21] Likert *op. cit.*

　　對於日前李克特結構中領導型態的測定是以組織成員對於他們在一系列規模上的管理評價來測定。這些項目如：激勵的力量、溝通的過程、信心、決策的程序、內部交互影響的程序、目標之設定、控制之過程上，以這些規模和四個系統相關性為基礎，在領導方式上，即可發展出——領導型態的輪廓。如前所述，系統(四)是較理想的一個李克特表示系統（四）與生產力之間有相關性。若管理者缺乏此一系統，那麼可以透過著重於團體參與領導的管理訓練方案加以改善。

　　一位有效管理者可從他們的激勵能力，逐其所為的能力和其員工的表現中得知。此外，他們也會與部屬分攤決策制訂、目標設立和工作單位的控制責任。有關研究證明，具有高等教育、經驗和專業傾向的個人，常具有較高管理效能的傾向。一般認為愈有效率的管理者，愈是傾向於參與式領導；而愈差的管理者，則愈傾向於獨裁式領導。

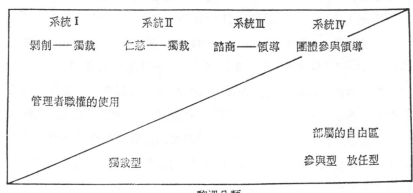

李 克 特 分 類

系統 I	系統 II	系統 III	系統 IV
剝削——獨裁	仁慈——獨裁	諮商——領導	團體參與領導

管理者職權的使用

部屬的自由區

獨裁型　　　　　　　　　參與型　放任型

黎溫分類

上司——中心 ————————→

領導　←———————— 部屬——中心
　　　　　　　　　　　　領導

圖例17-2　根據李克特（Likert）和黎溫（Lewin）之分類的領導行為連續帶。
資料來源：參閱 K. Likert, *The Human Organization* (N.Y.: McGraw-Hill Book Co., 1967) 一書。

第十八章　激　勵

對部屬的激勵，是影響領導成敗的一個重要因素。受到高度激勵的員工，可以使組織產生一片朝氣，創造新局面。

本章旨在探討人類的需求層次、激勵的要素，以及重要的激勵理論和方法。

第一節　人類之需求層次

所謂激勵，莫非意味能使員工的目標與組織的目標，趨於一致。因此，要作好激勵，首先要瞭解組織成員的目標是什麼? 他們的需要是什麼?

當然，每一成員皆各有其獨特的需求。本節並非討論個別的特定需求，而是要探討人類需求的特徵，就是所謂的「需求理論」。其中，以馬斯洛 (A. H. Maslow) 闡述得最為精闢。

依馬斯洛看法，人是"需要的動物"，隨時均有某些需要有待滿足。如某一需要已經獲得滿足，則此項需要便將不再能產生激勵; 他將有另一項需要，有待繼續滿足。馬斯洛認為人的各項需要，可以用"層級"(hierarchical)的方式來表示，必待較低層級的需求有滿足之後，人始能上升到另一個層級的需求上去。如圖例 **18-1** 所示，人的需要可劃分為生理的需求、安全的需求、社會的需求、自尊的需求，及自我實現的需求等五個層級，茲將之分述於後❶:

---

❶　參閱 R. M. Hodgetts 原著，許是祥譯，「企業管理」，中華企業管理發展中心印行，中華民國66年四版，pp. 345-353。

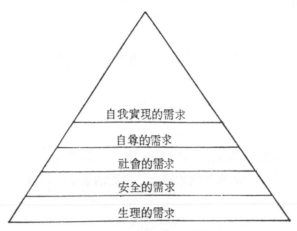

圖例18-1 馬斯洛的需求層級

資料來源: P. M. Hodgetts 原著，許是祥譯，「企業管理」，中華企管發展中
心，66年四版，p. 345。

壹、生理需求

需求的層級，以生理的需求爲基礎。生理的需求，爲支持生命之
所必需； 包括食衣住行等項。 一個人倘缺少了基本生活之必需品，
則生理需求將是他主要追求目標和激勵來源。馬斯洛曾說「一個人如
果同時缺少食物、安全、愛情，及生存價值等項，則其最爲強烈的渴
求，當推對食物的需要最爲股切。」

貳、安全需求

生理需求得到了基本的滿足之後，安全需求便接踵而至。其中最
迫切的安全需求，是不受「物理」危險的侵害，例如火災或意外事件
之類。

第二項安全需求，是經濟的安全。企業內多設置有各項員工福利
措施，例如意外保險、健康保險等項，卽是爲了滿足此項需求所作的

設計。

第三項安全需求，是希望能擁有一個有秩序、可預知的環境。有秩序、可預知的環境也是一種安全需求，也許有人不盡明瞭；但是如果我們想到人常常因工作變更而感受到威脅，或常常因擔心丟了飯碗而不敢對某一事表示意見，我們便能瞭解這確是一種安全需求了。

叁、社會需求

人的生理需求和安全需求得到了基本的滿足，社會需求繼之便將成為一項重要的激勵因素。人皆需要別人的接納、友誼和情誼。相對地，也都需要對別人付出其接納、友誼和情誼。人皆需要感受別人對他的需要。根據醫學上的研究，一個孩子假若任其自生自滅，完全沒有得到照料和撫育，必將不成為“人”。

肆、自尊的需求

人在生理需求，安全需求和社會需求均已獲得了最基本的滿足之後，自尊需求便成為最明顯的需要。所謂自尊需求，有雙重意義：當事人一方面必須自己感到自己的重要性，一方面也必須獲得他人的認可，以支持他自己的這種感受。他人的認可特別重要，如果不能獲得他人的認可，則當事人也許會覺得他自己是在孤芳自賞了。如果在他周圍，人人都明白地表示他確屬重要，他纔能由此產生自我價值、自信、聲望和力量的感受。

權力，也屬於一項自尊方面的需求。早在人的孩童時代，他便懂得哭鬧可以影響父母的行為，追求權力的行為便已經開始。當然，人在這一段孩童時代，自然少不了這一份“權力”，因為他沒有父母的幫助便毫無自助之力，因而他必須運用某項辦法來爭取父母的援手。等到後來長大成人，他有能力衞護自己，於是這項“權力動機”便轉

變成爲贏取他人的尊重和賞識。而在這一份自尊需求有了基本的滿足之後，自我實現的需求便接著出現。

伍、自我實現的需求

自我實現是什麼? 馬斯洛說是一種欲望: 是人希望能成就他「獨特性的自我」的欲望，是人希望能成就其本人所希望成就的欲望。在需求層級中，人希望能實現其潛力。他重視的是自我滿足，自我發展和創造力的發揮。

第二節　激勵之要素

主管可經由激勵措施來使部屬滿足其需求，而透過需求滿足則可引導部屬完成組織企期之行爲。

壹、生產力之爭

激勵的目標淵源於組織的目的。組織的領導者冀求生產力的極大化，也就是使投入（成本）後所得的產出（收益）達到最大。在許多企業，人力的有效運用是提高生產力的關鍵，而人力的有效運用乃取決於員工的激勵措施。因此，組織欲發揮其生產潛能，管理者必須是個有效的激勵者。

「效率」是管理的目標之一，但非唯一之目標。組織除了追求效率外，另一個目標是組織成員的工作滿足。有效的激勵措施必須使員工在工作上同時達成效率與工作滿足的目標。

貳、激勵系統

在激勵過程中涉及許多因素而影響到激勵措施的成敗。由於這些

因素彼此的交互作用，使得激勵作用變得比想像中還要複雜。如圖例 18-2 所示，激勵系統包括下列三要素：㈠個人㈡工作本身㈢工作環境。

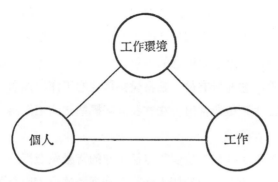

圖例18-2　激勵系統的要素

（一）個人

提到組織成員，不論是管理人員或非管理人員，彼此在智慧、能力、態度及需求上均存有差異。所以若認為在許多方面存在著顯著性差異的每個人對某特定激勵措施均有相同之反應，是個不合理的假設。

在激勵系統中，最重要的一個差異是每個人的需求不同。激勵訴求的強度決定於每個人的需求，而需求也因人而異。馬斯洛的需求層次理論，還假定各種需求本身不僅具有差異性，需求還有優先順序的層次性。

此外，如價值觀念與信仰的不同亦同樣會影響到激勵制度的運行。譬如，在衡量自己能否達成某特定目標的信心時，過去成功或失敗的經驗會使他（她）對於本身達成目標的能力產生樂觀或悲觀的看法。這種種差異自然而然會使許多激勵措施產生不同的反應。

部屬也會猜測當其達成目標後，管理階級是否會予以褒揚或獎勵。基於經驗，其部屬可能會認為上司向來不注意部屬的努力，反之亦可

能認爲上司會襃揚、感謝及獎勵任何對組織有建設性貢獻的努力。很
明顯地，這些期望的差異會影響激勵措施的下一步行動。

　　（二）工作

　　進行工作設計時，必須注意有關工作的必要條件與吸引條件的變
化。對某些人而言，高度例行性的工作變成單調、煩悶，而有挑戰性
的工作則被視爲是享受與得意的源泉。個人喜好加上工作設計決定工
作的吸引條件。並非所有員工都喜愛挑戰性的工作。然而，在激勵措
施中所遭遇的主要難題常出現在許多高度標準化的工作內。

　　（三）工作環境

　　第三類影響工作激勵的變數包括工作的背景與環境。工作環境在
很多方面顯得很重要。由於個人必須遵守團體的規定或企圖贏得同僚
的稱許，個人與工作團體或組織之成員所維持的關係，可能會影響個
人的工作表現。同樣地，主管的行爲與工作標準的訂定、製造程序的
規範與獎勵的分配管理亦有關係。

　　藉著個人、工作及工作環境三個要素的交互作用才能對組織的成
員產生激勵作用。

第三節　　主要激勵理論

　　除了第一節所介紹之馬斯洛需求層次理論之外，行爲科學家和管
理學者，不斷的從各個層面來研究激勵的問題，而發展出不少的激勵
理論。本節將擇其重要者，分予介紹。

壹、赫茲伯格 (Frederick Herzberg) 的兩因子激勵理論

　　一九五○年代後期，赫茲伯格和一羣匹茲堡心理研究所的研究人
員，曾經作過一項大規模的訪問研究，他們訪問了匹茲堡地區的十一

個工商機構的工程師和會計人員，請受訪人員列舉在工作中有些什麼使他們感到愉快滿足的項目，有些什麼使他們感到不滿的因素。在該項訪問中，赫茲伯格發現影響工作者態度有兩組因素：一種是有助於工作滿足，導致積極工作情緒的因素，稱爲激勵因子；一種是導致消極工作情緒和不滿意的因素，稱爲保健因子。

激勵因子包括成就、讚賞、工作之本身、責任感、上進心等。保健因子有良好的公司政策與管理、合情的督導、合理的薪給、和諧的員工關係和工作環境等。激勵因子主要是以工作爲中心，而保健因子主要是環繞著工作有關的事物，也就是工作環境。激勵因子本質上是存在於工作本身，保健因子本質上則屬於環境因素。

管理者若僅注意保健因子，縱能預防消極的工作情緒與不滿意，並不一定就足以激發員工對工作的承諾，使員工生產力增加。保健因子可防止因工作自限所造成的績效損失，但若欲使員工生產力提高，達成工作滿足與承諾，唯有加強激勵因子的耕耘。

貳、艾奇利斯（Agris）的成熟理論

艾奇利斯在耶魯大學，曾進行過一項有關工業組織的研究，研究管理型態與制度對於個人行爲及個人成長的影響。艾奇利斯將個人由嬰兒時期（不成熟）到成年時期（成熟）的變化，劃分成七種變化的型態。(1)嬰兒期的被動狀態（passive state）漸減，成人期的主動狀態（active state）漸增。(2)由嬰兒期的高度的倚賴性行爲，逐漸增加成人期的獨立性特徵。(3) 由少數幾種單純的行爲方式漸學會多種行爲方式。(4) 由只有偶發和淺薄的興趣，逐漸演成擁有深厚和強烈的興趣。(5) 嬰兒的時間觀念極短，幾乎只有"現在"的觀念，逐漸演變到成年的包括過去及未來的時間觀念。(6) 由附屬於他人的地位，演變成與他人同位或優於他人，成爲獨立的個體。(7)由缺乏自我意識，

演變到具有自我意識，進而能控制自我。

　　艾奇利斯指出，大部分的組織機構都將他們的員工視爲處於不成熟的狀態。例如組織中的職位說明、工作分配、任務專業化等等，只能使職位淪爲呆板、缺乏挑戰性，員工無從發揮其成熟的心態，反趨於被動。員工本來均各具對環境的控制力，但組織機構卻將他們的這份控制力減到最低。如此的作法與成熟人格的發展大相逕庭，結果形成了正式組織與成熟人格間的不協調。

叁、期望理論

　　期望理論亦爲激勵理論的一種，認爲在下列情況下，個人將能有高度績效：

1. 當事人認爲其本身的努力將可能產生高度績效時。
2. 當事人認爲高度績效將可能產生某項特定結果。
3. 當事人認爲該項結果對其本人具有積極渴欲之吸引力。

　　這個理論大抵上建立在「期望機率」與「期望結果」的關係上。「期望機率」（expectancy）包括個人感覺能完成某特定目標的機率（如，「我可以完成」或「這目標不可能實現」）與感覺於完成目標後所能得到獎勵的機率（如，「如果賣得夠多，我便可升級」）。而個人對某成果預期能得到的預估期望值稱爲該成果的價值（Value）。這個價值可能是來自該成果直接產生的滿足（例如工作進行中得到的快樂）或是由於認爲目前的成果可能會產生其他的成果（例如，工作會賺錢，有錢可以購買食物而滿足生理上的需求）。基本上價值與個人在該特定時間的主要的需求有密切關係，同一件「成果」，若需求強度降低，自然該成果的「價值」在他的主觀上自亦不若往昔。

　　因此，根據期望理論，激勵效果取決於期望機率與價值二者之加權。在某情況下，激勵的力量是某成果的期望機率與該成果價值相乘

的結果。

肆、公平理論

　　所謂公平理論，是由巴納德 (Bernard) 最早提出的概念所形成。巴納德認爲員工常會將他們從公司所得到的，與他們所付出的，兩相作一衡量。但公平理論較此項觀念更進了一步，員工不但會衡量他們本身的情況，而且還會衡量別人的情況。人之能否獲得激勵，不但因他們得到了什麼而定，還取決於他們看見別人或以爲別人得到了什麼而定。他們會跟別人作比較，比較他們自己和組織中別人的投入與報償，是否公允。還有一項值得注意的是，人在覺得自己得到的報償偏高的時候，往往會覺得不好意思而自動多做點工作（至少在起初一段時期如此）。但是久而久之，他會重新評估他的技術和環境，漸漸又覺得他確是應該拿那麼多的待遇，於是，產量便又回到過去的水準。這一點，正足以說明金錢至多只是一項短程的激勵因素，只不過是激勵過程中可以運用的許多工具之一。

第四節　　激勵之方法❷

　　一般而言，這方面的討論與激勵的觀念、一個人的特性、組成的因素與其隱含的假設有關。下面我們就從管理者可以利用的激勵工具與方法來探討激勵理論實際運用的情形。

壹、權威

　　論及激勵，管理者的權威是激勵部屬的一項因素。幾乎在各管理

---

❷　參閱郭崑謨著「企業管理──總系統導向」，華泰書局印行，1984, pp. 839-845。

職務上均存在有或多或少的權威。然而在運用權威時，常伴隨著懲罰的威脅——「好好工作，否則解僱。」

在某些場合下，權威是很有效的激勵工具。尊重上級權威的人往往對上級的指示自動有所反應。此外，若工作本身極為重要，則被炒魷魚的威脅將促使其發揮最高潛能。如果某人單靠這個工具來維持其家庭開支而沒有其他的工作機會時，喪失這份工作對其將是件嚴重的事。反過來說，當工會力量強化或工人稀少或工作機會很多時，權威就不再是那麼有效的激勵因子。

此外，把權威當激勵工具時，員工努力的程度不無問題。這種情況下，員工只會發揮最低的績效，而看不到他們傑出的表現。亦卽員工的表現只求免於被開革而已，而缺乏做好工作的誘因。

我們可很清楚地看到，在很多美國的企業中，權威的運用已不再是那麼有效。當生理層次的需求滿足之後，在激勵行為中，其他層次需求的滿足就相當重要。權威方式的運用與生理層次需求有關，它主要是威脅減低員工的薪水。因而，當員工還有其他的工作機會時，這個方式就有極嚴重之限制。許多員工甚至因而加入工會來保護自己。

權威還包括壓力的運用。當壓力過於強烈時，員工可能會有不良反應或反抗。而這些反應有時候不容易被發現。換句話說，部屬可能去除掉一些管理者所不願發生的行為；另外，也可能是壓力會帶來精神上不良的後果，譬如產生精神身體上的疾病。

「我們曾觀察一組工廠領班，他們在未得到管理方面支援的困境下，受到必須增加生產的強大壓力，有九個常分配到值日班，其中之一患有精神分裂症，另一個有嚴重的心臟病，這種病常因過度勞累而引起。 在其他七個人當中， 五個人也有嚴重的毛病而在大部分情況下卻查不出任何器官上的癥結。這個情況在一年十二個月裏頭都會發生。 而在同時期， 值夜班的人， 工作壓力減低， 健康情況幾乎都很

好。」❸

　　所以我們知道在強烈的權威領導型態，就長期而言，實具有破壞性。儘管短期上略具功效，這股壓力會導致組織的解體。

貳、金錢誘因

　　從某種意義上而言，權威的使用亦附帶著金錢上的誘因。失去一份工作意味著失去這份工作的報酬。金錢亦可為正面的激勵因子。管理者可以強調金錢上的報酬，員工可以因產量的增加與優異的績效而得到較高的報酬。

　　在企業界盛行的許多財務激勵計畫就是這個構想的運用。泰勒（Frederick W. Taylor)和其他科學管理的先驅者就鼓吹計件式的工資報酬制度。最近幾年來，更注意到集體激勵，較著名的如 "史堪隆計畫" (Scanlon Plan)❹。許多公司還引進了利潤分享制度。最近幾年，利潤分享更成為集體談判的議題，而納入於主要的合約內。

　　對於行政階級的人員，可採用股票選購權或分紅計畫等提供大幅財務獎勵的激勵措施。經理賺取的紅利往往高過他的本薪。這幾年來，通用汽車公司付給支薪員工的紅利平均每年超過一億美元，這種大幅度的支出顯示企業重視財務上激勵措施之一斑。

　　毫無疑問地，大部分的部屬可從財務獎助上得到若干激勵。有個重要的問題關係到這激勵方法的成效。在設計激勵計畫的時候，科學管理者假設員工會追求經濟收益的極大化。當然這種「經濟人」(economic man) 的極端觀念已不合時宜。然而，儘管這個理論已不為人

❸　George Strauss and Leonard R. Saylea, *Personnel: The Human Problem of Management*; 3rd ed. (Englewood Cliff N. J.: Prentice-Hall, Inc., 1972), p. 123.

❹　參閱 H. K. Vonkaas, *Making Wage Incentives Work*, (New York: American Management Association, 1971) 一書。

接受，管理者通常還把它當成是一項規則。

　　「工程師起初拒絕經濟人而最後卻也接納了。他起初認為金錢並非高於一切，而針對其他影響員工的因素。但是稍後他又由於這些因素的彼此抵銷或由於效果無法衡量而又捨棄。」❺

　　金錢並無法完全滿足各層次的需求。金錢上的報酬與生理上和安全上等較低層次的需求有著密切的關聯。當然，金錢對於較高層次需求的滿足也有某種程度的幫助。譬如，薪水除了可藉以取得財貨與勞務之外，它亦是種地位的表徵。然而，金錢上的報酬充其量僅可部分滿足社會及自我滿足的需求。

　　許多研究顯示金錢上的誘因有著許多缺點。儘管偶爾在有些例子中，金錢的激勵有很大的功效，但有些情況則不然。事實上，通常亦會產生不良的後果。工人常認定一個非正式的工作配額，便其生產量不超過每日正常的工作量，下面某工廠工人的說詞顯示了典型的工作配額限制的型態：

　　「從我在工廠的第一天到最後一天，我就為有關降低價格的警告和預期所苦。主要的壓力來自和我使用同一部機器的日間班工人穆查，他和我共用工作記錄 (job repertoire)，對於我的生產量密切注意。就在十一月十四日——我首次達到工作配額的那一天，穆查建議說：『不要讓每小時工作量超過 $1.25，否則那些做時間研究的人就會馬上來這裏。同時也別浪費時間，他們隨時注意你的生產量。我進度超前，所以有一、兩個小時的緩衝時間。』穆查告訴我昨天工作量達 $10.01，他警告我每小時工作量不要超過$1.25。他又告訴我要計算好每次作業的步驟及時間，才不會使任何一天的總工作量超過$10.25。」❻

❺　參閱 Lincoln, *James F. Lincoln's Incentive System*(New York: McGraw-Hill Book Company, 1946) 一書。

❻　William Forte Whyte, ed al., *Money and Motivation* (New York: Harper & Row, Publishers, 1955), p. 6.

建立單位時間費率往往會造成工人與管理階層間的彼此鬥智，在這種體制下往往會產生衝突與敵意。

有了這種金錢激勵計畫的經驗以及對於產業的社會結構的進一步瞭解，可以發覺金錢激勵措施的甚多缺點。對員工而言，金錢並非唯一的重要因素。實施此種計畫最大的錯誤是在高估其重要的程度。把金錢激勵當成是員工唯一的目標是一種錯誤。在很多場合，它甚至談不上是種激勵因素。

叁、競爭

以競爭為激勵工具與金錢的誘因息息相關。以個人的表現決定是否晉陞更高的職位與薪水，即利用考績制度，員工會彼此競爭以爭取晉陞。

但這方法有若干缺點。在某些地區，尤其是加入工會的工廠裏，決定員工晉陞的基礎是年資而非考績。有效運用競爭工具的先決條件是必須有完善的績效評估方法，而這卻往往是最難的。此外，過度競爭對組織會有不良的影響，尤其在亟須團隊合作的場合裏。

肆、家長式作風

另外一個激勵的工具是採用家長式作風，亦即對員工表示寬厚的作風，為員工謀福利，而寄望博取員工的忠誠，提高績效與熱心。本世紀初期有許多公司遵循此原則來處理與員工的關係，其中包括有名的企業家赫協(William Hershey)與亨利福特一世 (Henry Ford I)。家長式作風可能是整個公司的特色，也可能僅為個別的管理者所採行。

採家長式作風的主管希望員工產生有利的反應，而在員工不領情時，卻難免一番失望。糟糕的是家長式作風不見得都會產生預期效

果，有時候還帶來反作用，產生厭惡而非忠誠之心。一些激烈的罷工，曾發生在那些主管自認為善待員工的工廠。

家長式作風的激勵方式有許多缺點。首先，這方式假定主管比較優越而曉得員工最需要什麼。這種優越感往往冒犯了大部分的員工，違反了他們獨立的慾望。此外，這些利益在經過一段時間後會逐漸失去其吸引力。例如，聖誕節紅利發了許多年之後，員工已自然地產生預期心理。

伍、私下協商

一種主管所使用的激勵形式被形容是私下協商。它並不是那種管理階層與工會間的正式協商。利用私下協商，管理者和其部屬可以建立非正式的彼此諒解。它毋需雙方明白表示，而是建立在由上司擬議或其所能忍受的行為模式上。

私下協商包含雙方互惠的態度，主管能容忍員工某些行為或某種程度的工作績效，而員工以某種能為主管接受的工作態度來回報。舉個例來說，主管可以對工廠的規則採較寬容的解釋，如主管在員工遲到或缺席後，能包容其藉口，或在員工有輕微失禮時，裝做視而不見。而員工一改過去的抱怨與牢騷，以高於平均水準的產量來報答。

從下面這段工人的談話可瞭解工人眼中協商的性質：

「我們的政策是彼此互惠。我們提供給領班合理的產量，而他避免讓時間研究的人員試圖提高我們的生產速度，及暗中容許我們抽煙。我們彼此把風。」

陸、工作帶來的需求滿足

前述幾種激勵的方法均把工作視為不愉快或本身缺乏價值，員工因而必須得到若干形式的報償。在另外一種激勵方法中，對於工作有

不同的看法，希望能經由工作來滿足員工的需求。這一學說不認為工作很辛苦，而認為它可潛在地讓人滿足及認為值得。

在這個激勵方法下，須考慮員工所有的需求，不僅是金錢上的需求，還有社會及自利的需求。也就是要試圖創造一種能滿足上述各項需求的環境。惟一般認為，由於工業技術本身的性質，將使上述目標難以達成，甚至在某些工作中不可能會達成。

欲滿足員工自利的需求，則須強調工作本身的重要性。即使某一份工作所須的技術成份較低，它可能在整體操作系統中占一重要的地位。此外，某些工作可經由工作擴大化或其他方面的改善而使其變得更吸引人，就此而論，領導的型態也很重要。在一個較民主的監督環境下，社會性需求的滿足較容易實現，也較容易產生友誼及團隊精神。

毫無疑問地，管理者在運用此種激勵工具的時候需要若干技術，它不像其他的激勵工具那樣容易運用。然而，它具有一種可以刺激員工表現優於平均水準的潛在利益。另外，除了對助長組織的效率有貢獻之外，它還有增進員工快樂與滿足之潛在利益。

柒、目標管理

一種近年來頗受注目，尤其適用於管理人事的激勵方法為目標管理 (MBO)。我們知道組織目標可以再分類而構成目標的階層，就在把這些目標再細分為特定目標的最後一步，每個人終必明示他（她）自己的目標。個人的目標以愈特定及適當的用語加以表示，然後與主管共同議定後加以確立。圖例 18-3 中，顯示個人的行動計畫，由制定、履行到監督的一連串過程。

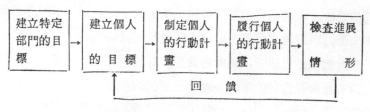

圖例 18-3　目標管理程序

　　讓個人積極參與設定自己的目標和行動計畫及自己控制個人計畫的履行實乃目標管理計畫的特色，這種特色更加強了激勵的效果。這種方式所設定的目標不是片面決定的，這也反映了與現實的妥協。如此一來，個人工作績效就可與原設定目標相互比較，能做客觀的評估。

　　目標管理可運用來使工作（卽使是管理工作）豐富化，而使得工作更富挑戰性，而使員工得到實質上的滿足。

第十九章　溝　　通

　　領導的最高境界，應是經由他人的努力，而將任務達成。好的管理者，並非事必躬親，而應是激勵組織成員，使之爲組織目標而盡力。

　　良好及有效的溝通，是領導者必備的能力。苟下情無法上達，上情無由下傳，根本就談不上激勵與領導，更遑論組織任務的達成。

　　由此可見，溝通的重要性。茲特闢專章，來討論溝通的一些重要問題。包括溝通的涵義與程序、溝通與組織結構、溝通的媒介與障礙，以及有效溝通的原則。

第一節　溝通之意義與程序

　　「溝通」這兩個字，幾乎在日常生活中，每天都會說上幾遍。可是，眞要追問，溝通到底有什麼涵義? 有什麼特性? 一時之間，還不很容易回答。

　　根據比支氏（Beach）的定義❶，如果僅僅是把所要表達的意思，用文字、語言或其他媒介表現出來，還不能算是完整的溝通程序。因爲對方可能根本沒有察覺到這種表示，或對方可能完全誤解了他的表示。溝通必須要包括接收訊息的一方，以及接收訊息者實際知覺到的訊息在內。

---

❶　Beach Personnel: *The Management of People at Work*. 2nd (ed.) (N.Y.: MacMillan Book Co.,), p. 581.

在溝通的程序中，首先由一位"發訊人"作出"訊息"，傳遞給一位"受訊人"，受訊人收到訊息後，將之"譯解"(interpret)，再行採取行動。由此可知，溝通實含有四大步驟，茲略述如下。

（一）注意 (attention)——受訊人傾聽溝通的訊息，要做到這一步，首須克服受訊人心有旁騖的現象。舉例來說，受訊人也許心裏想著的是裝配線上還有三項急要問題尚待解決，這時發訊人首先必須設法讓這位受訊人將他的三項急務擱在一旁，注意聽其訊息。

（二）瞭解 (understanding)——所謂瞭解，是指受訊人能够掌握訊息中所含的要義。許多發訊人往往發現他們的溝通在這一階段受到了阻礙，便是由於受訊人沒有眞正瞭解他所收到的訊息的緣故。

（三）接受 (acceptance)——指受訊人願意遵循訊息中的要求。在這一個階段中，發訊人必須將他們的概念向對方"推銷"。

（四）行動 (action)——所謂行動，是指溝通事項的執行。發訊人在這一階段必須注意受訊人是否按照訊息，採取行動，而完成任務。

溝通的程序，可藉圖例 **19-1** 示意於下。

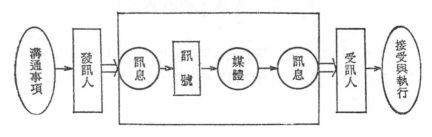

圖例 **19-1** 溝通之程序

第二節　溝通與組織結構

在組織中，任何人與二人或更多人有關的活動，都少不了溝通一

事。從溝通的活動與組織結構的關係來看，溝通可分爲正式的和非正式的兩種❷。

（一）正式的溝通

1. 上司對屬下的溝通 (downward communication)：管理者對屬下員工的溝通，雖然有許多方式可行，但大多數都是用命令行事。譬如說員工必須聽從上司對工作上的指示、政策，以及各種規則和程序。政策是公司的指導原則，由高階層管理者所決定；規則和程序則是實行政策所遵行的步驟、方法或慣例。

溝通的媒體很多，一般組織所常採用者有，定期內部通訊、各類員工集會、業務會報、小手冊、備忘錄、員工手册、公開告示等等。一般來說，溝通消息時，大都用文字或口頭的方法。但口頭的提出，被認爲是二者中效果比較好的方法。假如允許或鼓勵屬下表示意見的話，口頭報告更可能增加溝通的有效性。對員工來說，當問題發生時，口頭陳述比較能有效溝通彼此的意見。至於例行公事，則多以書面爲之。

上司與屬下觀念不能有效溝通，時有所聞。其原因主要爲：①對組織目標缺乏正確的認識。②不了解溝通的重要性。③對不恰當的溝通技巧，沒有加以注意。④定期召開會議時，未把握議題重點。⑤平日未給予主管級人員溝通技巧之訓練。

2. 屬下對上司的溝通 (upward communication)：屬下與上司的溝通，主要內容不外乎屬下的意見與建議、他們的工作情形，或關於一些抱怨和不滿的向上陳述。事實上當屬下向上級反應時，縱使願表達意見，已因拘束惶恐不能盡意甚而不確實。通常，大部分的屬下，都不太願意將工作上所遭遇到的困難，完全告訴上級。上下溝通之體系包括上行及下行，可如圖例 19-2 所示。

❷ 李裕寬著「組織行爲學」，正中書局，民國72年，pp. 164-167。

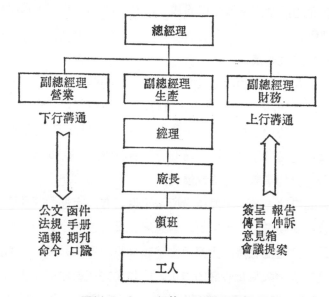

圖例 19-2   正規的上下溝通體系

資料來源：李裕寬著「組織行為學」，正中書局，民國72年印行，p. 166。

改進屬下對上司溝通的有效方法，須從上司與屬下的關係著手，要使屬下感覺到不因表明意見而會遭受到處罰。研究指出：許多員工相信，如果把自己的意見立刻報告上司，將會為自己帶來麻煩，對自己不利。這是上下溝通的一大諷刺，但也是努力之方向。

3. 同事間的溝通 (horizontal communication)：同事之間的溝通是組織中平等地位的同事間意見交換。其主要功能，可使同事間彼此合作，能自由地交換意見而解決問題。

（二）非正式的溝通

公司的各階層常存有非正式的小羣體，這些小羣體，對公司非常重要，雖然非正式的溝通，與公司關係表面看來不大，只不過是朋友之間的關係，但是個人能在這羣體中和諧相處，得到滿足，對公司的幫助和影響卻是很大。

非正式的溝通俗稱爲耳語 (grapevine)。管理者應把耳語看成是組織中滿足溝通需要的一種方法，而不應一味排斥。管理者若能發掘這些非正式的組織的耳語，而善加利導，對達到組織的目標反將大有幫助。耳語存在於非正式組織中，必有其存在的原因：①人們最常談論的是當前的傳聞。②人們願談論的是關於能影響他們本身的事。③人們願談論關於他們認識的人。④工作上彼此接近的人比較喜歡談論同樣的傳聞。⑤在工作程序上彼此有接觸的人喜歡談論同樣有關連的傳聞。

第三節　溝通之媒介與障礙

壹、溝通的媒體

溝通媒體之種類甚多，受用較廣者有下列數種。

一、面對面的溝通

面對面用交談的方式來溝通思想，比文字書寫來得快，也能立刻得到反應，交談者可以從神情上判斷對方，是否了解和同意，或者他尚有反駁意思。

面對面溝通，最常見的方式，便是聚會或開會。幾個人聚在一起，交換意見和觀念，討論問題，比較省時。因爲不須分別向每個人解釋每一件事。可是，如果會議主席只是安排議程，卻沒有人負責決策之擬訂，這樣的會議便缺少權威，最後必無結論。如果會議有個指定的負責人並定期召開，而且討論議題有一定的範圍和限制，會議中較能引發問題的意見交換，這種會議就有效果。領導者的知識、經驗和能力，對討論過程非常重要，領導者是討論中的指導，不應以主人自居。領導者參加會議之前，必須了解問題的全部，準備開會所需資料。會議中，裁決不要有偏差，應讓問題之討論有彈性，而且深忌會

而不議，議而不決，一無結果。由此可知，用語言來溝通思想，也必須事先有詳細的策劃，否則也達不到預期的效果。

二、文字的溝通

企業組織中常用各種文字傳播作為溝通的媒介。譬如當公司有些常用資料要通知員工，通常多用手册方式，手册中所用的文字應該清晰簡潔，但手册不具權威、不注意形式、無控制性，而又為各階層所樂用。手册只限於說明技術過程和設備及解釋操作原理，以及提供操作步驟。

貳、溝通的障礙❸

在企業機構中，當然不可能存有完全無礙的溝通制度。為了要使組織凝結一體，意見的溝通，必須有人引導其方向。麥氏 (McFarl-and) 在他所著管理 (Management: Principles and Practices) 一書中說：溝通的「主要的障礙由於：不健全的目標、組織的鬆弛、語意的誤解，和人際關係的便塞。」有時許多眞正的困難，是領導者本身有問題，譬如個人背景的不同、經驗和動機的不同，都能造成溝通上的障礙。

組織的鬆弛常發生在組織階層的本身，不同的階級是造成誤會的來源。監督者就其職位而論，對某些事情的敎諭，是他的責任，但屬下認為他是在要權威。有時為幫助屬下，會給員工一個緩和口氣的批評，但員工卻誤認為是申戒。結果是階層高低相差愈大，誤會更多。

最常見的一種溝通上的障礙，起自於主管的專橫。他封殺了上情下達的管道，阻礙了意見的申具。這種情形大都由專橫主管之態度而造成，身為一個組織領導者按理應先多聽屬下意見，再分辨其間之可行與不可行，然後再下決策。但專橫無修養的主管往往個性急躁，不

❸ 同註❷, pp. 169-172。

聽屬下陳述完畢，便官腔十足地，厲言厲色斥責部屬之論事不當或議事不明。部屬原本一番熱心好意，滿以爲藉此見解可以蒙獲賞識嘉勉，孰料竟挨了一棍。於是一傳十，十傳百，人人皆引以爲殷鑑，知所警惕。從此屬下緘默其口，不敢再言。不僅這位受斥責之屬員不再對主管作任何建議陳述，卽其他同僚聽到此事後，也都要明哲保身了，從此多一事不如少一事，感到何必去平白接受斥責？這麼一來，這位主管便從此阻斷一切的溝通，無人願意進言了。李裕寬教授在其組織行爲學一書中曾引述一例證頗值參考，茲將之摘錄於后❹：

有某一機構，主管性子非常急躁。他爲了差旅費的增加，曾向上級主計部門爭取一百五十萬元，以便同仁爲業務出差辦事。可是，在這個期間，差旅費的發放是依各科室組的業務繁簡，撥給各科室組自行處理，各科室組主管爲了本單位領導上和衷共濟的氣氛，對藉故出差之徒亦不便查的很清楚，因爲出差旣可領到差費，復可紓解胸懷，藉機到處遊玩一番，再說坐在辦公室內案卷滿桌有勞形傷神之苦；但負責的屬員當然並非必要出差，亦不願出差，因內部案件積壓起來，到終了還須自己要辦，一個月最多也不過出差五、六天。可是狡獪生性油條的科員，便沒有這種觀念，他是日日在差費上打主意，每月報領的差費竟敢超過他的全薪津貼一倍，只要能夠有理由的出差都要去，以便博取差費，連可以打電話解決的案，也非親自走二、三天不可，如果每月准報卅二天差勤時，他也絕不怕那多出的一天。

機關裏規定任何職員的職務出差時都有人代理，所以好藉出差領旅費的人自可把煩累的公文交給代理人，可是代理人也有自己的業務，那裏會勻出時間代理？卽願代理，尚有些權責的擔當亦不便代辦，必須等出差人返後才可知其底蘊再辦。如此以來，豈不積壓了公文案件之時效嗎？諸如此類事件，形成機關裏「公文睡覺」習性，並且造成

❹ 同註❸。

「差費分贓」的惡習，影響工作勞逸不均的抱怨。

　　一個組織內有了勞逸不均，頑劣倖進必會傷士氣，尤其工作效率之退化，影響一個組織前進最甚。當幕僚長的洞悉了這種癥結，並深悉此種癥結之原因完全來自差旅費在作祟，他除了另訂差旅規定外，並親自向他的首長報告。也許是這位幕僚長不善言辭，或許是這位首長太為性急，致把幕僚長的一番善意完全否定，當幕僚長向首長報告時，他首先說了：「鈞長苦心為本部爭取了一百五十萬差旅費，旨在便利本部對各外區單位之協調方便，可是相反地，差費越多，同仁出外不在部內辦公的日子亦越多，以致公文大形積壓，工作效率遞減……」等語，他那專橫的主管不等他把話說完便大聲咆哮起來：「我為本部爭取旅費，難道錯在本人？」

　　從此以後，那位幕僚長凡事都保持緘默了，由上面這段個案，我們可知溝通受阻礙的一般。

　　另外在溝通上尚有用辭用字的斟酌，因為每一個字可能有許多隱含意思，聽者必須確實了解其真正的意義，特別是聽者有時以自己的觀念、角度、經歷、情緒來體會所聽的語言，而誤解別人的意思，再說聽者的個性，有時也會促成語言溝通的障礙。

　　管理者與員工之間意識溝通的關係，有時受心理與身體障礙的影響，而完全阻塞。通常人與人之間的觀點稍或不同，不致阻塞所有的溝通。但此觀點表達時卻像漏斗一樣，只過濾了一部分的意見，而真正不同的觀點卻被隱瞞不顯，於是許多不能溝通的意見所引起的誤會，反而掩蓋了鼓勵性，且形成衝動、不安，不能做有效的溝通。這種不完全的溝通，必將形成對組織的不利，如果能將障礙根本消除，使管理者與員工間能流暢溝通、互助互信，那麼他們定能有效的合作無間。

　　管理者所使用的方法如計畫、組織、任用、指揮、控制等，在於

能讓工作者由了解而接受，由接受而熟練，以提高最高的生產率，其關鍵就在管理者與工作團體間的完全溝通。

溝通是傳達有意義的消息，傳達的方法有許多種，如書面、語言或沈默，而且涉及到不用語言而能表達意見的，如面部表情、身體移動或動作等。許多研究顯示，管理者一天工作中大部分的時間，都是用說、聽、寫和閱讀的方法，與員工做溝通的工作。

第四節　有效的溝通

改善溝通有許多辦法。其中某些辦法，是爲了改善經理人對訊息的傳送的；另一些辦法，則是爲了使經理人獲得溝通的回饋的。這些辦法都很重要，蓋因經理人既需要知道受訊人是否瞭解和接受，以及是否願意行動；也需要知道受訊人執行他的指令有些怎樣的成功。以下是若干項有效溝通最常用的技術[❺]。

壹、感受性的培養

經理人改善其溝通，首要的一項，是應該培養其對部屬需要的感受性 (sensitivity)。雖然說許多經理人都自以爲他們够敏感，但是根據研究的結果，這話並不盡然。他們頗不如他們想像的那樣能瞭解一切，也頗不如他們想像的那樣敏感。如果經理人能認清這一點，他就該馬上開始培養他們的感受性了。

另一種辦法，是運用所謂"雙向溝通"(two-way communication)。所謂雙方溝通，是讓他們的部屬能有公然地和坦然地說話的機會，以

---

❺ 取材自 Richard Hodgetts 原著，許是祥譯，*Management: Theory, Process & Practice*，中華企管中心，民國 66 年四版印行，pp. 332-339。

使經理人得以確切建立一種正確的資訊上達。然而，不幸的是大多數人都不願意聽到不利的報告； 因此， 部屬的話便往往先做了一番過濾。有些執行人願意克服此一阻力，因此他們告訴他們的部屬說： 他們要的是正確的報告， 要的是報喜也報憂。 假如經理人眞的誠心如此，那麼所謂自下而上的溝通便不會成爲一項問題。可是，如果經理人聽到了壞消息，便發怒了，便不愉快，部屬便將又重新修正他們的報告，將一切不利的資訊從報告中淸除。組織的層級越高，這一現象之對組織的危害也越大。舉例來說，德國的希特勒 (Hitler)，便是由於他不能獲得正確的回饋而失敗。

貳、運用易懂的語言及複述的語言

運用各種技術名詞，運用文綴綴的美麗詞句，固然可以令人怦然心動，可是那也是叫人頭痛的。因之，經理人必須記住使用人人能懂的語言。領班對他生產線上的職工說話，必須適當地選用他的詞句。同樣地， 執行人對他的董事會提出報告， 也必須適當地選用他的詞句。 有效的溝通， 雖常因受訊人之異而異， 但其必須爲明確易懂則一。有效的辦法，是運用“複述語言” (repetitive language)。有時候一項訊息，第一次不能爲人完全掌握；複述一次便能爲人瞭解。此外還有另一個辦法，是漸進式的傳送資訊，以求一步一步確立訊息的要義。對於技術資料或精密資料的傳送，尤見確有必要。

叁、信任度的維繫

“信任度”，是有效管理的準則之一。經理人與他的部屬溝通，他的部屬之所以聽他的話， 之所以服從他， 乃是因爲他的才華、 衝勁和績效等等， 在在均表示他足以值得部屬的信任。 而且， 聰明的經理人同時也必知道他不但必須取得信任，還必須能夠維繫部屬對他

的信任。然而每次他發布一項指令的時候，他的信任度都將有受到損害的可能。

肆、不良聆聽習慣的避免

在經理人的一天當中，其用於溝通的時間，平均約佔百分之七十。尼柯斯 (Ralph G. Nichols) 曾經作過一項研究，將經理人的溝通作一分析，估計其用於撰寫者約佔百分之九；其用於閱讀者約佔百分之十六；其用於言談者約佔百分之三十；而用於聆聽者，則高達約百分之四十五。可是，經理人的聆聽時間雖多，卻不能算是一位"好聽眾"。據尼柯斯的估計，人在聆聽一段十分鐘的談話時，大約只有百分之二十五的效率。這眞是一項極大的不幸，因爲一位經理之所以能獲得評估其部屬的人格的資料，主要便是靠了聆聽部屬的談話。

第二十章 「溝通」與「協調」之嶄新層面

第一節 溝通與協調之特殊涵義及重要性

壹、溝通與協調之特殊涵義——管理之「觸媒劑」

溝通與協調，實為一體之兩面，亦即以溝通為「體」，協調為「用」，在生活領域裏，使一個人的觀念、看法、態度、意見以及行為，為他人所瞭解以至接受的種種活動。溝通所得到的協調效果，反映於一個人的理念與作法被他人從「瞭解」到「接受」。因此溝通與協調，正意味著人羣關係之「觸媒劑」。為人羣關係、組織活動之重要功能之一。

貳、溝通與協調之重要性

一如上述，溝通與協調，為人羣關係之「觸媒」，為組織靈活運作上重要功能之一，適時及有效的溝通與協調，是推動組織活動必備之要件。苟下情無法上達，上情無由下傳，根本談不上組織內員工之激勵與工作效率之提高，更遑論組織任務之達成。尤有甚者，組織運作管制之最有效方法為「寓管制於溝通與協調」。要提高工作效率，必須做好溝通與協調，達成組織成員之「相互信賴」及熱心支持。由此可見溝通與協調所扮演角色之重要性。

第二節 溝通與協調之要素與種類

壹、溝通與協調之要素

溝通與協調的要素，可分溝通協調之目標、人與事，溝通之程序，以及溝通協調媒體等三大類。

一、目標、人與事

溝通協調目標之合理性，直接關係溝通協調之成效。再者，溝通協調之主體爲人與事。由於個人之心理及生理狀態之差異，觀念、態度、意見等等因人而異❶；但事物、現象不因人而異　，但可因「改變」而影響人對事物或現象之態度與作法。譬如員工抱怨福利制度，則只要改善福利制度，便可改變員工對公司看法與態度。

人之觀念與作法，雖在「事物」與現象尚沒有改變之情況下，甚難改變，但往往會受他人之影響，尤其「意見領首」、主管，以及其他「利益羣體」。是故，溝通與協調，往往涉及第三人或第三羣體。

二、溝通協調程序

在溝通協調過程中，首由「發訊人」作出「訊息」，藉由溝通協調媒體，傳給「受訊人」。受訊人收受訊息後，需經過譯解後再採取行動——對傳遞事項之執行。可見溝通協調程序中有下列數種要素，影響溝通協調之效率。

(1) 受訊人之注意力：務使受訊人集中注意力接受訊息。

(2) 信息之明確：務使所要溝通協調之內容明確容易了解❷。

(3) 信息之推銷：盡量使信息富有吸引力。

---

❶ 郭崑謨著「企業組織與管理」，修訂初版（臺北市：三民書局，民國七十八年九月印行），p. 402。

❷ Herta A. Murphy & Charles E. Peck, *Effective Business Communication* (Washington: Grolier Incorporated, 1980), pp. 16-18.

(4) 信息事項之回饋: 務使受授信息兩方有迅速明確表明 「行動」之環境與機會。

三、溝通協調之媒體

溝通協調的媒體甚多。一般常被採用者有:

(1) 內部通訊: 定期與不定期刊物

(2) 員工手冊: 工作手冊,生活手冊

(3) 公開告示: 公佈、簡示

(4) 業務會報: 定期與不定期會報

(5) 員工集會: 例行及臨時集會

(6) 內部公文: 具特定對象及程序之公文

(7) 電訊: 包括電話、電傳、電腦等

貳、溝通與協調之種類

從組織運作之觀點著論, 由於任何組織都可能有「正式組織」與「非正式組織」❸之存在, 溝通協調之型態亦有正式溝通協調與非正式溝通與協調。兩者均同樣重要。

一、正式溝通協調

依組織權責體系 (或路線) 作溝通與協調, 必須遵守組織之層級原則及其權責歸屬, 此種溝通協調, 往往比較「費時」, 但倘能擴大其參與範圍及取得參與人員之充分瞭解接受, 便可克服正式溝通協調之缺乏彈性與費時費日之缺失。在做正式溝通協調時宜掌握該系統效率之優點, 盡速過濾過於繁冗之溝通訊息, 排除溝通之阻滯。在下列之三個廣泛目標上, 正式溝通與協調可收著效。

・組織決策與指示之傳達

---

❸ 郭崑謨著「管理學」,(臺北市: 華泰書局, 民國七十五年元月印行) pp. 403-420。

　　・員工建議、報告、反應之上達

　　・組織目標之廣泛傳達

　　（一）上對下溝通與協調

　　正式溝通協調有上對下溝通協調以及下對上之溝通協調。上對下溝通協調， 通常要達成：（1）協助達成員工對組織目標之認識與執行；（2）增強員工之合作意願；（3）使員工瞭解並支持組織之各種為達成目標而作之決策；（4）提高員工對工作之榮譽感。

　　上對下溝通之事項，一般而言包括：

　　・員工職務事項：如工作規範、方法等等

　　・與員工職務有關之配合事項：如部門間之配合

　　・組織相關事項之改變情況：政策之改變、環境之改變、主要人　員及職責之更動等等。

　　上對下觀念之不能有效溝通，主要原因不外乎：對組織目標之缺乏認識，不重視溝通協調之重要性，溝通協調時，未掌握重點，以及忽略溝通協調技巧之訓練等等。

　　（二）下對上溝通與協調

　　一般而言，下對上溝通協調，較之上對下溝通，未被重視。殊不知下對上溝通協調倘未能作好，將會使得員工之智慧未能匯成力量貢獻組織，同時亦將阻礙上對下溝通與效果。倘能加強下對上溝通與協調， 必然可產生下述功效：

　　・提高員工接受組織決策之意願

　　・加強員工之自信心、自尊心，提高員工之責任感

　　・增加員工之研究發展興趣，加強創意之努力

　　・減少員工之誤會，增加向心力

　　下對上溝通與協調之內容應涵蓋： 意見與建議 、 工作情況之陳述、員工對組織情況之了解、員工間之問題、員工訴願。

下對上溝通協調之不能著效原因雖多，但重要者不外乎：上級主管之不開放態度及作風，以及員工溝通協調技巧之欠佳所使然。

（三）同事間溝通與協調

同事間之意見交換，係屬於「平行」溝通與協調行爲。此種溝通與協調可促進同事間之合作，使問題易於解決，宜加以支援與鼓勵。

二、非正式溝通協調

每一正式組織，由於成員間之實際價值觀、規範、社會關係，以及實際羣體生活上之需要，都避免不了小羣體，甚或與組織可相比擬之羣體，此種羣體，有其獨自的活動規範，謂之非正式組織。此種羣體和諧相處，得到滿足，對正式組織，若善加運用，必然產生正面助力。非正式組織之例爲球友羣體、酒友羣體、牌友羣體、閒談羣體等等不一而足。

非正式羣體傳言甚快，可毫無拘束地在任何地方、任何時間、任何情況下傳佈信息，「縱橫」組織間無形中產生甚大影響力。主管人員，不但不宜一味排斥此種非正式組織之「溝通協調」功能，更應善加利導。非正式溝通具有下列重要功能：

- ・可藉資傳遞正式溝通所無法有效溝通信息，諸如員工之情緒變化所需因應事項。
- ・主管政策之下達，可藉非正式溝通「平易化」。
- ・減輕主管正式溝通之工作負荷。

話雖如此，非正式溝通，往往偏向於「私目標」之達成。因此「公目標」之下達宜確切深入羣體之根基，使「私目標」不致壓過「公目標」。尤有者，非正式溝通與協調往往會誤導羣體因而造成混亂局面，甚或造成派系，故宜善加防備。

第三節　溝通與協調的障礙

溝通協調所可能產生之障礙，可從溝通協調的要素上加以說明。

壹、目標、人與事等導致之障礙

目標的不一致、目標之模糊、主管之專橫態度、員工的偏見、個人背景之異同、事物說明之欠明確、當事者心理抗拒等等均可使溝通協調之效率大為降低。

貳、溝通協調程序欠佳導致之障礙

溝通協調之發訊未能引發受信者之充分注意、完整的訊息未被適時、適量送出、傳送時受到曲解、溝通協調的程序過於繁複（亦即溝通網的結構複雜）致使同一事項的溝通次數頓形增加，易於造成傳遞信息之變質等，都可使溝通協調之效率降低。

叁、選用媒體不當所造成之障礙

內容複雜事項之溝通以及比較重要事項之溝通，不宜以口頭方式溝通協調，蓋若如此，易於遺漏與疏忽整體之全景。地位相差懸殊時，溝通事項，若以業務會報方式進行則易由於兩方情緒及心理壓力，使地位較低者不易暢所欲言，易產生溝通不充分現象。由此可見，媒體之選用宜顧及溝通協調之主體與事項之性質，始能提高效率。

第四節　做好溝通協調應注意事項

做好溝通協調，始能在組織運作上，提高組織成員之工作效率。基於減緩上述溝通協調障礙之考慮，茲將做好溝通協調，宜考慮事項臚列於後：

一、盡量使溝通協調之目標所能反映之利益具體化，使溝通協調雙方具有共同之憂患意識。

二、表明溝通協調成效之獎勵態度，藉以增加雙方之注意力。

三、主管人員宜積極培植「聆聽」習慣，藉以提高雙方溝通的實質效果。

四、運用易於了解的溝通媒體，如語言、文句，減少傳達信息之誤差。

五、盡量引用權威資料，如政府統計資料，學術性資料，及崇高學者專家之看法，增加溝通協調之效果。

六、對參加溝通協調之人員應給於適當權責，提高其溝通協調之注意力與興趣。

七、溝通協調之準備工作宜及早進行，同時所需資料宜收集齊備及早提供。如斯始能避免溝通協調結果之偏頗。

八、溝通協調之結果，應予支持；溝通協調之檢討亦宜定期進行，藉以作未來改善之依據。

提高工作效率之方法雖然很多，但透過良好的「溝通與協調」，減少工作阻力，提高工作人員之共識與向心力，使工作能順利進行，以達成工作效率提昇之努力，尚未廣受重視。今後國人宜重視溝通與協調之功能，做好溝通與協調，提昇工作效率。

第二十一章　組織氣候、士氣與工作滿足

激勵、績效、與工作滿足間，互有關聯。第十七章已詳細討論過激勵的問題，本章再就工作滿足以及其與激勵的關係，予以闡述。

第一節　組織氣候與士氣

在論及領導機能的同時，主管人員不可忽略組織氣候的塑造與士氣的激勵，因為良好的組織氣候與士氣直接與組織的績效成正比例的關係，良好的組織氣候與高昂的員工士氣代表著組織內的成員，有更多的信心與意願去面對外在的壓力與挑戰。

所謂的「組織氣候」 (Organization Climate)，可以定義為員工對其組織環境所感受的特質❶，我們或可用「組織氣氛」一詞來代表它的含義。組織氣候的形成乃組織管理日積月累發展而成的，例如它包括：員工對獎勵制度所感受的一致性與公平性；對組織結構中的規章、制度、規定與守則等的感受；對賞罰重要性的感受性等。一個組織的氣候，我們或可形容它是「公開的」、「有助益的」、「有壓迫感的」或「與個人無關的」，但不管它被如何形容，很顯然的，組織氣候與績效、激勵系統間存在著極密切的關係。

至於士氣 (Moral) 一詞，我們可解釋為個人或團體對工作所表現出來的「熱忱與毅力」。這種熱忱與毅力直接導源於員工對組織氣

---

❶ Thomas W. Harral, *Managers Performance and Personality*, (Ohio: South-Western Publishing Co., 1961.) p. 171.

候與主管管理風格的看法。若此種看法是正面的，個人或團體便會很
有士氣，而其工作士氣便會高昂；反之若負面成分居多，那麼短期的
員工士氣低落，長期則跳槽風氣大行，無法留住人才。因此，士氣的
高低亦可間接評斷領導者能力的強弱。當然，組織氣候的良窳並不能
直接說明士氣的高低，因為良好的組織氣候不一定會創造出高昂的士
氣，但是長期間的士氣必然是在良好的組織氣候下蘊育而成。

　　為了更明確的剖析士氣，我們可歸納出影響士氣的因素。它們是：
㈠員工對前程發展的信心與工作上的滿足感及安全感；㈡在組織內受
到尊重的程度；　㈢與同僚間相處的狀況；　㈣薪酬給予的公正與公平
性；㈤組織對員工福利關心的程度；㈥組織在社會上的地位等。

　　至於領導者應如何激發士氣，顯然與前節所言之激勵系統對士氣
之高低有直接關連。另外在人性技巧上，領導者應再注意下列諸點：
㈠設法瞭解部屬真正的需求與設法適當的滿足；㈡建立有效的溝通管
道與制度；㈢要能有效的處理部屬的不滿與困難等。

第二節　工作滿足之性質

　　用外行人的話，我們可以把態度形容為對某些事情的感受。這可
能是對學校、足球隊、教堂、父母、民主制度、資本主義，或是對主
管的感受。感受的標的物（這是每種態度所不可缺乏者）可能是任何
東西——人、車、主意、政策等等。態度的變化可表現在方向（好
壞）、強度（感受有多強）與意識的程度（個人對態度的知覺）。

　　在企業組織，某些態度在解釋個人與整個工作情況間的關係上有
著非比尋常的重要性。下列幾個因素似乎是形成員工感受的重要標的
物。（這些感受也可稱為是工作滿足員工士氣的組成因素或層面）。

　　1. 組織（如：在公司裏的尊嚴）。

2. 直接的監督。

3. 金錢上的獎勵。

4. 員工同僚。

5. 工作本身（工作代表的實質上的滿足）。

員工對有關工作環境、工作的安全感或不確定性、產品或部門的名氣及工廠的地址均會產生好惡。員工對這些因素的態度反映出他們對組織的活動或目標是否關心。

當然，還有其他重要的因素須予考慮，而上列因素也可以再細分。一般而言，員工在各個領域都會有一種感覺，而對許多特定的態度則不一定會產生一致的好惡。譬如，員工可能對該公司及其對社會的貢獻引以爲榮，而卻又抱怨工作太單調[2]。

第三節　工作滿足與工作表現

工作滿足與工作表現或效率二者間的相關程度是一個頗爲困擾的問題。我們會很直覺地認爲他們彼此間存在高度的正相關。不過，我們再考慮一下會發覺一個快樂而又善於交際的員工可能會把時間花在社交活動而非工作上面。在較早，密西根大學的社會研究中心 (University of Michigan Institute for Social Research) 曾做過幾項這方面重要的研究。這些研究的結果在 1960 年由康恩 (Robert L. Kahn) 加以彙總[3]。

這項研究計畫中最早的一次研究是在一家人壽保險公司進行。它

---

[2] 請參閱 Ford, Robert N. *Motivation Through Work Itself*; New York: American Management Association, 1969. 一書。

[3] 有關工作滿足的性質與衡量請參閱 John P. Wanes Edward E. Lawler III, "Management and Meaning of Job Satisfaction.", *Jaurnal of Applied Psychology*, 56, No. 2 (April, 1972), 95-105.

包含了兩組在生產力（以公司的會計程序來衡量）有顯著性差異的工作團體間的比較。分析兩組成員態度的差異以便發覺在高生產力團體與低生產力團體間有何顯著的差異。在研究分析中，以工作本身、財務報酬及員工的工作地位來調查員工的滿足情況。研究發現在職員的生產力與前述任何一種滿足之間並沒有正相關。

「換句話說，高生產力團體和低生產力團體一樣地滿足於他們在公司的工作、財務報酬及工作地位。」❹

第二次的研究是以分析路況保養的鐵路工人所做的同類型之研究，包括了大約三百名工人及七十二名領班。儘管其研究設計與前述對人壽保險公司職員所做的研究相類似，但其在年齡、性別、工作種類等方面的研究處理卻與前項研究大不相同。然而，此項分析再度顯示在員工滿足與生產力之間並無相關。

「關於生產力與工作滿足，對鐵路工人的研究與對保險公司的研究所得的結果均相同。在生產力與員工士氣變數如：實質上的工作滿足、金錢和工作地位的滿足及對公司的滿意程度等之間並沒有系統上的關聯。」

繼續下來主要的研究儘可能地消除阻礙工作滿足與生產力間關聯的所有因素。這項研究選擇了美國中西部一些製造農機及曳引機的工廠為研究對象，全部包括了兩萬員工，其中六千人有每日生產力的資料。在看了這些個人資料後，研究者初步認為可以找出前項羣體性質的研究所無法找出的關係❺。

「對大約六千名有個人生產力資料的員工做了一次因素分析以確認構成工作滿足的要素。經分析後產生了四項可確認之因素：實質的

❹ 這部分列舉的研究可參見 Robert L. Kahn, "Productivity and Job Satisfaction," *Personal Psychology* 13, No. 3 (Autumn, 1960), pp. 275-87.
❺ *Ibid.*, p. 277.

工作滿足、對公司的滿意程度、對監督的滿意程度及對獎勵與流動性機會之滿意程度。而當中沒有任何一項因素與曳引機工廠員工的實質生產力有顯著的關係。」❻

一連串的研究顯示生產力和對工作的一些態度並不存在明顯的正相關。卽使這些態度是針對工作、監督、獎勵或公司整體，上述結論亦不改變。當然如果這些研究當初是針對非例行性的工作，卽可能會發現某種正的關係。

工作的性質可能會影響其中的關係。許多研究只針對重覆性的工作。在其他性質的工作裏，卽李克氏 (Likert) 所稱之變化性工作，李克氏曾發現在生產力與許多態度間存在有正相關❼。

壹、因果關係的存疑

有許多研究假設工作滿足與工作表現存在有因果關係。例如，在發展人羣關係時，管理者常假設「快樂的工人生產力高」。換言之，假設滿足感會促使員工朝向更努力工作。而前面所列舉之研究並未能支持此項關係，甚至以後之研究也未能對此項關係提供有力的支持證據❽。

後期有一假設顛倒了因果關係而認為工作表現產生工作滿足。顯然工作表現的獎勵使得這種關係不好衡量。例如獎勵而非工作表現會產生有利的態度。同樣地，有關「工作表現產生工作滿足」假設的研究也只提供稍微的支持❾。

❻ *Ibid.*, p. 279.
❼ *Ibid.*, p. 285.
❽ Rensis Likert, *New Patterns of Management* (New York: McGraw-Hill Book Company, 1961), pp. 16, 77-78.
❾ Charles N. Greene, "The Satisfaction-Performance Controversy", *Business Horizons*, 15, No. 5 (October, 1972), p. 40.

貳、獎勵與工作滿足

工作滿足由工作表現而來的獎勵間的關係可能比工作滿足與工作表現間的關係更來得直接。由下列這段敍述更可得到明顯的結論:

「這些出現在許多研究中的因素的一個明顯特徵是他們反映出工作滿足與工作環境中之激勵或獎勵的關係……」❿。

由於這個「獎勵產生滿足」的假設得到了實證研究之支持⓫。因此,雖然這問題很複雜而且還要考慮若干偶發事件,似乎在滿足與獎勵之間確實存在著重要的關係。

這種關係的存在強調了本章前面所提各種激勵工具正確使用之重要性。然而,若獎勵並非根據工作表現分配,則我們可以發現工作滿足與工作表現之間將沒有什麼關聯。

當我們瞭解各種工作的複雜情況與衡量員工的態度或工作表現的困難後,我們也就不難理解何以未能清楚地證明或否認工作滿足與工作表現間的關係。譬如,工作團體可能私下協議分配給所有組織成員的工作配額。或者,用以衡量員工工作表現的方法不正確。任何一種情況均會妨礙上述原本存在的發現。因此,當進一步研究時,一些明顯的矛盾現象就可能解決。即使工作表現與士氣間存在有某種關係,如上所述,這關係也未必是因果關係。

總之,工作滿足與工作表現間的關係並不單純。在大部分工作皆

❿ John P. Campbell, Maruin D. Dunnette, Edward E. Lawber III, and Karl E. Weiek, Jr., *Managerial Behavior, Performance and Effectiveness* (New York: McGraw-Hill Book Company, 1970), p. 378.

⓫ Lavid J. Cherrington, H. Joseph Reit, and William E. Scott, Jr , "Effects of Contingent and Noncontingent Reward on the Relaticnship Between Satisfaction and Task Performance," *Journal of Applied Psychology*, 55, No. 6 (December 1971), pp. 531-36.

高度標準化的情況下，員工除了圓滿地完成所分派的任務外，並無其他機會來表現自己。因此可能在某種情況下，工作表現與員工態度間的關心比在其他情況下更來得密切。前述李克氏的研究有類似的發現。

　　儘管正面的員工滿足似乎不會刺激生產力的提升，但仍會產生其他有利的效果。依據不同之研究調查顯示員工正面的態度與低人事流動率及低曠職率有關[12]。就此事實而論，工作滿足會大大地影響公司的利潤。例如，員工流動率高將會增加公司的招募人員費用及訓練成本。

　　員工高的士氣水準在公司的公共關係上亦有正效果。公司除了可以從其有利的公共關係印象獲取一般的利益之外，另外在其招募員工時亦有幫助。有利的公共印象將促使最好的人才前來應徵，這在勞動供給缺乏的時候尤其顯得重要。

---

[12]　Bernard M. Bars, *Organizational Psychology* (Boston: Allyn & Bacon, Inc., 1965), pp. 38; Laniel Katz and Robert L. Kahn, *The Social Psychology of Organizations* (New York: John Wiley & Sons, Inc., 1966), pp. 375-77.

第 六 篇
控　　制

❀　控制之基本概念

❀　控制方法

第六章

研究

第二十二章　控制之基本概念

當規劃、組織、領導等管理職能都執行過後，管理的另一重要職能——控制——可以促使整個組織的目的得以實現。爲了達到有效控制的目的，管理當局必須將實際發生的結果，和事前訂定的標準相互比較，必要時並採取適當的修正措施。

因爲上述四種管理職能具有相互關聯性，所以各個職能可以視爲整個管理鎖鏈中的一個環結。任一環結如果成效不佳，或完全失敗，會對整個組織的功能，產生不利的影響。但是就環結之一的控制功能來說，失敗的後果尤其嚴重。就大多數情況來說，針對低下階層所探取的控制措施，在管理功能上是絕對必須的。

本章首先介紹控制的本質和目的後，再說明控制的步驟。

第一節　控制之涵義與目的

現代管理理論，對於規劃、組織、領導等三項管理職能，已有廣泛深入的探討。雖然，將控制職能作有系統的分析研究，還是晚近的事。但控制方法的應用，已有一段相當長的歷史。庫普利 (F. B. Copley) 曾說：控制是科學管理的中心思想❶。管理學泰斗泰勒則以爲，在他的實際研究中，控制是所謂的「原始目的」(original object)。

---

❶ Frank B. Copley, Frederick W. Taylor: *Father of Scientific Management*, 2 vols, New York; Harper & Brothers, 1923. Vol. 2, p. 358.

泰勒在對美國機械工程師協會發表的一次演說中，極力提倡「將管制工廠的實權，由工人手中轉移到管理人手中，以科學化的控制，取代支配法則」❷。

費堯（Fayol）認為控制是五個管理職能之一，可以應用於組織內任何事件的執行。他以為「控制包括求證任何發生的結果，是否與執行的計畫，和所遵循的原則相一致。控制的目的即是要適時指出錯誤和弱點所在，以便及早修正，避免重蹈覆轍」❸。

長久以來，控制被認為是管理領域中，最受忽略和最不被理解的一環。它所擔任的角色，常被人誤解為與財務管理一樣，軒輊難分。在組織架構上，控制工作常被歸屬於會計或主計人員的工作範疇，也因此，控制方法乃侷限於預算的編訂和財務比例控制。或許是因為這個緣故，「控制」這個字眼最大的困擾，在於它在不同的場合，可有不同的解釋，令人捉摸不定無所適從❹。

目前大多數管理學者，將控制區分為二部分，其一為透過指示、命令，有效控制屬下的活動。此部分不擬在本章討論。其二為衡量結果，並採取必要的修正措施，這是本章所要討論者。瑞斐斯（T. K. Reeves）和伍華德二人對此二分法歸納如下：❺

「與組織行為有關的文獻中，「控制」這個字所包含的意義含混不

---

❷ Frederick W. Taylor, "On the Art of Cutting Metals," Paper No. 1119. *Transactions of the American Society of Mechanical Engineers,* Vol. 27, 1906, p. 39.

❸ Henri Fayol, *General and Industrial Management,* Trans. Constance Storrs. London; Pitman 1949, p. 107.

❹ William T. Jerome, III, *Executive Control—The Catalyst* (New York: John Wiley & Sons), 1961, p. 42.

❺ Tom K. Reeves and Joan Woodward, "The Study of Managerial Control," *Industrial Organization: Behavior and Control.* ed. Joan Woodward, (London; Oxford University Press), 1970, p. 38.

清。所以會有這種情形，大部是因爲這個字也可解釋爲指揮。正確的定義應該是保證使行動產生預期效果的工作，才是控制。在此定義下，控制只限於監督事情的結果，審視此一結果所帶來的回饋資料，必要的話，並採取修正措施。」

在此種觀點下，控制可以定義爲「爲了保證達成所追求的目標，而依據事先訂定的方案所採取的行動準則」❻。爲了達到經濟有效控制的目的，管理當局必須認清所欲追求的目標爲何？ 各項行動相互間，以及和目標間的相關情形如何？ 並去除阻礙實現組織目標的障礙。具體的說，也就是先制定標準，再依據標準監督工作的進行，並與實際成果相比較，若有差誤，立即採取修正措施。

從上述定義中，我們可以了解，所謂控制不是憑空可以杜撰的。如果控制方法的制定，不考慮組織的全面需要，不考慮與其他組織機能相聯繫，則控制的執行將會遭遇困難。因爲一套有效的控制措施，是絕不可能閉關自守，獨樹一幟的。只有在與規劃、組織、領導等其他數項管理職能緊密聯繫的情況下，控制措施才能對組織有所貢獻。聯繫得緊密，控制的效果愈大。 這其中，規劃與控制的關係尤其密切，因爲擬定計畫，就如同許下諾言一樣，目的在使事先訂下的目標逐步進行，而控制措施，則在確使擬定的計畫得以實現。有效的控制措施下，這些事先訂下的方針，必須以最經濟的方式，盡可能依照時間表逐步進行。如此，若控制措施失敗了，計畫也會泡湯；計畫若成功，控制措施必然也已發揮它應有的功效。

實際作業上，規劃與控制旣然如此密不可分，有必要在此再一次強調訂定標準的重要性。標準是用來作爲衡量成果之準繩，也是整個控制過程的起點。就因爲如此，標準的訂定提供了控制過程中其他步

❻ R.J. Thierauf, et al., *Management Principles and Practices*, (N.Y.: John Wiley & Sons, 1977), p. 637.

驟的執行途徑。 如果標準的制定有缺失， 則整個控制過程會危機重
重。

第二節　控制之幾項基本原則

從下列幾項基本控制原則，可以看出控制與規劃相互關聯。而且
若干控制法則與組織、領導，也有部分相關。

下列幾項，是控制的最主要原則： ❼

（一）**目標投注原則**——爲了達到有效控制的目的，必須針對個
別情況，制定正確、客觀、明確、易於衡量的標準。

（二）**建立策略控制點原則**——建立策略控制點的目的，是要監
視工作進步的情形。並發掘偏離標準的差誤狀況。任何控制點若發生
嚴重差誤的情形，則整個工作應予暫停，以便及時採取修正措施。此
種方式合乎經濟原則，並能提高作業效率。

（四）**採取修正措施原則**——如果能夠採取修正措施，以糾正可
能發生或實際已發生的差誤情形，那麼控制措施的管理職能，當可予
認定。

（五）**例外管理原則**——控制的根本要務之一，是要定期發掘各
種可能發生，或實際已發生的差誤，以便及時採取修正措施。在此原
則下，經理們所應注意的，乃是發生重大差誤的地方，其他順利進行
的項目，可以不去理會。

（六）**彈性原則**——如同計畫的訂定一樣，控制也必須具備彈性
原則，以適應各種變動狀況。

（七）**一致性原則**——有效的控制措施，必須以整個組織的架構
相配合。如此，經由實際擔負責任義務的特定管理部門，才能將所有

---

❼　同❺ pp. 635–36。

差誤情形做最佳的修正。

（八）合適性原則——各種控制措施必須能反應當初制定的目的，也就是說，這些措施與能迎合經理們的需要。如此，從整個控制系統所獲得的情報，才能對經理們在其達成所負任務的過程中，提供必要的協助。

（九）控制任務原則——執行控制的最終責任既然落在經理們肩上，則控制工作的運行，順理成章的變成經理們的權限，他們必須擔負起這項任務。

（十）控制責任原則——各種不同方式的控制中心，是促使經理們對結果負責的一道重要途徑。從所顯示出來的各種不同狀況，可以發現那種方式對組織最有利。控制責任可以數量或質量化的方式衡量之。

第三節　控制之要素與程序

鮑定 (Kenneth Boulding) 在描述控制的基本性質時，曾說：「任何組織中，最根本的本質……就是控制機能。」❸ 此一控制機能具備下列四項基本要素：

（一）標準之訂定。

（二）監督。

（三）將成果與標準相比較。

（四）採取修正措施。

圖例 22-1 是這四項控制要素相互間的關係。各要素的內容分段說明如后。

---

❸ Kenneth Boulding, *The Organizational Revolution.* New York: Harper & Brothers. 1953, p. 68.

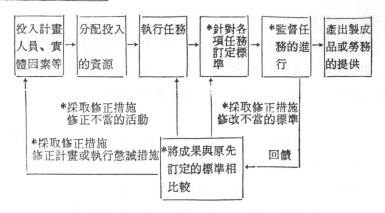

圖例 **22-1** 著重回饋和適當修正措施的控制要素＊

資料來源: R.J. Thierauf, et al., *Management Principles and Practices*,
(N.Y.: John Wiley & Sons, 1977), p. 638.

壹、訂定合適的標準

標準的訂定，可以衡量結果成效如何，它顯示了依據組織目標所擬定之短程計畫的各個層面（如圖例 **22-1**）。這些績效標準可以歸結為四大類: 數量、時間、成本與品質。這些績效標準可以實體數量如零件或工時表示之，也可以用金額如變動成本及收益，或其他任何衡量績效的方式來表示。

例如，製造編號 15426 號零件需要半小時，標準製造成本為 3.5美元，就是數量化標準（實體及金額）的例子之一。除了時間和金額外，當然還有一些其他「質化」的標準，是無法輕易以數字來表示的。譬如，一家公司可以針對各個領班訂下高度忠誠及道德之目標，此一目標即無法以具體數字表示，但卻可以觀察各個領班們的行為中獲得結論。因此，只要具備充分的考慮，還是可以建立適合於各種實際狀況的具體目標。不管此種目標是數量化，或「質化」，應用於控制整個組織時，都必須要能顯示其效用。

　　管理當局在訂定績效標準時，必須給予屬下某種程度的指引，以便讓他們能圓滿達成任務。傳統學者傾向於強調訂定嚴格標準的必要性，他們以爲此舉可「預先控制」(precontrolled) 個體最可能發生的想法和行動。但是行爲科學家們則強調「自我控制」(selfcontrol) 的觀念，避免上級的干預，讓屬下擁有先分的自由來達成工作目標。在實際作業上，這兩種極端方式都不盡理想，也行不通。取其中庸之道，當屬最佳❾。管理當局所應訂定的，乃是預期標準，以此指引屬下單位，並達到衡量和控制的目的。

　　訂定標準的同時，也應考慮這些標準應該從何處應用起。這就和「策略控制點」(strategic control points) 有關了，它包括下列幾個基本特性：首先，針對關鍵作業和事件建立一個中心點。譬如，計時員可以詢問一個從早到晚做相同工作的工人，是否在某一操作過程花費了過多的時間。若有費時過多情事，計時員可以通知領班，提醒他注意這件事。例子之二是，在整個製造過程中，品質管制點可以設在選料部門，或和產品品質有密切關係的生產部門，當然也可將控制點設在必須投入較高成本的前一個階段。

　　策略控制點在將標準與實際結果的比較上，必須注意時效，亦卽應有充裕時間讓生產過程暫停，或採取修正措施，以期產品的生產不致遭致嚴重後果，並避免爾後製造過程發生同樣錯誤。簡而言之，控制點的設立，應使管理當局能針對生產效率，握有相當程度的管制。另外，這些控制點的設立，不可以使工作人員受到過多的拘束。

　　控制點另外還需具備廣泛與經濟兩種特性。在廣泛方面，控制點必須涵蓋所有適宜於作衡量工作的主要作業流程。以前面提到的產品製造爲例，所有產品在製造過程中，都必須通過相同的主要控制點，受其管制。與廣泛性有密切關聯的一個因素是經濟性，如果所有產品

❾　同❻p. 639。

都要受制於層層控制，則整個製造過程顯然就不符經濟原則，因此，對產品品質有相當影響的階段，才需設置關鍵性的控制點。

最後，選擇策略控制點亦應注意求其均衡。目前有一傾向是過度追求數量化因素的控制，而對質量化因素的控制則不足。一般而言，有關行銷、製造、財務方面的控制都很切合實際，但諸如人員訓練發展、領導統御等，則有不足。此種情形經常導致不均衡的結果，例如在事務部門，主管常被賦予明確的績效標準，而人事部門的主管則否。

貳、適切的監督

績效標準訂定了以後，控制機能的下一個階段便是監督，以確保標準能夠實現（參閱圖22-1）。基本上來說，監督是指主管監視部屬的活動。部屬主管工作的大部分就在監督部屬的活動。此外，主管可以藉著和其部屬的商量中，達到監督的目的。此種意見的溝通，可使主管獲致與部屬討論的機會，並斜正有違標準的不佳狀況。譬如，領班可以對一個賦予新工作的工人，親自督導其工作過程，如果有工作方法或程序上的問題，領班可以當場予以解說。如果情形不是這樣，也就是說只在工作完成後再檢視工作成果的話，則製造出來的產品可能無法使用，而必須銷毀或重新改製。因此，工作進行中適當的監督，不僅可提高工作效率，更可降低生產成本。

一項工作是否有必要監督，其程度的多寡依下列因素而定：

（一）部屬的能力暨技術條件。

（二）主管的專門知識。

（三）工作環境的特質。

新手與有經驗且受過訓練的老手比較起來，前者需要較多的監督。同樣的，如果採用生產線的方式，且有策略控制點做自動檢驗，則監

督的程度是可予以降低的。當然，我們必須進一步考慮職員的性質種類，個別職員的行為是屬於Ｘ理論型或Ｙ理論型。

經理的能力亦是相當重要的。如果經理對本身工作有相當的瞭解，並能給予部屬清晰明確的指示，則監督的程度可以減低。但是如果經理是新進的，他可能反而要向部屬學習，此種情形就不適宜於監督了。

最後，工作環境也可能決定監督程度的多寡。如前所述，一個高度機械化環境的影響力，就如同訂定標準對於績效的衡量，有很大的作用。如果訂定的標準要求誤差程度必須在某一很小的容忍比率內，則為了讓銷毀比率和重製所花的時間減到最低，則整個製造過程通常就需要較大程度的監督了。

叁、實際結果與預期結果之比較

有些管理學的作者們認為比較與監督是相等的，事實並不盡然。雖然二者均與「發生了什麼事」、「什麼事應該發生」有關，但就發生時機的先後而言，後者發生於工作進行中；前者則是將工作的結果相互比較，發生的時機較晚。由此可見，比較可以說是著眼於就訂定的標準和事實結果二者之間，決定一個可以接納的寬限幅度。雖然比較分析的功夫，可以於工作進行之中或之外進行，但其主要目的，在發掘偏離預定績效標準的原因，並決定此一偏誤是否應讓管理當局曉得。

合理的標準，加上適度的監督，則事實結果與預定績效二者之比較，就很客觀公正了。例如，依目前時間及動機研究的技巧，我們可以為大量生產的產品，訂定出適切合理的人工小時產量，以作為衡量比較的標準。但是，如果產品不能大量製造，而係依客戶需要訂製的話，則績效的衡量就相當困難了。此種無法訂定適當績效標準的情

形，在其他很多活動中都有類似情形。可以說，在較不需要技術性的工作，要發展出一套績效標準和比較分析的準則，可能較不容易。譬如，為工業關係主管的工作訂定標準，在處理上就很困難，另外其成果衡量的方式，也沒有一個精確的準則。不過，諸如部屬熱心程度、忠心、有無罷工等行為，也可作為衡量上的一般標準。

在發展出一套正確的比較方法時，不管遭遇的問題為何，戴維斯 (Ralph C. Davis) 認為下列幾個步驟實在免不了[10]。

(一) 蒐集原始資料。

(二) 將這些資料彙總、分類、記錄。

(三) 定期評估完成的工作成果。

(四) 將成果向上呈報。

在第一步驟中，必須建立一套向上溝通系統。一般而言，資料的蒐集有直接觀察、口頭、書面報告等方式。除此之外，以電腦整理出的資料，也是很重要的一部分。

資料蒐集好後，次一步驟就是將這些資料在登錄前，以有系統的方法將其彙總、分類。分類的主要目的，是要分辨有那些嚴重偏離計畫或既定標準的情形，或確定比較的基準為何。資料的分類可以利用各種統計圖表，從圖表內資料的比較，可以發現有那些顯著的差異存在。

第三階段所要做的，是要將完成的工作結果作定期性的評估。在大多數場合裏，持續不斷的按分鐘作這種比較的功夫是不必要的，重要的是必須有一套適度的週期性評估辦法。工作表現與定期評估的頻率是有關聯的，另外，公司內不同類別的員工，例如有經驗與無經驗者，其所適用的評估次數與頻率，也互不相同。

---

[10] Ralph C. Davis, *The Fundamentals of Top Management.* New York: Harper & Brothers, 1951, p. 721.

第三階段中還包括判定誤差的大小。就工廠或辦公室內例行性工作而言，這些工作所產生的誤差，多半相當數值化，或具有很明顯的特徵。但是在公司內的某些部門，有些工作是無法予以明顯定義的，判定這些工作成果有何種誤差，在本質上傾向於憑藉意識上的判斷，而非數值的比較。在此情況下，下判斷的人必須秉持理性原則，依據公司政策、法則等因素來診斷誤差。診斷的目的是要確定目前的作業，是否與公司一般政策相符合，如果判斷的結果本身有相互衝突的情形，湯普森（J. D. Thompson）建議在判定的過程中，可以採取較為折衷的方式●。

比較的最後一個階段，是將所有發生顯著差異的情形呈報高階層經理。如果監督者有權決定如何處置，則消息的呈報就到他為止。但是，大多數公司的高層主管都會希望獲知目前業務進行的情形，以便在他們認為業務的進行與公司現有長短計畫相違時，採取應變措施。因此，這些從目前進行中的業務所獲得的回饋訊息，不管是有利或不利的，對高層主管在達成公司目標或有關的計畫，都有很大的幫助。

肆、採取修正措施

採取修正措施是控制過程的最後一個步驟。如果標準已經訂定，工作進行中亦已予有效的監督，且標準與實際成果業經確切的比較，則誤差的修正將可很快進行。基本上，所謂修正措施係依據預期目標，修正不當誤差或變更未來的績效標準（參圖例22-1）。採取修正措施前，經理們必須確認誤差發生的真正原因，研擬、分析、選擇各種可行方案，以克服這些誤差。

● James D. Thompson, *Organizations in Action.* New York: McGraw-Hill Book Co., 1967, p. 134.

　　修正措施通常包含立即處置與根本措施二種型態。工作進行中如果發生偏誤的情形，可以立即採取修正措施，使其恢復應有狀態。例如，當一件大訂單的生產進度比預定表落後一星期時，探究落後的原因，以及是誰造成此一後果並不是當務之急，而應立即採取措施恢復進度。採取適當措施後，下一步該做的才是探究差誤發生的原因，是什麼原因造成生產落後？這種情形將來如何克服？經過調查後，經理們可能會發現，工期落後的根本原因，是因為機件故障或工人怠工所致，此一真正原因，可能亦非經理們所能控制。

　　在一個典型的生產狀況下，經理們花費了相當多的時間在解決突發事件上，而幾乎沒有時間去發掘問題的真象。這種情形很不應該，因為很多需要採取立即修正措施的差誤，其發生的原因，都是因為忽略了根本修正措施的重要性。在前面提到的例子中，生產進度落後一個星期的原因，也可能是現有機器已不適合於處理一般訂單。如此，根本措施就牽涉到換新或改善機器，而其決定權可能超乎生產部門經理的權責之外。雖然這些根本修正措施，對於現有訂單的生產而言，已屬緩不濟急，但對於未來的生產而言，其影響將不可以道里計。

　　修正措施中另一項很重要的因素是懲戒辦法，也就是為了改進爾後作業，制定若干罰則。從積極觀點來看，這種措施必須以一種誘導的方式出現，以改進個人或整體在工作上的表現。本著這個觀點，各種罰則才不致於被當事人所排斥。積極的反面是消極，在消極的處罰措施下，經理們將差異的原因歸咎於部屬行事不當，繼而責難之，運用職權採取報復性的處罰措施。

　　為了讓懲戒措施產生積極性的效果，運用時可以參考下列準則：首先，經理們必須假定所有員工都是希望把工作做好，並且遵循所有合理的要求。當發生違背公司政策或規定的情事時，經理們與部屬必須盡可能立即交換雙方意見，如此才能盡快建立起一套理想的未來行

爲模式。但是，立卽處置並不是懲誡措施中最重要的，懲誡措施也應該對事而不對人，此種方式可以使問題的討論，排除個人差異因素。

懲誡應秘密進行，處罰的標準亦應與以往案例相一致。當然，此種標準並非一成不變，對於不同的個體與團體，經理們可採彈性原則，變更成例，以適應各種不同的狀況。

每一種懲誡措施本身應具備積極性的目的。經理們應使員工瞭解組織規章，以及那些行爲違反這些規章，更重要的是，還應告知員工，公可所期望的行爲爲何？如何避免遭受懲誡？如果某一員工挑釁的態度始終不變，且有影響他人一同犯錯的傾向時，經理們就必須重新評估現況，發掘造成此種不利情形的原因。做最後分析時，追查措施應視個體在懲誡措施中所處的地位而定。

伍、回饋觀念

前面介紹的控制步驟，經由回饋緊密的聯繫在一起。如圖例20-1所示，各種投入資源分配到各個生產活動上，去執行各種任務。因爲有這些任務，所以標準訂定了，監督也跟著來了，其結果是爲公司的客戶或內部其他部門帶來產品與勞務。在獲得理想產出的過程中，可以依據旣定標準，將工作進行中所獲得的回饋資料與最後的結果相比較。如果回饋資料顯示各項作業都符合旣定標準，就表示經理們已圓滿的督導部屬完成任務，無須另作任何處置。但是，如果從回饋資料顯示出與旣定標準間有顯著差異的情事時，就必須採取修正措施，以改進目前及將來作業的運行。除此之外，對於發生顯著差異的情事，也應報告高一層之管理部門，以便採取諸如計畫、作業方式、標準等的適當修正措施。

回饋成爲控制機能中的一環，這種情形是自然界、生物界，以及社會一般制度的一項共同程序。溫納（Norbert Wiener）曾指出自然

界等經由訊息的回饋，藉著發現錯誤並引發修正行動的過程，來控制
他們本身⑫。基本上，自然界等都消耗部分能量來回饋訊息，以便將
實際績效與標準相互比較。溫納將「訊息」廣義定義之爲包括機械上
能量的轉換、電振、化學反應、文字或口頭訊息、或任何其他訊息的
傳遞方式。自動控制室溫的溫度調節裝置，是溫納前述自動控制系統
的一個很好例子，溫度調節器收集溫度狀況，並與已定標準相比較，
然後釋放出較多或較少熱量，以便調節室溫到標準狀況，在這種情況
下，回饋的機能使室溫維持正常水準。

　　回饋在工作績效上有二項重要的機能。首先，它能提供個體有關
如何改進績效的訊息；其次，它能給個體帶來實體的刺激⑬。所以會
產生實體刺激，部分是因爲回饋的訊息使員工產生較大的自制力；部
分是因爲瞭解工作成果後所產生的競爭心理和成就感，尤其是當完成
或超越一項很有挑戰性的目標後。若干研究結果已經證明，若能讓員
工瞭解工作成果有多少，則這些員工不必給予額外的獎賞，也會工作
得更努力、更忠心。大多數情況下，員工在工作過程中或工作剛完成
後，都會獲得回饋訊息，但是有些管理體系中，這種回饋訊息的傳遞
往往過於遲緩，以致無法讓員工及時自我約束。此種回饋如果無法在
工作進行中卽刻進行，至少也應在員工對所爲之事還有清晰印象之時
及時行之。有些控制系統就是因爲沒法達到這項要求，而失去其應有
效用。

---

⑫　參閱 Wiener, Norbert. *Cybernetics*: *Control and Communication in the Machine.* New York: John Wiley & Sons. 1948. 一書。

⑬　J. Leslie Livingstone and Joshua Ronen, "Motivation and Management Control Systems", *Decision Sciences*, Vol. 6, 1975, p. 370.

第二十三章 控制方法

　　控制方法大別之，可分爲財務性控制方法與非財務性控制方法兩大類。但是，其間的分野，並非如此絕對。財務性控制方法往往需要運用一些非財務性控制方法，方能竟其功。反之，非財務性控制，有時也要以財務性資訊爲基礎。

　　本章討論數項重要的控制方法。爲了進行財務控制，通常必須設置各種類控制中心。因此，本章第一節將敍述常見的控制中心型態及其運作情形。

　　由於電腦的使用日益普遍，不管是財務性或非財務性的控制，都必須運用大量的資訊。因此，本章第二節將探討電腦化管理資訊與控制。

　　最後，第三節將介紹各種績效評核的技術，利用這些技術，便可以進行各類非財務性控制。

第一節　控制中心

以財務導向所成立的控制中心，有下列幾個主要型態[1]：

　（一）利潤中心 (profit centers)

　（二）收益中心 (revenue centers)

---

[1]　Richard F. Vancil, "What Kind of Management Control Do You Need"? *Harvard Business Review*, March—April 1973, p. 77.

　　（三）成本中心 (cost centers)

　　（四）投資中心 (investment centers)

　　（五）任意費用中心 (discretionary expense centers)

壹、利潤中心

　　管理學的作者對於利潤中心的定義，或多或少都有些不同。本書則把它比喻為一個迷你企業，它其實是公司機能活動的大世界中的一個小世界。 由於它是獨立的個體， 因此可在產品線、工廠、公司部門、或其組合、或各自的所屬部門分別設立利潤中心。並由一位經理職司其事。這種安排使這一位經理必須擔負起發揮足夠績效的責任，並因此能控制公司運行的方向路線。當然，這位經理亦需對其結果負責。

　　以利潤為中心，其目的是要找出能獲致最大利潤之收益與成本的組合。

　　以利潤為中心作為控制工具， 具有相當功效。 從獲利能力的大小，可以分析一個複雜企業內某一部門的效益，例如，一個生產部門不僅要在市場上和其他對手競爭，而且也要在公司內部，就資源的分配上與其他部門競爭。從外在與內在這二種型態的相互競爭下，獲利能力成為高層管理單位在決策上的重要依據。其次，利潤責任對人來說，是一項很有力的誘因。經理們都瞭解利潤所代表的意義是什麼，因此，有野心、衝勁的經理，很歡迎經由利潤，來衡量他們之間各人能力的優劣[2]。

　　利潤中心雖能提供簡明清晰的奮鬥目標，並以此增進管理人員在管理上的作為，但在內涵上卻隱含著可能使一個順利運轉的機構，變

---

[2] Richard V. Giordano, "Guidelines for Running Successful Profit Centers," *Management Review*, October 1970, p. 15.

成到毫無利潤可圖的地步。這是因為如果缺乏管理當局適當的監督，利潤中心會變得非常特立獨行，此種情形多半是主管的短視所造成。一家公司的總經理就曾說：「經理們常無法解決他們所面臨的問題，結果他們所採取的措施有利於利潤中心，但對公司整體而言，卻毫無用處。」❸另外，利潤中心經理所握權力，過與不及都不足取。為了克服這個難題，美國（EP 及 Indian Head, Inc.）公司在一個強有力的中央控制下，建立擁有相當自主權的小單位，如此，「右手」曉得「左手」在做些什麼事，工作才能互相配合❹。大的利潤中心下還可設立小的利潤中心，例如某一部門的利潤中心，可包括工廠及生產線利潤中心。

貳、收益中心

　　就某種意義上來說，收益中心不過是利潤中心的一部分，因為收益中心著重收入的多寡，並以市場為導向。在銷售部門內，經理有權降低售價以增加銷售量，這種情形是收益中心的最佳寫照。銷售經理運用下的公司資源，是以其他預算項目表示，營業費用不超過預算而能產生最大的銷售收入，是銷售經理的主要目標。

　　收益中心面臨的主要問題是，經理們常專注於銷售量的提高，而忽略銷售量提高後對成品與利潤會有怎樣的影響。銷售量大幅增加，而利潤率卻低得令人驚訝的情形，不乏其例。因此，如果把銷售量作為衡量的依據，而不考慮它所帶來的後果，則公司面臨低利潤或毫無利潤可圖的情形是免不了的。收益中心這種方式如果能像利潤中心一樣，配合強有力的中央管制，才會有好的結果。

❸　同❷ p. 15.
❹　Winston Oberg, "Make Performance Appraisal Relevant," *Harvard Business Review*, January-February 1972, p. 62.

叁、成本中心

成本中心有時又稱為標準中心、工作中心 (work centers) 或責任中心 (responsibility centers)。成本中心很注重責任會計，基本上來說，這種方式的目的是要使總成本減到最低限度。標準成本中心的做法是，生產部門內規定單位產出所耗費的標準直接原料和人工，領班的目標放在如何將實際成本與標準成本的差異降到最低限度。領班通常也負責變動費用預算的執行，因此，如何減少預計成本與實際成本間的差距，也就成為他工作上的另一目標。工人對於有異於標準成本的情形，必須立即報告監督人員，如此才能在生產線上立即採取修正措施。

成本中心這種控制方式不僅用於生產部門，一般辦公室也廣泛應用。如果職員從事的活動，有很大部分在本質上是重複的，則為了維持最低的辦公費用，可以建立標準成本中心。就銷售費用來說，銷售成本的降低，有時可以犧牲銷售量的方式為之。

肆、投資中心

投資中心是控制單位之一，投資中心的經理需負責決定公司應擁有多少資產。在現有利潤及投資方案這二種條件下，經理必須將其做必要的替換取捨，以期增加未來收益。經理的職責，乃在追求最大投資報酬或剩餘收益（利潤減去使用成本的費用），並準確評估新投資方案的可行性。

採取投資中心的方式，則公司業務計畫的推動，必擇較有利的為第一優先，其次才是那些投資報酬率較低者。依投資報酬遞減原理，到了某一階段後，對於工廠、設備、機器等所做投資的增加，對於未來的總利潤不僅不會增加，反而會降低。因此經理們在決定投資計畫

時，必須格外小心，以免造成公司報酬下降的情形。

伍、任意費用中心

上述幾個控制中心都著眼於數量方法的應用，任意費用中心則有別於此， 它著眼於用質的方法來衡量績效， 同時大多應用於管理部門。因為在這些部門中，幾乎沒有或欠缺具體方法，以建立投入產出間的相互關聯，因此只好憑藉判斷來決定預算，並在預算範圍內提供最佳的服務。這種方式下， 由經理們來負起全責是有困難的， 但以質的方式來衡量績效，有必要嘗試之。

第二節　管理資訊與控制系統

控制中心所獲得的情報，通常是由某種型式的管理資訊系統所供應，尤其是電腦化的管理資訊系統。針對現有作業情形設計一套有效的管理資訊系統，必須注意下列幾項事情：首先，在制定這套系統本身的架構及其發展上，必須有管理當局的介入。過去的情形是，管理當局往往未負起這項責任，但對結果卻又百般挑剔責難。管理當局介入程度的深淺，是按這套系統本身發展階段的不同而定。

其次，資訊系統應具備成本效益條件，這也是管理當局必須介入的主要原因。管理當局必須決定資訊的價值和如何去獲得它，並與可能耗費的成本相互比較。從圖例23-1，管理當局可以決定經濟效益最大的區域。雖然適度廣泛的控制系統，或能發掘出全部或大部的差誤情形，但也要考慮它所耗費的成本。依成本遞增法則，發掘最末幾項差誤所需投入的控制成本，可能就要加倍或三倍以上。所以，一般都容許某種程度的錯誤發生率。

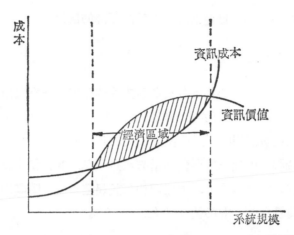

圖例 23-1　管制組織活動所獲資訊價值與所耗成本間的關係

資料來源: R.J. Thierauf, et al., *Management Principles and Practices*
(N.Y.: John Wiley & Sons, 1977), p. 654.

　　其他重要的考慮因素，諸如反應責任區域的眞象、適時、預測未來，顯示例外狀況、客觀、彈性、反應組織架構、經濟性、可理解性、導引修正措施等。此處必須強調的是，「適時」對一個有效的控制系統是相當重要的。一份最重要、最有關係的情報如果太慢獲得，而使經理們無法及時採取適當措施，等於毫無價值。快速頻繁的提供情報成本必定很高，但是對於特定狀況所需的必要管制，卽使成本很高也必須實施。如圖例 23-1 所示，資訊價值必須與其成本相平衡。

　　最後，發展一套控制系統，還須先擬定日程表。由於管理當局的要求通常很難正確認定，也因爲蒐集有用的資料或許有困難，因此最好逐步發展這套系統，不必抱著一蹴可成的態度，如此才能讓管理當局對各個階段逐步審視，並對下一步驟的進行，採取修正措施。

　　瞭解這些重要原則後，設計系統的人才可發展出一套包含前章所述訂定標準、監督、比較成果、採取修正措施等四個控制要素的控制系統來。這些控制要素將藉著電腦化管理資訊系統予以整合的方式，

且因公司、產業的不同而不同。但是，任何一套可用的控制系統，都
應包括下列幾項特性：

　　（一）系統整合 (system integration)

　　（二）資料來源 (data sources)

　　（三）分析能力 (analytical capability)

　　（四）系統彈性 (system flexibility)

　　（五）資料界面 (data interface)

　　（六）使用者界面 (user interface)

　　對於第一個特性，因為控制是涵蓋公司的所有部門，所以電腦的
管理系統必須與其他功能系統相結合。控制系統經常凌駕其他職能系
統之上，因為它是管理職能的最後一項工作。但是在制定各項職能系
統的時候，最好能將控制系統所需求的事項，一併考慮進去。

　　控制措施必須具備定期蒐集資料的通路，因此控制系統應能從眾
多經過挑選的資料來源（檔案）中，做蒐集整理和保存的功夫。在電
腦化管理資訊系統下，資料可以即時上線，以便從連線終端機中及時
獲得相關資料，以控制現有作業的進行。即使無法及時上線，如果有
充分的時間去獲得資料，則管理資訊系統還是可和此種型式的資料處
理方式相配合。控制系統另外還必須能分析資訊，以便適應管制上某
些特別的要求。在某些情況下，資料的分析可能只限於平均與加總而
已，但在其他情形，可能就較複雜，如長期趨勢分析和成長率分析
等。除此之外，系統的設計必須考慮當需要增加時，另外加入其他分
析方式，在處理上會不會遭遇困難。因此，為了適應各種變動狀況，
控制系統應該具備彈性的特質。

　　因為控制系統貫穿整個公司，所以它必須能利用或銜接從不同來
源所獲得的資料。例如行銷、研究發展、工程技術、製造、存貨、採
購、會計、財務、人事等資料，必須能與預算數額做實際的比較。同

樣的，標準人工小時及成本也可從生產線上獲得，以便作實際比較分析之用。

最後，整套系統應能讓經理們在電腦人員最小的協助下，充分利用所獲得的資料。系統本身在應用上愈容易，就愈能爲大家所接受，也就愈容易成功。

這些特性以及它們之間的相互關係，可以圖例 **23-2** 表示之。複雜的程度隨控制系統而定，某些系統中可以利用簡易的控制方法，但在較精密的系統中，爲了達到目的，可能就需要複雜的控制方案。

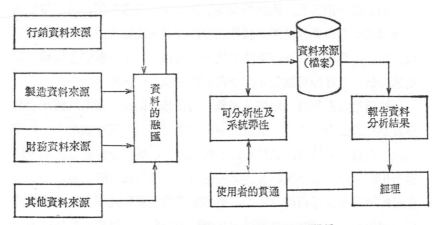

圖例 **23-2** 控制系統的特性與一般相互關係

資料來源：同圖例 21-1, p. 656。

第三節 績效評核之技術

績效評核一般均用以評估一個人或一個部門，如何良好地達成其所負責的目標。評核過程係衡量其在完成預期目標上的績效。

績效評核的技術很多，每種技術各有其優缺點，沒有一項技術足以達成管理上設置績效評核制度的所有目的。因此，最佳的作法是，

以適宜的評核方法來配合預期績效目標。一般敆使用的評核技術有：

（一）論文式評核（essay appraisal）

（二）圖表式等級尺度評價法（graphic rating scale）

（三）實地審核法（field review）

（四）強列選擇列等法（forced-choice rating）

（五）偶發事件鑑定評價法（critical incident appraisal）

（六）目標管理（management by objectives）

（七）工作標準法（work standard）

（八）列等法（ranking method）

（九）評鑑中心（assessment centers）

　　論文式評核（essay appraisal）是其中最簡單的方式，評價者必須撰寫一篇涵蓋某個人之長處與短處的論文。這種方法的基本假設是，如同其它方式的評核方法一樣地，評核者確實知道某個人眞正所做的，而且也做了誠實的評核。然而，在論文內容與長短方面，將會有互不一致的問題。更且，由於不同的論文是描述某個人之績效或素質（qualities）的不同面，論文的等級是難以比較的。

　　爲確保一致性，必須使用像「圖表式等級尺度評價法」（graphic rating scale）的正式方法。典型地，此項技術所評價之等級（rating scale），其中，低數值（1到3）表示好績效、中數值（4到6）代表普通績效、高數值（7到9）代表不良績效。這種方法評價一個人的工作品質與工作量，並用以對因工作之不同而產生不同工作因素作評價。此外，像可靠性者合作性的個性上的特徵，以及像口頭上的與文書上的溝通能力的績效標準（criteria）等，亦包括在內。

　　假如有理由懷疑評核者某方面的偏見，假如某位評核者使用與其他評核者不一致的標準，或者假如以等級作比較是必需的，則前兩種技術經常與系統化的「實地審核」（field review）配合起來使用。在

這種「複審」，係由中央管理幕僚的一位成員與一小羣的評核人員開會，以便對評核者之間的不同意見加以審查，並確保評核者都能瞭解評價標準互相一致的必要性。雖然羣體評鑑技術使得中央幕僚人員能發展出一項對「評價者所顯示的寬容或嚴格的變動程度」的知覺能力，但是，實地審核的過程是相當耗費時間的。

與實地審核法相類似的，強制選擇列等法(forced-choice rating)是用來減少偏見及建立客觀的比較標準。不過，此法不牽涉到第三者的介入。這種方法有很多不同方式，但是最普通用的一種是，要求評價者從所有之敍述間選出最適合（至少適合）被評價者的敍述。該敍述被加權 (weighted) 或評分。得高分數是表示優良員工，低分數則是表現差勁者。此項方法的一項障礙是，這種技術被限制於那些相當類似而能有共通的方式與標準的工作。更重要地，如同奇異公司(General Electric Company)經驗所得的，在績效評核晤談之後，接獲誠實但不利的回饋的人員，一般均不會被激勵而表現得更好❺。事實上，他們常常表現得更差。

前述的各種技術都是十分主觀。「偶發事件鑑定評價法」則是比較客觀的技術。管理人員持有一份記錄，描述每位員工積極或消極行為的偶發事件。以便管理人員於定期的績效評價時，得與員工進行討論。當然，能否將員工的所有偶發事件都記錄下來，是一項困難的事。此外，由於管理人員設定了可接受的行為標準，假使員工（他或她）並未能於設立標準時發表意見，他（或她）可能因此而未能被激勵。

為避免這種評判不公的問題──部分（或完全）是因高標準所引

❺ Herbert H. Msyer, Emanuel Kay, and John R.P. French, Jr., "Split Role in Performance Appraisal." *Harvard Business Review*, January-February 1965, p. 123.

起——某些組織的員工已經被允許於目標管理方案（M. B. O. Programs）中，設定或至少幫助設定他們自己的績效目標。好幾位管理學家提議說，目標管理（M. B. O.）是克服那些「當管理人員傳達某人之不利品質（unfavorable qualities）時，因面對面接觸所引起的問題」之一種方法❻。但是，當目標管理被應用於組織的低階層時，員工們並非都是希望參與設定其自己的目標❼。結果，典型的目標管理過程似乎必須加以改變。誠如一位作者所指，員工們被諮詢有關他們的目標時，管理當局卻以強行規定目標與標準作爲結局❽。

爲克服目標設定的問題，有一些組織正引入一種「工作標準化」（work-standards approach）。在這種方法下，目標是由管理當局公開設定，在本質上，「工作標準」技術係爲改進生產力而設置特定的目標。有效的標準必須是公平而能作比較，否則此種考核將無法公平地被用以決定晉升與加薪。

爲便於比較，可持用一種典型的「配對比較列等法」（paired-comparison ranking）。這種的方法應用是先取某一部門中欲評核員工，將他們的名字列於表單之左側。再選出某種標準（criterion），例如目前對部門之貢獻，或在工作上的進取精神，依該標準比較首兩位人員。然後依該標準加以比較而得知較有價值的人員，在其名字旁邊記上一標誌。第三位人員再與第一次比較裏被選出的人員相比較。這

---

❻ James C. Conant "The Performance Appraisal: A Critique and An Alternative," *Business Horizons*, June 1973, pp. 73-78; and Harcld Koontz, "How Can Appraisal of Management be Made Effective," *S. A. M. Advanced Management Journal*, April 1973, pp. 11-21.

❼ Arthur N. Turner and Paul R. Lawrence, *Industrial Jobs and the Worker*, Boston Division of Research, Harvard Business School, 1965.

❽ Harry Levison. "Management by Whose Objectives?" *Harvard Business Review*, July-August 1970, p. 125.

種過程以一種線型方式進行，直到部門裏的每個人都包括進去爲止。獲得最多標誌者是最有價值的人員，沒有獲得標誌者卽是最無價值人員。此法的主要缺點是，這種過程在工作人員眾多之情形下既費時又麻煩。這種等級技術若結合多重評價（兩位或兩位以上人士對同一工作羣體做獨立的評價之後，再將各人所做之評價予以平均）可成爲功績順序列等 (order-of-merit rankings)，是適用於工資與薪津管理方面的良好方法。

前面這些技術都是集中於評核過去的績效，對未來績效的評核又應如何？假定一位管理者正在考慮任命某位人員爲一部門之主管，而這位人員未曾幹過主管職位？在這種情況及其他狀況下，某些組織運用「評鑑中心」(assessment centers) 就可更準確地預測他未來的績效。典型地，從不同部門選出的人員被集合在一起，花兩三天從事「類似於假定被晉升後，他們將須處理的一些特定工作」。他們的工作狀況，經觀察人員們的評斷（經由諸如「配對比較」(paired comparison) 這種技術而得者）及加以共同計算而得每位參加人員的功績等級 (order-of-merit ranking)。另外，在此種方法下，主觀的評斷是被容許的。過去的研究指出，被評鑑中心所選出的人員，要比那些用其它方法選出之人員，更適任於新的職位❾。最近更多的研究證實了「評鑑中心法」的正確性，尤其對於管理職位更是如此❿。

如前面所指出的，任何績效評核計畫的成功，大部份取決於所使用之技術是否適用於該計畫之目標。譬如，目標設定 (goal-setting)

❾ Robert C. Albrook. "Spot Executives Early" *Fortune*. July 1968, p. 106. and William C. Byham. "Assessment Centers for Spotting Future Managers", *Harvard Business Review*, July-August 1970, p. 150.

❿ Ann Howard, "An Assessment Centers", *Academy of Management Journal*, March 1974, pp. 115-134.

與工作標準法 (work-standard methods)，對訓練、輔導，及激勵的
目的言，是最有效的；然而，在需要管理人員評斷的情況下，某種型
式的「偶發事件鑑定評價法」(critical incedent appraisal) 將是比較
好的方法。當僅有一位人員得以晉升、或僅有少數人員得以大量加薪
時，人員間的比較將需要另外不同的方法。表 23-3 顯示，那些技術
最適於特定的評價目標❶。雖然，評價目標與適當技術間的配對，可
能無法解決績效評核的各項問題，但它畢竟已積極朝該方向邁進。

表23-3 績效評價目標與適用之技術

目　　　標	完成目標的適當技術
幫助管理人員更密切地觀察其部屬、以及完成更有效的訓練工作	偶發事件鑑定評價法與目標管理
藉提供其績效之回饋以激勵部屬	偶發事件鑑定評價法；目標管理；以及工作標準法
提供管理當局關於功績增加、晉升、調任、與辭退的資料	圖表或等級尺度評價；論文式評核與圖表或評價方式的結合，並以實地審核法加以補充；強迫選擇列等法；以及評鑑中心
經由確認有晉升潛能之人員、及詳述其發展需要，以改進組織發展	為先前之目標而提出建議的「兼用論文與圖表或等級尺度評價方式」之論文
建立人事決策的研究與參考基礎	論文與圖表或等級尺度評價方式以及與功績評等或結合使用

資料來源: Winston Oberg, "Make Performance Appraisal Relevant",
　　　　Harvard Business Review, January-Febuary 1972, pp. 66-67.

---

❶ 同❹ pp. 64-67。

第 七 篇

管理策略規劃導論

❀　管理策略之基本構面

第二十四章　管理策略之基本構面

在策略管理的程序中，經過內、外環境分析與競爭分析之後，企業策略制定者根據企業的競爭優勢，發展出一套適切策略方案，以達到公司經營成長的目標。

考慮企業整體可行策略之前，決策者(或主管人員)必須認清經營目標與使命以及市場的利基所在，再行決定產品及服務如何差異化，如何發揮各策略性事業單位 (Strategic Business Unit, 簡稱 SBU) 組合的綜效功能。

對於一個小規模的公司，這些事項很容易決定；可是對於擁有許多策略性事業單位的企業，有時很難統一訂定。企業的整體策略通常會牽涉到企業目標中的成長率、財務政策，或組織政策等。

一個企業主要策略的形成導源於其競爭優、弱勢分析後的結果，以及其事業組合分析之後的綜效。在這兩項因素考量後，所發展出的主要策略就具有競爭性。策略性備選方案，必須考慮下列諸項問題之後，始克產生❶。

・事業使命究竟爲何? 五年、甚至十年後希望它成爲何種狀況。
・根據現有的競爭情勢，是否仍以相同的努力來維持相同水準，採穩定經營的策略?
・是否全部或部份退出某些事業?
・是否可以藉由增加新功能，就產品或新市場策略來擴展新的事業領域?

---

❶ William F. Glueck, Lawrence R. Jauch, *Strategic Management and Business Poilcy*, New York: McGraw-Hill Book Company, 1984, P. 209.

‧是否可以同時或分別採取前述的組合策略？

本章擬就主要策略之選擇方案，達成主要策略之途徑、事業投資組合策略等數項基本構面分別探討分析，俾供企業主管決策運作之參考。

第一節　主要策略選擇方案❷

任何一個企業莫不追求永續經營，達成利潤目標。因此，各個策略事業單位的策略目的無非在持續或改善企業績效。一般而言，企業經營策略，可歸納為穩定、擴張、緊縮、聯合等策略，如果配合以產品、市場及功能等變項，則可發展出主要策略的不同選擇方案（見表 24-1）。

表 24-1　主要策略的選擇方案

方案	項目　區分	產　　　品	市　　　場	功　　　能
（一）	擴　　張	增加新產品線	發現新使用者	向前垂直整合
	緊　　縮	退出舊產品線	撤回分配通路	成為俘虜公司
	穩　　定	維　　持	維　　持	維　　持
（二）	擴　　張	發現新使用方法	增加市場佔有率	增加工廠產能
	緊　　縮	減少產品發展	降低市場佔有率	減少研究發展
	穩　　定	包裝改變	維持佔有率	維持生產效率

資料來源: william F. Glueck & Lawrence R. Jauch *Strategic Management and Business Policy*, New York: McGraw-Hill Book Company, 1984, p. 210. （本圖略經本文作者作修正。）

----

❷　同上，PP. 210-225.

壹、穩定策略(Stability Strategies)

穩定策略具有下列之特殊涵義:

（一）維持現有的貨品或服務的市場，企業運作的範圍不變，或是非常相似。

（二）企業的主要方向是針對部門功能績效的增進，而不是產能或市場規模的擴大。

（三）決策的重點在於企業功能（指行銷、生產、人事、財務、研究發展）性績效的逐漸改善或加強。

就積極面而言，穩定策略導向集中於小範圍的產品或市場，配合既有資源迅速發展出競爭優勢。從消極面觀看，它是一種防衛措施，為降低競爭而做的確保市場穩定策略。

企業尋求穩定策略有下列幾項可能原因。

（一）企業經營結果還算成功，但管理者並不清楚是那些主要策略組合產生目前的結果，只有持續目前的做法。

（二）管理者採被動式作風來因應環境的變化，較無壓力，亦即非情勢所趨，不願採取創新的策略。

（三）對所有類型的企業而言採取穩定策略其不確定性較低、較安全、風險較低，一般已具規模的成功公司，對於市場開發的風險性評估都非常嚴謹，對不確定性高的投資都很排拒。

（四）企業環境已經維持相當穩定的情況，沒有或少有可以做為競爭優勢的機會或威脅。

（五）如果企業資源沒有妥善的分配，則過多的擴張活動，可能反而導致效率的降低。

有時候也因為政府政策的干預，市場情勢急遽變化的情形，或環

境因素的限制，不能如期的持續擴張，在受限的情況下，採取穩定策
略反而是上策。通常歷史悠久的企業，管理者的心態愈趨保守，大多
採穩定策略。

貳、擴張策略 (Expansion Strategies)

當企業是處於下列兩種情況時，其所採用的策略可能屬於擴張策
略。

‧增加新產品、新服務或新的市場及新產品功能活動。

‧企業在其現有基礎下，將其主要策略集中在產銷活動步伐的增
進上。

茲將企業採用擴張策略的理由，簡列於後。

（一）環境變動激烈的情勢下，不成長卽表示退後，很快就會遭
到淘汰的命運。就企業長期不斷的發展而言，必須不斷的
增加企業活動之空間。

（二）有些管理者認爲企業不斷擴張才是成功的表徵。

（三）有些人相信社會利益是由企業的不斷擴張活動所產生的。

（四）由於財務或其它 管理上的報酬激勵， 促成企業的擴 張動
機。

（五）經營者相信擴張規模可以獲得經驗曲線的效果。

（六）擴張策略所帶來的成長可以增加企業的獨佔優勢。

（七）來自股東及 董事會的壓力， 有些股東不僅 希望公司能生
存，更希望進而獲取更多的盈餘分配，這是促使公司擴張
最大的鞭策力量。

一般而言，如果企業是以績效爲主要的考量對象，則大多採取擴
張策略。

叁、緊縮策略 (Retrenchment Strategies)

當企業意圖減少其產品線、市場，或其策略的目的在於減少發生「負現金流量」的活動上時，該企業可說是採取緊縮策略，採行的原因包括:

（一）該企業認為其經營並不十分成功，而其現有資源又不足，因此僅著重於某些功能之改進。

（二）當企業沒有辦法從其它任何一般性策略達到績效目標時，只好採取緊縮的作法，以降低成本。

（三）外在環境的威脅甚鉅，而企業內部的優勢不足以抵抗。

（四）當企業發現其它的投資機會更可以發揮企業的優勢。

任何一種策略型式，只要執行的時機得當，沒有偏差，就是一個有效的策略。因此，當企業面臨危機時，若能當機立斷，採行緊縮政策，對企業未嘗不是一項好的決策。

肆、聯合策略 (Combination Strategy)

當企業數個策略事業單位同時採取不同的主要策略，例如: 有些事業部採穩定策略，有些事業採縮減策略，或者分階段採行不同主要策略時，該企業乃採行聯合策略，一般說來，聯合策略之執行並不容易。因為在同一時間內，企業必須接受一套以上的價值觀以及一個以上的策略運用。但在大規模、多角化的企業中，最常用者還是聯合策略。通常最能有效使用該策略的狀態包括: 大規模、多產業的企業如於經濟轉型期或在產品生命週期移轉階段，各策略事業單位的績效不平均，或者未來展望不一致時。上述四種策略型態之比較，可以總表24-2 觀其概要。

表 24-2 四種企業經營策略比較

主要 策略 內容 特性	子 策 略	使 用 頻 率 (Frequency of use)	有 效 情 形 (Effectiveness)
一、穩定		最常用。	1. 當企業已達成 熟期。 2. 當環境改變緩 慢時。 3. 當企業目前績 效甚佳時。
二、擴張	1. 內部擴張。 2. 外部（合併） 集中式複合企 業。 3. 垂直整合。	常用之策略。	1. 在早期的產品 生命週期階段 較爲成功。 2. 成敗參半 (Mixed Success)。 3. 通常成功機會 不大。
三、縮減	1. 功能部門之改 善，降低成本 （削減策略）。 2. 成爲「附庸企 業」。 3. 清算或出售。	最不常用。	1. 成敗參半。 2. 成敗參半。 3. 最後手段。
四、聯合	1. 同時綜合兩種 或兩種以上之 主要策略。 2. 依序綜合兩種 或兩種以上之 主要策略。	常用。	1. 在經濟轉換期 （如衰退或復 甦）。 2. 在主要產品 （勞務）的生命 週期處於轉換 期階段。

資料來源: William F. Glueck, *Business Policy: Strategy For-mation & Management Action 2nd. ed.*, New York: McGraw-Hill Book Company, 1976, P. 121.

第二節　達成主要策略的途徑

達成主要策略的途徑包括內部與外部的擴張或收縮政策。所謂內部與外部的分野，悉視策略的追求是單由企業內部完成或藉由外部團體的聯合來完成而定。

壹、內部發展途徑

一、內部穩定

所謂內部穩定，係指各策略事業單位間，有些採擴張策略，有些採收縮策略，但最後綜合之後可能產生內部穩定的策略，亦即存有許多策略事業單位，那些所謂「金牛」（cash cow）的事業，可能和其它內部收縮單位相配合而發生內部穩定的效率。此外，穩定的導向亦可配合使用，以提供穩定的經營來抵消其它策略事業單位因擴張所可能帶來的風險。

在執行內部穩定策略時，應該特別留意一個問題，就是當有關的條件發生變動或者資金運轉突然發生困難時，則難免會損害到該事業的市場佔有率，因此企業機構在採取內部穩定策略時，通常仍須繼續投注一定限度的資金，以維持事業的現有定位。

二、內部收縮

內部收縮通常使用在經濟衰退或蕭條的時期。其主要方法包括降低成本、增加收入、減少資產，重新組合產品或市場以達成更大的效率，通常又稱「營運調整」策略（operating turnaround strategy），強調內部效率的增加。

其最主要目的在於迅速回收資金，在採取此一策略時，對事業的投資與營運費用均予減少，以增加資金的流動率，企業對資金也許有

其它更佳的使用途徑。

三、外部收縮:

包括撤退清算公司。探此種策略最主要的原因可能是企業年有虧損，或是該事業的產業吸引力經過評估後呈現負值，改善無望，最後的原因是該項事業，已是無藥可救的地步，甚至作最後的清算工作，結束營業。波特（Michle E. Porter）認為一個公司要清算結束一個企業會遭遇一些阻力，例如: 有結構性的因素，包括愈耐久特定的資產愈不易處分。另有企業策略因素，包括某策略事業單位與其他策略事業單位的相關度高或具互補性，則不易處理。

通常清算被視為下下策，除非已經考慮到宣佈破產所帶來給股東的利益最大，但整個企業清算的理由，也不只是為了實行退縮策略，如果企業覺得划算，拍賣企業所得資金有其它的投資機會，此企業亦可能轉手。

貳、外部發展途徑

一、外部擴張

常見的外部擴張方式包括: 收購、合併。所謂收併（merge & acquisition）是指兩個企業以上的聯合，其中一個企業以收購股票的方式，或者藉由兩個企業主體皆消滅，而聯合成立發行新股。

通常主併者的動機不外乎: 使股價上升，使企業持續成長，平衡產品線，以及促使產品更多角化、降低競爭、取得所需資源創造綜效等。

事業購併的最主要優點，是節省時間。某些事業倘由企業機構自行開發，或許需要九、十年的時間，而市場商機往往是轉瞬即逝，因此為了不耽誤企業的商機，利用購併的方式，可以在很快的時效中，取得有利的技術或資源以及市場。

　　另一方面，購併同時具備了許多的缺點，值得特別注意，其一是購併雖然可以節省時效，但所耗資金也相當龐大，有時甚至會影響到企業正常的營運，同時購併時可能連對方多餘的資產也一併購進，造成不必要的浪費；其二，被收購公司之企業文化、經營方式可能大相逕庭，因此需要充分的溝通和協調。

　　基本上，合併（merges）指兩個規模相當的公司間的聯合行為。而購併（acquisition）則是指較大的企業接管較小企業的行為。而合併及購併行為應用在公司策略領域上，皆要涉及下列三個相關問題：

(1) 公司新事業單位 是該由內部 發展或者從外 部現存之 單位取得？

(2) 如果決定由外部取得，則購併行為在財務上該如何處理？

(3) 需採取什麼步驟來確保合併後所期望之利益將實現？

購併行為有兩種形式即：

(1) 取得被購併公司之股權：依此方式，則所有屬於該被購併體之資產、負債（有形及無形）皆被取得。而後該公司可能會被瓦解或與新公司重新整合。

(2) 取得被購併公司之資產：如此，可避免被迫購買購併者所不欲購之部分資產、負債。而將被購併者大部分資產取得，而使原被購併者之股東保持不變。而原股東所擁有者為交易所換得之現金或證券，非原來之經營事業體。

　　在購併交易中的評價基礎，沒有任何帳載數或簡易公式可客觀地廣被接受。會計上歷史成本、帳面價值或市價可影響評價之基礎，但無法做為一般性的基礎。惟一較合理的基礎是預估未來數年該企業可產生的收入所得（包括最後資產處置價值），再依未來不確定性因素加以調整，最後，將這些未來預估所得依設定貼現率加以折成現在價值，此為該企業被購併前價值評估的一個概略基礎之一。

一個成功的合併策略應考慮完整的策略規劃作業，慎選合併對象，注意人事協調問題。若事前缺乏這些管理上的考慮，則合併策略的失敗率將大增。

二、內部與外部聯合

最常見的內部與外部聯合願略是合資或稱聯合創業策略（joint venture）。其發生背景，是當一個公司欲進入某具吸引力之產業，且具備所需的大部分條件，但缺乏某個特殊資源；而另外存在一家具備該資源卻無法獨立創業的公司時，這兩家企業便可基於雙方互補作用而開創出一家新的事業，此即合資策略。

公司透過合約方式取得合作關係來決定使用如圖24-1所示。六個重要決定因素要加以考慮：

(1) 創業伙伴的角色定位。

(2) 創業伙伴的吸引力。

(3) 投資合約的內容。

(4) 子公司的獨立自主性。

(5) 回饋系統。

(6) 子公司的適應能力。

聯合創業投資的設計及運作受母公司合作意願情形影響極大。而所爲意願（propensity）及談判能力（power）通常是相對的關係。當某母公司具有合作創業的強烈意願需求時，表示另一家公司具有較大的談判能力；反之亦然。

因此，每家聯合創業母公司之合作欲望及談判能力可以用下列五個因素加以評估：

(1) 母公司打算從聯合創業投資行爲中獲取什麼利益。

(2) 母公司可以付出什麼樣的資源、代價。

(3) 此種合作關係的成本是什麼?

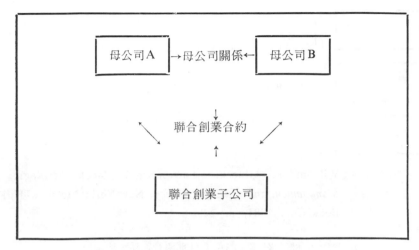

圖　24-1　合資策略（聯合創業策略）合作關係

(4) 有其他可行替代方案嗎?

(5) 所需投入的資源有多重要?

　　圖 24-2 所示為三種不同型態之合資。而且彼此分享企業的所有權。一般而言，合資策略成功的關鍵因素是注意對方在資本、管理、市場營運、技術的實力，這種聯合開發而形成的資源結合，不僅相輔相成的綜合效果，並且可以分擔部分投資風險，但是合資的缺點也在於彼此的利潤分享原則下，沒有單獨開發所獲得的那麼多。

　　· 蛛網策略 (Spiderweb Strategy)：主要以小公司為主，以連串的合資活動來避免大公司的併吞。

　　· 分合策略 (Go Together-split Strategy)：此乃某些企業協議在某一特定期間內聯合創業，而當此計劃或期間完成後便告分離。

　　· 連續整合策略 (Successive Integration Stratigy)：此乃一些企業先維持某種程度的關係，之後再發展一些可以導致合併的聯合創業。

資料來源：William F. Glueck, Lawrence R. Jauch *Strategic Management and Business Policy.* New York: McGrow-Hill Book Co., 1984, p. 225

圖 24-2 內部與外部聯合策略

通常合資 (joint venture) 的好處包括: 分散風險儘快推出新產品、技術; 大公司藉此控制或降低競爭; 以及爲制衡供應商而作決策。關於合資的缺點, 應特別注意合資的雙方公司意見可能不一致, 同時由於責任、權責的分割不清都將導致合資效果欠佳。

叁、其它途徑

一、水平與垂直選擇方案

所謂水平式選擇方案, 是指相同或相類似市場的擴展, 常見的水平整合措施有以下幾項: 1.延伸相關產品; 2.延伸公司現有技術; 3.延伸公司原物料之用途; 4.擴延廠房設備之用途; 5.延伸銷售或通路。

垂直選擇方案則是功能的擴展, 垂直整合計有向前整合及向後整合兩種方式, 大體說來, 企業機構或事業單位爲確定其本身是否適宜於垂直整合的策略, 先應瞭解垂直整合策略所能產生的可能效益及可能投入之成本。

（一）垂直整合策略之效益部份

- 經營的經濟性
- 掌握供應或需要
- 進入一個有利的事業
- 增強科技的創新

（二）垂直整合策略之成本部份

- 經營成本
- 管理不同事業的成本
- 風險增加的成本
- 降低經營彈性的成本

（三）垂直整合策略之效益分析

1. 經營的經濟性

經垂直整合後的前、後相屬的事業，兩者在生產製程中某些過程可以合併、消除，或密切的協調，以達成規模經濟的要求，及節省兩個事業之間的共同成本。

2. 供應或需要的掌握

就製造業而言，製程中的成功關鍵因素是否能順暢取得所需的原料、零件，或其它供應品，尤其是在面臨強大競爭對手時。若企業採向後整合，則供應不繼或須耗高價才能取得供應的風險大為減輕很多。同樣的理由，事業單位也許迫切關注其本身產品的出路，則向前整合可以舒解業界不予採購的危險性。

3. 進入一個有利的事業領域

企業採垂直整合的策略，動機可能僅是基於追求利潤的考量，例如一家公司之所以急於建立本身的零售系統，也許純然是因為零售業的前景看好，為一有利的投資事

業。　至於建立了 零售事業能爲 本身產品提供 一個銷售據
點，　倒還是次要的因素。

4.　增強了科技的創新

執行垂直整合策略的公司，　有時較易獲致 科技的創
新，因爲不同事業單位在一個企業機構控制管理之下，各
事業單位之間的技術資訊就容易流通；　同時，　經過整合
後，規模增大，經費增加，則創新發展的潛力相對也必增
高。

（四）垂直整合策略之成本分析

1.　經營方面的成本

整合後的事業較趨複雜，　規劃 及協調方面均較 爲繁
重，造成管理系統的執行困難，由此所產生的成本未臻少
於整合前，同時，由於兩個事業單位的產能，不一定能恰
好配合，故容易影響經營的效率。

2.　管理不同事業的成本

由於一個在組織、文化背景全然不同的事業體系，要
納入另一個管理領域，其結果可能是該企業也許因此無法
有效繼續經營整合後的業務。

3.　風險增大的成本

如果新增的市場能够呈穩定的成長，則整合後當可使
利潤大增，但如果新增的市場已呈衰退現象，則整合的結
果也必 同樣使利潤減少，　另一種顧慮是企業 機構旣然整
合，則必然提高其「退出障礙」，一旦事業萎縮時，由於
新增一些承諾和投資，如果考慮退出時必使困難增加。

4.　經營彈性降低的成本

企業機構的垂直整合，通常係表示其內部已有固定的

供應商或客戶來源，若遇上科技環境的重大變化，有時可能會採更換供應商的措施，但既經採垂直整合，則更換顧客或供應商的彈性就減少許多。

三、積極與消極的選擇方案

　　另一應討論的構面涉及策略制定者個人的價值觀取向。所謂積極、侵略性的策略是指策略者在尚未面臨環境機會或威脅之前，即預先行動的策略；而消極、防衛性的策略則是指被動的因應環境，除了這兩類的分法外，若依研究發展的傾向也可區分為：

(1) 創新者策略：採產品創新路線，在產品發展與研究方面都採主動態度。

(2) 老二主義策略：此類企業，在產品發展方面採主動態度，但研究發展則採消極態度。

若將上述的策略彙總來看，可以從圖 24-3 來展現其全貌。

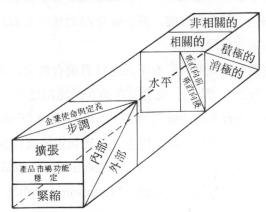

資料來源：William F. Glueck and Lawnence R. Jauch *Strategic Management and Business Policy*, New York: McGraw-Hill Book Co.，1984, P. 233

圖　24-3　策略方案的展現

第三節　事業投資組合策略

　　在公司的使命與目標指引的前題下，管理者必須針對企業機構中的每一個策略事業單位，劃出適當的投資水準，也就是管理者必須決定何種事業和產品的集合，能將公司的優勢和弱點與環境中的機會與威脅，做最佳的配合，基本上，企業各策略事業單位的聯合營運將產生比各單位獨立營運的績效要大，但這種現象不會自動發生，而是必須經過分析目前事業組合，以決定那些事業單位應接受更多的重視和資源，那些事業單位應予減少，所以投資組合的策略分析卽在於企業機構如何針對其所屬各策略事業分配資源的問題。投資組合策略可在企業機構中之不同層次分析，以高階的總體層次而言，企業機構可對於各事業部的分配策略，對各策略事業單位羣的分配策略，以及針對各策略事業單位的分配策略。另就以策略事業單位層次來看也可以對各產品之間的不同分配策略，最後就產品的層次來看，這可以訂定出不同產品市場的分配策略。

　　分析投資組合策略時，有不同之投資組合模式，其中某一模式可能較適某一層次。因此，也有其各適合的應用途徑。本節中將討論三種分析投資組合策略的模式。其一爲BCG矩陣 (Boston Consulting Group-Share Matrix)；第二種方式爲通用電器公司的「商業吸引力對事業定位的矩陣」 (Industry Attractiveness-Business Position Matrix)；最後是導向政策矩陣 (Directional Policy Matrix)，三種方式。

壹、波士頓顧問羣「成長率對佔有率的矩陣」分析

　　爲了說明產品組合管理的意義，波士頓顧問團將其以矩陣表示於

圖24-4，用成長率及市場佔有率來對企業評價。

高成長率及高市場佔有率的產品以星號 * 表示。高成長率但市場佔有率低的產品以問號？表示。高市場佔有率但低成長率的產品以 $ 表示。低成長率及低市場佔有率的產品以×表示。

假設(1) 現金的耗用與某項產品的成長率成正比，且(2) 根據經驗曲線效果的關係，現金的產生與市場佔有率有一函數關係，則可在成長率／市場佔有率之矩陣上發現出其與現金之產生及耗用的關係。由此，一個公司若要成功，其產品組合必須具備不同的成長率及市場

（甲）產品組合
市場佔有率（相對）

成長率（相對）		高	低
	高	* 高	？ 低
	低	$	$

（乙）最普通現金流動表
市場佔有率（相對）

成長率（相對）		高	低
	高	* 高 現金流量中等	？ 低 現金流量大
	低	$ 現金流量大	× 現金流量中等

（丙）成功序列

市場佔有率（相對）

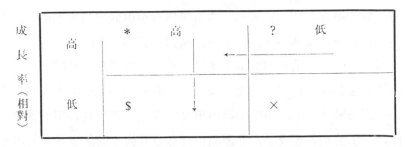

（丁）失敗序列

市場佔有率（相對）

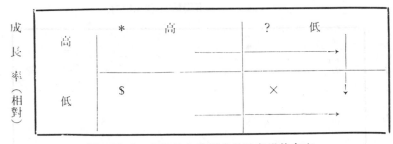

圖 **24-4** 產品組合分析成長及市場佔有率

圖註：＊＝明星事業　　×＝苟延殘喘事業

　　？＝問題兒童事業　　$＝搖錢事業

資料來源：Boston Consulting Group, "The Product Portfolio,"
Perspective Series, The Boston Consulting Group,
Inc. 1970, a Specal Publication.

佔有率。

　　產品組合必須要考慮到現金流入流出的平衡。高成長率的產品必
須投入額外的現金來促進其成長，而低成長率的產品則可提供額外的
現金來源。兩者都是公司必須在同一時間內面對的❸。

❸　郭崑謨著「行銷管理」，臺北市：三民書局印行，73 年 3 月初版，
　　pp. 582-84。

有四個概要法則可以用來決定現金流動：

1. 市場佔有率高則獲利也大，此規則可經由經驗法則解釋。

2. 要維持成長率必須要有現金來投資購買新設備。要維持一成長市場的佔有率所需的額外現金和成長率的高低有關。

3. 高市場佔有率是要以額外的增資才可以「購買」來的。

4. 沒有一種策略事業單位的產品其市場可以無限成長的。

在高成長時投入的現金必須在低成長期收回，此收回的現金將不再投資於同樣的產品。因而，市場佔有率高但成長率低的產品，以 $ 表示可以產生大量的現金。且由於回收率高於成長率，若回收之現金投入原產品，只是降低現金回收率而已。此時，現金應投資於具有更高成長率的產品。

市場佔有率及成長率都低的產品以符號×表示。雖然此產品可以產生會計上的利潤，但此利潤卻必須用來再投資以保持市場佔有率。因而沒有現金之保留，此種產品基本上是不值得再生產的。

所有的產品最後若不是變為 $，就變為×。一個產品必須能在成長率降低以前在市場佔有率上領先才具有價值。市場佔有率低而成長率高的產品，其產生的現金常不夠用來提高其低市場佔有率，因而，必須投入額外的資金。此種產品之市場佔有率若不提高，則一旦成長率降低，就成為低市場佔有率、低成長率的產品，而失去其發展的價值。

市場佔有率高且成長率高的產品以 * 表示。它的利潤在報表上雖然很高，卻不見得能產生足夠維持其市場佔有率的現金。若其佔有率維持領先，則當成長率下降之後，則可成為 $ 級的產品，利潤高而穩定性佳，其產出的現金可用於投資其他的產品。

市場佔有率若居於領導地位，則其報酬亦很高。在成長期時，倘若有足夠的現金，應投資來提高市場佔有率。佔有率提高則利潤便增

大，負債能力也增加。

由前面所述，可知產品組合有其必要性。一個公司必須同時擁有產生多餘現金再投資的產品。若一項產品最後仍無法產生現金，則它是無價值的，除非此項產品是某類產品的附加品。

唯有具備產品組合的多角化公司能盡全力增加投資而把握成長機會。一個平衡的組合應有高佔有率、高成長率的＊級產品來確保公司的未來發展，有＄級產品來對具有成長潛力的產品提供資金，並有？級的產品，只要投入資金，便有希望成為＊級的產品。至於×級的產品，則必須棄卻。×級的產品通常是在成長期時無法提高市場佔有率的產品❹。

圖24.4詳細描述了成功的及失敗的產品序列現金流動狀況。在成功的序列＄。級產品提供資金給？級產品使其變為＊級的產品。

根據分類的結果，公司應採行下面的策略。

1.　對於＄級產品，投資要儘量小，除了為了維持市場佔有率及降低成本的投資外，對於研究發展、廣告及設備不應再投資。＄級產品產生的資金，應用於投資＊級及？級產品。

2.　對於＊級的產品，應大量的投資，以提高或維持其市場佔有率，此時的第一目標是佔有率的提高而不是利潤的極大化。倘若此策略成功，則當成長率降低時，此產品可成為＄級產品；若不成功，則可能成為×級產品。

3.　對於？級的企業，應大量投資，使它們趕快成為＊級的產品。在有限的財務資源（由＄級產品產生或負債及資本產生的資金）下，我們不能擁有太多的？級產品。因而，只要保留最有潛力的幾項即可，其他的則可以棄卻（例如，賣給其他尋求？級產品來平衡產品組合的企業）。

❹　同註❸，p. 585。

4.　對於×級的產品，則必須將其放棄或賣給不知其爲×級產品的公司❺。

　　波士頓顧問的所謂「成長率對佔有率」的投資組合策略橫模，事實上可說是一項企業機構對的現金管理計畫，此項矩陣只是告訴企業體，其各策略事業單位的產品必須明確認定其爲「產生資金的單位」或是「使用資金的單位」，這項分析方法同樣也能來分析競爭對手，以預測競爭對手將採何種策略，企業機構選出爲「使用資金事業」的策略事業單位數不宜太多，以便使企業有限的資源，作最有效的運用。

貳、產業吸引力對事業定位的矩陣分析

　　上述介紹的ＢＣＧ矩陣模式是個相當簡單的模式，僅以現金的流動率作爲策略重點，市場成長率與市場佔有率二個變數，而此種分析乃將矩陣予以擴充，以多項有關的因素爲基礎，該種因素包括下列數項❻。

（一）競爭能力

　　　・規模

　　　・成長

　　　・區隔佔有率

　　　・顧客忠誠度

　　　・利潤

　　　・通路型態

　　　・技術能力

　　　・專利權

---

❺　同❸，P. 586。

❻　Perspectives, the Product Portfolio Boston, Mass: The Boston Consulting Group, 1970, PP. 62-78.

· 行銷能力

· 彈性

· 組織

(二) 產業吸引力

· 規模

· 成長率

· 顧客滿足水準

· 競爭、數量、類型

· 價格水準

· 獲利率

· 科技

· 政府管制

· 對經濟趨勢敏感性

本項矩陣分析, 對產業的各項因素的評估, 以投資報酬率爲基礎。倘若經評估因素的綜合計算結果, 認爲某一策略事業單位的市場吸引力和事業定位均爲正向。例如圖 24-5 中, 標明「1」之方格, 則其策略事業單位應考慮採行投資策略, 以追求成長, 反之, 如果兩項評估後, 認爲市場吸引力及事業定位兩者皆爲負向, 例如位圖中標有「3」的方格中, 則通常宜採取收穫策略或撤資策略, 其餘矩陣中呈現三個標有「2」字的方格中的事業單位, 則應就其中某個事業單位經認爲投資確有利潤者, 才採行投資決策。

企業實施此種分析最主要是事業單位在矩陣中的位置可能由某一方格轉至另一方格, 卽表示該事業單位也有改變策略的必要, 一般說來, 宜考慮的策略可分作下列幾項:

· 穩固性投資: 爲減少外面環境及競爭者的威脅, 保有現勢地位, 因此在策略事業單位上投入適當的資金。

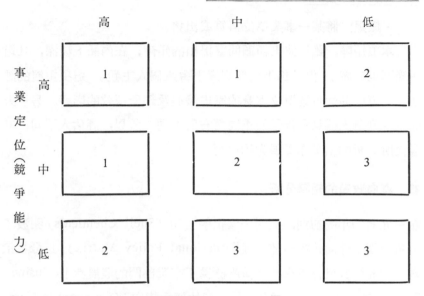

1　投資／成長
2　選擇性投資
3　收穫撤資

資料來源：Sindney Schoeffler, *In Defense of PIMS. GE, and BCG*, Marketing News, Feb. 9, 1979, P. 8.
策略型態

　　圖　24-5　產業吸引力對事業定位的矩陣

* 滲透性投資：即使犧牲一些資金，也要積極的追求高度的市場成長率。

* 重整性投資：原策略的市場定位逐漸降低，進而投注適當資金，以求恢復其原喪失之市場定位。

* 選擇性的投資：為加強某些區隔事業之市場佔有率，而削弱其它區隔市場之地位。

* 低度投資：該某一事業中獲取資金，故將該事業的投資減到最低。

・撤退: 將某一事業單位清算或出售。

本項矩陣,雖較波士頓顧問羣提出的矩陣,在內涵上較深,且適用範圍也較廣, 但其仍不免在測度上會憑個人主觀, 這項主觀的評估,一方面易受事業單位本身的歷史發展及經營績效的影響。另一方面也受到個人偏見和背景的不同而有所不同。所以, 評估人不同, 其最後所分析的結果亦受很大的影響。

叁、導向政策的矩陣分析

在一九七〇年的初期,英國一家化學公司 (Shell Chemicals) 開發了這項所謂「導向政策矩陣」 (Directional Policy Matrix) 以分析策略事業的投資組合策略,其橫座標為「事業部門的發展性」(Business Sector Prospect),縱座標則「為公司的競爭能力」(Company's Competitive Capabilities) (如圖 24-6 所示者然)。

公司的競爭能力	強	中	弱
強	領導	領導　　　　成長	產生資金
中	領導　　　成長	成長　　小心前進	階段退出
弱	加強或退出	謹慎前進　　　階段退出	撤退

圖 **24-6** 導向政策矩陣事業部門的發展性

資料來源:D.E Hussey, *Portfolio Analysis: Practical Experience with the Directional Policy Matrix*, Long Range Planning, Aug. 1978, P.3.

　　本項矩陣分析，與前述波士頓顧問羣的成長率與佔有率矩陣相同的是，在矩陣方格中也明列了相應的適當策略型態，茲將其說明如下❼。

　　・領導: 應力求保持事業的領導地位，若需增加投資，亦應全力配合。

　　・成長: 目的在於使產品隨市場之成長而成長，如果事業單位的產品有利潤，則其事業的成長也應由其自行支持。

　　・前進: 本項方格內之產品，存在某項缺失，可能會影響事業單位的某一項或數項競爭能力，如果要再投資該產品，則必須小心謹愼。

　　・產生資金: 此類產品是企業現金的來源，勿再繼續作新的投資。

　　・加強或退出: 位於本項方格內的事業單位中，投資在有希望者的單位中，以改善公司的定位，對於其它各事業單位或產品則應卽早退出。

　　・撤退: 本類產品將造成虧損，應儘速處理。

　　・階段退出: 未來利潤的展望很弱，應設法將有關資產改作其它用途。

　　導向政策矩陣分析的第一步是先行訂定重要的評估規範，通常包括市場成長及市場品質兩項因素，其它因素則因應情況需要而定，當然決策者宜分別評定各個事業部門的計分，以加權法評估得分。

　　由於這項分析評估規範的訂定和事業單位的評估等，仍有很高程度的主觀性，因此矩陣分析所獲的策略建議，仍只能供作參考，對於

---

❼ James. Brown and Rochelle O'Connor, *Planning and the Corporate Planning Director* (New York: The Conferene Board, No. 627, 1974), PP. 15-16.

每一種情況，必須作深入的分析，才能使策略建議有相當的適用性。

　　對於一個擁有許多策略 事業的公司而言， 其投資組合 策略的擬定，最重要的是其資源分配原則是否達到綜效 (synergy)。此外，尚需注意到現金流量的均衡，即流動性的管理觀念。現金可藉由內部營運產生。一般而言，內部產生最後尚須考量風險與利潤的均衡，即設法在犧牲利潤降低風險或追求高風險、高利潤之間維持平衡。

　　公司在分析及設計其事業單位的組合策略時，不能全然盲目的依賴公式化的方法，必須管理當局全盤了解公司的整體競爭地位，才能有效地擬定出適當的優勢策略。

第 八 篇
管理才能發展概論

❀ 主管人員自我發展概要

第二十五章　主管人員自我發展概要

　　主管人員須不斷培植自己的管理才能，始能在經營環境演變迅速之現今，發揮管理效率，因應變局，提高決策之時效與效度。本章特將充實管理技能之基本觀念與作法，主管人員必備之觀念與作法，以及如何做好分析規劃與管制之基本工作——亦即高階管理作業，分別簡述於後。

第一節　主管人員充實管理技能之基本觀念與作法●

　　在繁忙熙攘、追求進步的工商社會裏，一個現代企業家想要不落人後，想要充實自己的管理能力，擴大管理領域，首要工作就是要「充實」自己的時間，讓本身擁有更多進修提升的機會。

壹、企業家「充實自己」的基本要件

　　國內一般企業家，特別是成功的企業家，其企業不斷的成長，本身卻因忙於處理一般性的管理業務，無法（或是疏略）自我充實、自我突破。歐美各國的企業家，對於本身的時間管理（如控制開會時間）非常重視，這或許是國內企業家追求更卓越成就，值得借鏡的地方。

　　企業家在時間管理上，最基本的作法，便是「充實」自己的部屬，俾能充分授權爲己分勞。企業家能充分授權，才有時間充實自

●　郭崑謨著「這是一個企業家必須求進步的時代」，工商雜誌，第 32 卷第 3 期（民國73年2月），第 95-96 頁。

已。就一個兢兢業業的企業家而言，倘能充實自己之管理能力，便可提高管理生產力。此乃意味企業家盈餘的提高。俗云：「強將手下無弱兵」，更積極而具有現代化的意義是，「強將強兵」。指望找來的兵個個都「強」，是不切實際的想法，唯有以將「強」兵、以將「強」將，才能使一個企業蓬勃有力、精進發展。

貳、企業家充實自己之意義與內涵

一個企業主管要求自我充實，很明顯的，就是要求充實自己的管理能力。這包括：

一、策謀的能力——能夠瞻顧大局，考量公司狀況，國家甚至國際變化的情勢。扼要的說，這是一個規劃用腦的過程。

二、了解羣眾的能力——以適切的人際關係來領導部屬，發揮部屬個人及其在團體工作中的力量。

三、控制的能力——對所完成的工作要求一定的精確性。此一能力亦可稱之為對企業本身「應用基本技術」的瞭解能力。

前述三種能力，依管理階層不同而比重各異。高階層人員（包括企業負責人）強調策謀能力，亦卽樹立決策的權威性；中階層人員着重瞭解羣眾的能力，亦卽建立領導的權威性；基層人員著重控制能力，亦卽建立技術權威性。

從優先順序的觀點來看，一個最高主管在自我充實之際，應以培養、加強策謀能力為重，次及統御，再及控制能力。中、低階層管理人員依此類推。

叁、企業家充實自己的方法

茲就培養並加強這三種能力的方法，簡述於後。

就充實策謀能力而言：㈠可採取特別助理的方式，延請有關管理

方面的專業人才，充當主管幕僚，增進策謀能力；㈡與國內的企業家相互切磋，共圖企業發展；㈢與同業或異業主管相交流，增長見識。

就充實瞭解羣衆能力而言，最有效的方法就是「向下學習」、瞭解部屬。控制能力之培植，企業主管人員比較容易忽視。控制能力可以利用各種定期會報、簡報等方式來培養。主管人員可從中知曉技術發展和應用的程度；同時，亦可運用時間閱讀專門技術相關刊物或親身觀察工廠的技術運作等，來充實管制方面之知識。

肆、企業家充實管理技能之途徑

企業家未來自我充實的途徑有：

一、參與公會活動，可彼此相互觀摩。因之，同業公會功能必須加強。

二、參與學術團體的活動，可多聽他人的見解，防制以管窺天的封閉觀念。

三、諮詢制度之建立方式有：㈠向外延攬專門顧問。㈡內部自成委員會。

除了前述非正式的學習管道外，企業家可參加正規管理教育。事實上，政府已逐漸重視企業主管人員的進修，但如何將之推廣、蔚爲風氣，乃需亟待努力。

在作法上，政府應當酌量增加預算，透過公立學術團體或訓練機構，積極培育更爲精純、優異的企業家。探行授與學位、財務支持、優先輔導經營等措施，激發企業家學習的意願。民間團體亦可從事類似的正式訓練計畫，但仍須政府配合推動。

伍、充實企業家管理能力努力之方向

企業家管理素質的提高，等於企業生產力的提高。通常，一個企

業的成長，往往因管理瓶頸的約束，無法茁壯。如果企業規模不斷擴張，營業額增加，但管理的腳步卻跟不上，企業自然停滯難前，造成企業成長的瓶頸。

嚴格言之，企業追求成長，社會追求進步，都沒有止境；掌握社會資源分配與運用的企業家，處於此一「非進步不可」的形勢下，豈可固步自封？我們樂見經濟起飛，更盼企業運作效率起飛。然而，這不只是企業家本身所應有的擔當，也是社會所必須寄予關注的責任。

第二節 主管人員必備之管理理念與作法❷

為了適應我國現代管理的潮流與趨勢，主管人員對下列幾項觀念與作法應特加重視，始能使組織力量增強，達成組織所賴以生存的目標。明瞭這些觀念與作法，踏實力行，實為主管人員的職責所在。

壹、建立「重治本」觀念

做主管者最忌諱把寶貴時間浪費在處理問題的「癥候」（治標），而沒有去發覺真正的「癥結」（治本）所在。譬如銷售量降低，產品單位成本增加等，均屬問題的「癥候」。如果針對此種癥候，採用降低產品的售價，使銷售量驟增，或改採次級品或廉價品代替原料，降低單位成本，雖可在短期內改進營運，但在長期內必會造成「以小失大」，「燃燒別人，照亮自己」的現象，這種治標作法，稍一不慎，可能導致企業的崩潰。如果處理上述問題的癥結，考慮到如何有效延長機器每日運轉的時間，由現行的一班制，改為二班制或三班制，減

---

❷ 郭崑謨著「主管人員須知的十二項觀念與作法」，現代管理月刊，1983年1月號，第 43-44 頁。

少機器實質折舊率，降低成本等等，針對問題的背後原因，改進營運，必會長期受益，才是「治本」的方法。

貳、認清「現代化」須符合現代管理精神

現代化與現代管理精神不可混爲一談。有些企業主管認爲具備了現代化的設備就能提高效率，紛紛購買電腦來替代人力。但是業務量若不多，使用設備機會太少，或「電腦」與「人腦」無法配合（亦卽無使用電腦人才）或無軟體可配合使用，就不符合添購電腦的條件。在這種情況之下，折舊費、維護費等開支，也許比另聘一個人來處理這些業務的費用還要昂貴。所以，現代化必須符合現代管理的精神——降低成本、提高效率，兩者兼顧。

叁、重視規劃性成長

企業快速的成長，並不一定代表經營的成功。雖然市場一片好景，但本身成長的條件不足，資源供應的能力無法配合，就應採取穩健的經營，否則，將會欲速則不達，往往爲達到源源而來的訂單要求，匆忙之中，或者品管不週，或製程潦草，容易造成客戶的不滿，損失將來的市場，全功盡棄。如同跑步的腳步不穩，容易跌跤的道理一樣。所以，企業成長要有規劃，須穩健的求發展，俗語說：「打鐵趁熱」並不一定符合企業經營的原則，有時反而會招致反效果。

肆、授權與棄權不可混淆

主管人員應將時間應用到重要的策略或決策問題上，不要把瑣碎的一般性事務攬權自理。主管人員整日忙碌，就是不懂授權所造成的結果。授權不是棄權，主管仍然要負其全盤成敗的責任，但應讓組員去做他（她）職務內應做的事。如此，一面可滿足組員的「成就感」、

培植組員的工作信心，另一方面組員亦會體會其在組織內的重要性與
對事務的權威性。主管與組員建立和諧的關係，則組員信賴主管，忠
於公司，共同致力於企業的發展而努力。換言之，基層主管受中級主
管信賴，中級主管受上層主管信賴，自會塑造各級主管的威信，與各
級組織成員的信賴與合作，上下團結、信心堅定，發揮組織的潛力。

伍、重視研究發展

研究發展是一種長期性的投資，是一種立竿未必見影的工作，更
不可視為無效的浪費。產品要領先同業，惟有研究發展一途，別無他
方。美國普強藥廠的眾多產品，始終居於藥界的領先地位，其經營成
功之處，就是注重研究發展的結果。美國普強公司對研究發展人員的
重視與研究發展設備的注重，堪足我們借鏡。

陸、善於運用職位說明書

職務說明書是西方管理制度的優點。雇人條件要訂得詳細，用人
要照職位說明書的內容來擇才。在聘用前應對應徵人員說明其工作職
位的昇遷或調遷途徑，讓應徵人員一旦加入組織有合適的目標去追求。
使人人適得其所，樂於工作，才能使員工流動率降低，才能適「才」
永留，企業也才能發展。

柒、注意產品的生命週期

生活水準的提高，消費大眾將產品的要求較往昔苛刻。每一企業
都有所謂「賺錢的招牌產品」流通於市面，但是隨著環境與時間的變
遷，也會淪為滯銷品，這時主管人員就必須果斷的下決定，在暢銷品
渡過了「蜜月期」後予以淘汰，否則滯銷品庫存過量，將造成公司資
金週轉的困難。只有淘汰舊產品，推出新產品，把迷戀舊產品的促銷

經費，如廣告費用移至第二代產品的推廣與第三代產品的開發上，才能以「日新又新」的產品滿足「求新求變」的消費者需求。國內某家鈕扣製造商，早期使用每分鐘可生產八、九十個鈕扣的機器，後來研究出每分鐘可生產一百多個鈕扣的機器，於是這家企業，就將舊有的機器，整廠輸出賣至南美洲，而本身則擁有最新的機種，這就是注重產品的生命週期與研究發展成功的例證。

捌、注重通盤診斷、對症下藥

「頭痛醫頭，腳痛醫腳」並不適用於企業的經營，一個主管人員對問題的看法就如同醫生診斷一樣，要開「藥方」而不是「單味」，當組織內產生了問題，要通盤檢討，防患未然。比方廢料過多，使產品單位成本過高，要解決廢料過多的「藥方」或「處方」，必須就會計制度、庫房驗收、領料手續、領料人的習慣等流程去瞭解，然後設計一份可行的領料單及訓練領料人員、加強驗收作業等「處方」來使用，使廢料減少，產品單位成本就會降低，產品在市場上的競爭力才會提高。

玖、認清主管決策與幕僚作業的分野

組織內部的規劃，不僅是主管也是組員的責任，主管人員不應過份依賴幕僚單位去推行，須知幕僚單位只是參謀職責、統一協調的功能單位，眞正去執行決策的是直線單位的主管，此種決策應建立在與組員有合適溝通之後才進行，始能收到更大效果。

拾、運用組織外的組織

任何一個組織，正式意見溝通與非正式意見溝通必然並存。正式意見溝通存在於組織體系上，按指揮系統依次而上下。非正式溝通通

常是基於人之社會關係，旣非主管所能建立，亦非主管所能控制，而
其表現的溝通方式是錯綜繁雜，形成一種動態情報作業，難以捉摸，
但確爲非常有效的方式。因此，主管人員必須靈活運用溝通系統（資
訊系統），把正式與非正式的組織納入溝通的範圍，千萬不要與非正
式組織或組織外組織採取對立現象。因爲如果正式與非正式組織行爲
無法協調，必會造成組織力量的分散，降低組織運作效率。

拾壹、善用規則外的規則

西方式的管理較注意制度化、表格化，但我國主管人員不能全盤
「西化」——照抄照用。主管人員須知西方的管理係以「個人」爲出
發點，而我國則以「倫理」的觀念爲處世的原則，以家庭爲基礎。因
此，規則的制定要富有彈性，執行則重輔導，使所訂的規則不致阻礙
個人「創新」的構思，阻礙組織成員潛力的發展。

拾貳、輔導工作時間外的時間

工作時間內的管理固然重要，但工作時間外組員的活動，做主管
的也必須去瞭解與輔導。 主管人員如能重視工作時間外的輔導， 必
能透過羣體的力量去幫助個體。組織成員離開組織的時間所佔比例甚
大，往往離開組織後的種種活動，會大大地影響上班時間的情緒與效
率，因爲私人生活的煩惱，將導致上班時間無法專心的做事。主管如
果能指導他（她）的社交生活，解決他（她）的私人難題，當個人無
所憂慮時，才能善用餘暇去充實本身的專業知識，甚至於花時間考慮
公司或組織團體的事，這是主管領導組員成功的理想境界。

綜上所述，主管人員應具備上列十二項觀念與作法，發揮中國人
的智慧，以及中華五千年一脈相承的道統思想，擷取西方可資移用的
管理原理原則，必可提升我國管理效能，超越西方傳統管理領域，樹

立我國獨特的管理旗幟，揚威世界。

第三節　分析、規劃與管制作業之運作❸

如何做好分析（A）、規劃（P）、控制（C）的工作是一個非常困難的問題，但是企業經營者若能做好分析、規劃與控制的工作，對於企業營運將有事半功倍的效果，做好上述工作，首先必須注意下列三個觀念。

壹、三個基本觀念

一、管理者是導航者，他必須訂定整個企業的營運方針，而不是事事躬親。

二、借重企業策劃人才，發揮幕僚的功能。

三、要有重點式的管理方式，選擇性的管理，其功效大於普遍性的管理。

貳、重要成本項目之分析

在分析的時候公司主管最重要的是要分析重要的成本項目，這些重要的成本項目並不會很多，假如每項成本資料皆要分析的話那反而會得到反效果，其次是要分析行業的資料，考慮那些行業值得進入，其中最值得注意的是成長行業的資料，因為邁進成長行業就會一直成長，而進入衰退行業就是再怎麼管理也收效不大。第三點就是要明瞭競爭者的資料，避免與他們硬碰硬，發生直接的衝突，但是一個成長的行業或大企業也是有其弱點，因此在分析方面要搜集明瞭其弱點。

❸　郭崑謨著「企業經營者如何做好 APC 工作」，中華日報（南部版），民國73年 5 月10日第二版專欄。

　　規劃方面宜探策略性規劃，重點卽在產品與行業組合的問題，應注意考慮兩個層面：一、行業成長的狀況，二、行業市場佔有率高低的問題，像高成長、高市場佔有的行業稱爲明星行業，因爲快速的成長需要大量的資金來融通，所以常需很多資金，所以明星行業在高階層管理規劃的時候一定要能掌握產品的種類，否則常會造成周轉不靈。如果一個公司的成長率慢慢降低，卽表示應收票據的成長率很慢，那麼就能產生很多資金，此種低成長、高市場佔有的行業稱爲搖錢行業。另外低成長、低占有率的行業則是苟延殘喘的事業 (Doqs)，亦稱爲現金的陷阱，或許能自給自足，但不可能成爲現金的大來源，最後高度成長，低度佔有率的行業稱爲問題行業 (Qupstion)，光爲了維持目前的佔有率，就已需要大量的現金，更別提增加市場佔有率，因此管理局必須仔細考慮，是否要花費更多的資金來提高市場地位？因爲必須找出幾種較堅強的產品系列，用資金去支援它，這是策略性規劃應掌握的第一點。

　　第二點：我們以往在規劃行業時，常以資本投資報酬率來衡量應否投資此項行業。

叁、策略性規劃之探取

　　但我們知道，能使資本報酬率提高的最主要原因是市場佔有率，因爲要進入新的行業，我們要投資很多的資本，如果市場佔有率不很高，那可能會失敗。因爲我們算 R. O. I. 是以這種公式來算的——資產報酬率 R. O. I. 等於銷售利潤率×資產總額週轉次數 $= \dfrac{稅後淨利}{銷貨收入} \times$ $\dfrac{銷貨收入}{資產總額}$，如果你投資費用很大，資本額很多，ROI一定會降低，如果銷售量又不高（不能維持很高的市場佔有率），那麼企業營運當然

會失敗。所以往往進入一行業，就應考慮到投資愈多，產銷量也必須相對提高，否則不可能維持很久。我覺得可以投資在各種不同行業，但必須能佔有小市場的高佔有率，這才是我們策略的導向。

肆、共用事業之密切注意

再則談及策略規劃的另一方面：產品的生命週期愈來愈短，因此我們須密切注意共用的設備、共用的產業，我們才可以在產品生命週期愈來愈短的情況下，不會導致有虧損的存在。

在管制或控制方面，第一點我們要注意的是我們一定要避免無錯誤主義，高階管理在控制方面要避免無錯誤主義發生。第二點在衡量績效的時候要採取「反近視」的措施，應避免自我表現、以長期的計畫實行、講求長期的效果。第三點在控制方面應著重團體的績效，而減少個人績效的追求，個人英雄主義並無法長期維持團體的績效。

分析、規劃與控制的能力是高階管理人員必備的素養，但管理者並不一定要事事躬親，尤須借重專業的規劃幕僚人員，避免自我的觀念。在規劃的時候一定要改掉長期規劃混在短期規劃裏的毛病，在控制的時候一定去除例行管制的缺點，例行的管制已有現成的法令規章來做好管制的工作，無須企業主管再去進行這些控制工作。總之，管理者必須負起導航者的任務，指導幕僚人員蒐集行業資料，了解競爭者的弱點，制定成長策略並控制此策略之順利實現，使企業的運轉生生不息，延綿不絕。

第 九 篇
管 理 之 特 殊 層 面

❀ 時間管理概論

❀ 「綠色消費」時代之管理角色

第二十六章　時間管理概論[*]

第一節　時間管理之重要性

邇來學界及業界逐漸重視如何規劃及管制可運用之時間。「時間管理」之名稱，業已成爲管理學上之特殊領域。

任何人，不論就何職業，不分職位之高低，職責之輕重，其所能擁有之時間一天只有二十四小時，一年只有三百六十五日，無法增減。時間確實是人類最能「平等享受」的「資產」，它的價值實在無法佔計。所以有人說時間是無價之財富，愈能將之運用得當，愈能顯出其價值。

工作是每人必須要面對之生活「主體」，也是與生俱來之責任。工作做得好，表示生活豐碩，責任達成之效果良好。進入工商化社會時代，人人迫切需要改進時間觀念及運用方法，使工作能做得更好。一般而言，愈忙的人愈感到時間不夠使用，愈需要好好利用時間。時間於焉成爲不僅主管人員，亦爲一般民眾所應適切了解之課題。

第二節　社會變遷過程與時間之特殊涵義

壹、社會變遷與工作之「時間性」

人類不但爲生活而工作，更爲具有目標之工作而生活。我們所面

---

[*] 本章部份取材自郭崑謨著「時間管理之重要性、內涵與重點」，企銀季刊第十四卷第一期 (1991)，第1～4頁。

對之社會業已由偏重農業活動轉變爲偏重於工商業活動。在邁進工商業社會過程中，各種活動，諸如生產、分配與消費等等活動之循環週期大爲縮短，使時間之壓力增加。尤有者，以家庭爲核心之社會，隨工商業之發達，逐漸轉變爲「多元取向」社會，每人成爲工商、政治、經濟、社團等多重成員，扮演角色繁多，益感時間之不敷使用。

人口集中情況亦爲社會變遷特徵之一。統計資料顯示居住十萬人以上人口之都市佔總人口之比率，由民國六十三年之百分之二十九‧七增加到七十五年之百分之五十左右❶。此種人口集中之情況，使吾人之「時」「空」觀念大爲改變，在熙熙攘攘「空間」中愈感到時間短促。

由於婦女就業機會增加，男女所扮演的角色亦已改變，家庭中男女共同時間之安排與運用，比過去更加重要。按民國七十五年婦女之就業比率由民國七十年之百分之三十八增加到百分之四十六。已婚婦女之就業率亦由民國七十年之百分之三十增加至七十五年之百分之四十左右❷。

再者，家庭結構之改變 ── 「小家庭」之普化，家庭成員之行爲規範比較鬆懈，爲維護國人之家庭倫理，個人做事之時間層面，漸被重視。科技掛帥時代，使各種相關活動必須「迎頭趕上」潮流，使得時間之價值觀念必需改變。上述數端，雖是少數之例，已足可說明現今社會之演變，已使吾人領悟時間之重要性。

貳、「犧牲時間」、「享受時間」之特殊涵義

---

❶　郭崑謨著，「轉型社會應有之環境認識」，行政院研考會與中華民國管理科學學會主辦之企業管理與行政現代化研討會論文（第1~18頁）。民國七十五年5月9~10日於臺北市政大公企中心舉行。

❷　同註❶。

故蔣總統經國先生曾剴切訓示我們，要能「犧牲享受」才能「享受犧牲」。要做好工作，特別是爲公做事，必須「犧牲自己的時間」，才能「享受做好工作之成果」。這就是所謂的敬業樂群之眞諦。就是爲自己做事，亦須在時間運用上有所取捨，才能享受時間。如許多家庭主婦，犧牲工作機會，照顧家庭，何嘗未換來對家庭服務之成果之享受。許多義工，犧牲自己之時間，享受工作之成果，替社會增加不少「價值」。總之，要能享受所花時間，必須要好自運用時間，做好工作。

第三節　時間特性與工作績效

壹、時間觀念

對時間之意識及感受，因年齡、因職業、因歷史背景而異。據小林薰之研究，五十歲的人以月爲單位作思考與計劃，如下月作何事；四十歲的人以週爲單位作思考與計劃；三十歲的人以日爲單位作思考與計劃❸。又如考古學家，對時間之感受「視一千年不爲長」；對中國人而言，美國二百多年之歷史不算久；在農業社會裡的人對時間的意識遠不如工商社會之濃厚。在歷史愈悠久的社會，要人們改變習慣，愈不容易。我國在農、工社會蛻變之過程中，對時間意識之提高，雖然有迫切之需要，但實際上成效非常緩慢。如何下定決心，好好把握時間，使「對做事有用」，實在是一件非常重要之事。

---

❸ 小林薰原著，盧兆麟譯，時間管理學（臺北市：新太出版社，民國六十五年再版），第15～16頁。

貳、時間特性

時間之爲人類可資運用之資源有下列特性:

1.欠「供給彈性」, 亦無替代品;

2.無法蓄存, 亦無法「再生」或複製; 以及

3.雖然無法「再生」或「複製」, 可加快工作彌補時間的損失, 但所負之成本往往過大, 得不償失, 一如鄧東濱所比喻,「野雞車遲誤開車時刻, 雖可一路超速行駛, 安抵目的地, 但汽油耗費與車輛折舊均會大幅增加」❹。

4.時間爲做事之「工具」, 亦爲最有限制之資源, 不能增加亦不能減少, 使得該「工具」成爲做事之最大限制因素。

叄、時間資源與其他資源

時間較之其他工作所需資源, 諸如人力、空間（地點）、物資、周圍環境等等, 雖然「供給」全無彈性, 但較易自我規劃。人力供應增減幅度雖然緩慢, 但仍具相當彈性; 土地可密集使用; 物資可因科技發達, 可有替代品; 周圍環境也可藉科技改善; 惟獨時間不具上述任何特性。因此時間與其他做事資源相較, 足可顯出其對做事成敗之重要性。

肆、時間管理與工作績效

時間之固有特性, 業已使吾人重視並偏重於以「時效」做爲衡量工作成效之首要指標。時間管理得當,反映於做事之效率與效果。「如期完成」正意味做事之時效。時間管理之主要內涵, 與一般管理並無

---

❹ 鄧東濱,「企業經營者及幹部之時間管理」, 外銷市場第 746 期（民國七十四年十月九日）, 第16～19頁。

兩樣。它包括：時間之規劃、時間之運用以及時間之控制三大類項。每一類項雖然同樣重要，但程序上宜以規劃爲先，執行（運用）與控制次之。

第四節　時間之規劃、運用與控制——基本原則

壹、目標導向與「彈性」制度化

處理工作或事務需要時間。處理工作是「目標」，時間是手段（或工具）。顯然吾人並非因爲有時間才處理事務。這是時間管理上應持有之原則，也爲目標導向之意義所在。如果大家「有時間才處理事務」，那麼個個都會變成時間的奴隸，做事「被動」，導致拖延的惡習，以「沒有時間」爲藉口，自我安慰，最後工作效能降低而不自知。

例行性規劃，如生活作息，對作事只能提供時間之「可用性」情況而已。若要提高作事效率，應彈性配合做事之重要性、迫切性作「專案」時間之調整而非考慮其易難性、份量性、例行性、非例行性。根據作息所提供之時間可用性情況作「專案」調整，爲彈性制度之特殊涵義。一味遵守作息，六點起床……七點半上班……十點晨間會報……等而不考慮工作之重要性與迫切性，將無法掌握作事之目標行事，等於將目標與手段倒置，在多少時間內做多少事，而非做多少事要多少時間。

貳、效率與效果之併重

做事快速效率高，但不一定效果好。效率與效果究竟何者比較重

要，當然要看「成本 —— 效益」如何而定。譬如張三在短短一小時內做完手工藝品一百件，當然比李四一小時做完八十件效率高；但若效率高之一百件中有五件不良品，效率低之八十件中只有一件不良品，則張三之效果比李四差。惟倘五件不良品成本加上張三之時間成本 —— 工資，與所獲得之產品效益 —— 加價之比率低於李四工資加上一件不良品成本與李四所生產產品之效益比率，則張三之工作較之李四優異。雖然如此，做事當應以效率效果併重為原則，不可一味追求效率，而忽視效果。

做事目標之達成程度宜從時間、事物、以及成本三層面加以檢討與改進。時間層面重，時效是否達到；事物層面重，品質是否達到標準；而成本層面則著重與預計成本是否有所差異。

不管何一層面之差異分析與改進，管制策略時點之訂定、例外管理原則之執行，在管制方面非常重要❺。前者為訂定定時檢討工作進度情形，以便及時採取修正改進措施。後者乃就重大或特殊之差誤，特加注意採取必要之改進作業。如斯可使時間運用，不會偏差過大而不自知。

第五節　時間管理之幾項重點

壹、觀念之導正

時間觀念，雖因人、因歷史文化背景、因職業等等而異，下述四項，具有共通性，亦為觀念導正之重點所在。

1.時間為做事資源之一，為達成做事目標之「工具」。吾人為達

---

❺　郭崑謨著，管理學（臺北市：華泰書局，民國七十五年元月印行），第544～545頁。

成做事目的才需要時間，而非因有時間才處理事務。

2.「勤能補拙」，不如「做事得當」，蓋前者時間成本未被考慮，時間之生產力自然沒有被重視。愈忙碌的人愈無法以勤來補拙，愈要講求時間之生產力。

3.時間雖然屬於自己，可自行控制，因此時間的成本往往被忽略。時間成本觀念應建立，時間始能被珍惜。

4.「習慣成自然」之觀念，為導致拖延時間惡習之原因之一，不能因為大家習慣上均慢半小時到會，就認為是自然現象；不能認為「蕭規曹隨」是自然現象，不加改進。習慣如果影響工作之完成與時間之運用，確宜加以改變。

貳、規劃之明確

工作之目標訂定後，為達成目標而需要運用之時間，宜依工作之重要性、緊迫性、例行性作先後優先順序之規劃。大凡其優先順序應為：1.重要且緊迫；2.重要但不緊迫；3.緊迫但不重要；4.不緊迫亦不重要；5.例行性工作；6.例行性工作但可不做。

在規劃時間運用之順序時對較不重要及較不緊迫之工作以及例行性工作，可訂定授權原則以便順利完成工作。

叁、執行之落實

要使執行落實，必須先健全自己之「心理時間」排除時間對自己之壓力。「當自己對自己之能力肯定，認為自己不錯時，自己會精神為之一振，更加有幹勁」[6]。下列數端可促使執行落實。

---

[6]　尉膽蛟譯，一分鐘推銷人（臺北市：長河出版社，民國73年印行）第121頁。（原著為 Spencer Johnson & Harry Wilson 合著之 *The One Minute Sales Person*）

1.能授權，委由他人完成之工作，宜授權，藉以減輕時間之壓力。

2.盡量避免使用尖峯時刻，藉以減少等候時間。因等候時間，等於呆時，無法發揮生產力。

3.重視做事雙方或多方間，時間之協調，以免陰錯陽差或重覆工作，浪費時間。

4.如工作上之要求，必須開會討論與協調，開會前之準備工作要充分以免在開會時才開始了解開會之內容與性質，佔卻大半時間，迫使重要決議事項以很少時間匆促決定，冒決策失錯之風險。

5.宜適切養成「多角化處理」事務之習慣，藉以經濟使用有限時間。

6.對重要事項，宜養成「立卽處理」習慣，以免與不重要事項相混，影響工作順序。

肆、控制之重視

差異之檢討與改進爲控制之中心作業。在時間及工作之控制上，事後控制外，宜重視「事中」控制。所謂事中控制實際上係指執行中之控制而言，亦則寓控制於執行之意。各種表格與「書面備忘錄」均可做爲控制之工具。

時間是最有限但最穩定之資源。如果每個人能建立時間之成本觀念，好好規劃、運用並控制時間，做好自己應做工作，則可促使國家生產力之提高。國家生產力之提高實際上係每一個國民之責任，要從每一個國民做起，始能著效。

第二十七章 「綠色消費」時代之管理角色

第一節 「綠色消費」之潮流與其涵義

消費大眾之環境保護意識，隨生活水準之提升而增強。環保意識，反映於消費大眾之消費行為，構成具環保導向的消費行為，特稱之為「綠色消費」。自從 1980 年代以來，強調「綠色消費」之運動，業已成為時代之潮流，不可抗拒❶。我國臺灣地區，潮流所趨，正已邁進「綠色消費」時代。對提供消費大眾商品之廠商或機構而言，「綠色消費」深具特殊之管理涵義。

環境污染問題，概與廠商或提供服務之機構，包括為民服務之政府機構有密切關係。因此，企業單位或政府機構，正面對來自消費大眾之重重壓力，必須承擔環境保護之諸多責任，做好環保工作。

不管是提供商品之廠商，抑或非營利之慈善機構以及為民服務之公共服務單位，在其提供商品或服務時，必須對環境污染之來源、種類與特性有所了解，始能提高其運作效率。

第二節 環保問題

舉凡危及環境生態之平衡並導致惡化生活環境之事物及現象，均

---

❶ Stuart Rock, "Are Greens Good for you?" *Director*, January, 1989, pp. 40-43。

屬環保問題，亦爲吾人所關心者。惟一般而言，論及環保問題時，焦點往往集中於環境污染問題，包括污染種類、來源以及特性。

壹、環境污染種類與污染主

通常環境污染可分爲下列數類。

1. 空氣污染
2. 流體污染（指水污染而言）
3. 固體污染（指地面污染而言）
4. 噪音污染
5. 精神污染
6. 自然生態之破害

上述污染之污染主包括企業單位、非營利機構、政府機構以及社會大衆。依據樂普民意調查單位（Roper Organization）之報告，對上述之污染問題及污染來源，各相關單位均具相當程度之認識，但一般社會大衆較缺應有之認識❷。此種認識上之差距，往往造成一般民衆對提供商品或服務單位之不滿。雖然此種不盡公平之壓力，多少存在，企業單位及服務單位仍應力求環保工作之完善。

貳、各種污染源與其性質

造成各種污染之原因雖然甚多，倘依其過程，概可分爲產製過程、原料或成品、以及消費所導致之污染。

一、產製過程與環境污染

產製過程中所使用之物料，經化學處理後，可能產生有害氣體，

---

❷ Julie Kjolhede, "Putting Waste into Perspertive," *Iowa Conservationist*, pp. 24-26。

或有害液體，甚或固體。尤有者，倘產製過程，使用機械處理，可能產生噪音。產製單位在此種情況下，不但要使其運作符合環保法定標準，更要力求高於所規定之環保標準。同時亦宜不斷研究發展有害物料之妥善處理方法。

二、原料、半成品以及成品與環境污染

原料、及成品，諸如汽油、電池、易燒物、易爆物、農藥、輪胎等等之使用及儲藏倘不當，甚易構成固體物污染（亦卽地面污染）。這些固體之不當處理，往往會導致空氣污染，危及生活環境，其嚴重性，不亞於上述因產製過程所產生之危害❸。

三、大眾消費與環境污染

據估計，美國每年因消費而產生之廢棄物約有一億八仟萬噸之多❹；但不及百分之十之家庭廢棄物經妥切之處理。我國臺灣地區每年亦有相當多之廢棄物有待處理，據估計有五佰萬噸以上，且以每年百分之十二增加率增加中❺。就垃圾之處理一項而言，仍有相當高之比率尙無法妥切處理（見表 27-1 其他項）。由此可見，不論中外，消費大眾在不知不覺中「生產」相當多之廢棄物。此種現象，係企業單位或政府機構所十分關懷之問題。

---

❸ Jame Spalding Jr. and Jim Grim, "A Status Reporton Extended Distribution Channel; Product and Package Disposal and Recycling." A Paper Presented at the Third International Conference on Social Science Development, Taipei, ROC, March 2-3, 1992。

❹ 同註❸及 "Kentucky Citizen Action Joinsin war on waste." *Citizen Action*, pp. 1-2。

❺ 見簡文新著環保意識與環保，民國79年，環保署印行。

表 27-1 臺灣地區垃圾清除概況

平均每日清運量

年度	清 除 率 Collection Rate %	總 計	處 理 方 法 (公噸／日)			
			掩 埋	堆 肥	焚 化	其 他
70	87.36	9761	7431	127	244	1959
71	89.50	10589	7955	88	202	2344
72	90.40	11074	8539	41	221	2273
73	93.02	11725	9327	53	246	2100
74	93.15	13233	10416	51	205	2561
75	93.64	13954	12147	105	191	1511
76	94.33	14475	12896	39	73	1467
77	95.20	16116	14699	26	249	1142
78	95.60	17147	15258	34	234	1621
79	96.40	18753	15510	310	213	1720
80	96.93	19833	18446	15	79	1293
81	97.38	21915	19736	22	715	1442

資料來源: 中華民國臺灣地區環境保護統計年報，環保署統計室編印，82年版，pp. 140-141。

第三節 管理者之嶄新角色

處於「綠色消費」時代， 單位主管勢必面對日益沈重之環保壓力。此種壓力將源源不斷來自消費大眾。為求業務運作之順利且有效進行， 主管人員宜扮好下述各項角色。

壹、環保問題研究發展之加強

環保問題研究發展宜朝向: (1)改善產程; (2)有害物品處理方法

之改進; 以及(3) 有害物料替代品之開發等進行。該類研究發展可視爲環保時代應有之基本任務。

貳、廢棄物「再生」之重視

廢棄物再生, 不但可增加資源, 亦可降低原物料成本, 對企業而言, 係一舉兩得之作業, 尤其資源缺乏之國家爲然。

叁、「逆轉行銷通路」之加強

所謂逆轉行銷通路乃特指由消費者（或使用單位）至生產者之物流通路而言。此一通路中之成員有消費者、中間商以及生產者。逆轉通路中之消費者爲廢棄物之「生產者」, 而生產者爲通路中之「消費者」。此種通路與一般之成品行銷通路之流通方向相反, 故謂之「逆轉通路」。實質上, 逆轉通路, 爲廢棄物(含有害物品)之處理過程。如何提升此一通路之運作效率及效果爲一非常重要課題, 更爲「綠色消費時代」主管人員之一非常重要任務。

第十篇

管理之未來—結論

❀ 中國式管理模式之努力方向
　　——管理外管理導向

❀ 管理所面臨未來之挑戰與管理導
　向之因應

第二十八章　中國式管理模式之努力方向
——管理外管理導向

　　基於中、外社會文化傳統之異同，適於中國之管理方式是否有其獨特層面？抑或只是管理之「中國化」？見仁見智，各有不同論據。

　　筆者探究中、西管理之異同處，發現西方管理，由於偏重於時間內、組織內、規則內之管理，同時未能適切重視非正式化目標與非正式溝通，往往使組織資源未能充分發揮。復鑑於我國管理行為深受以儒家傳統為主流之道統所影響，基本上，具有羣體導向，且容易接受權威，倘能重視非正式目標與非正式溝通，並強調時間外、組織外，以及規則外管理行為，必可導致規劃作業之「上下協調」，領導之「誘導化」以及管制之「自我化」。

　　從管理系統觀看，中國式管理之特徵似反映於非正式目標體系、非正式溝通之功能，以及時間外、組織外與規則外之管理行為上。此種管理行為，可稱之為「管理外管理」。

　　本章首先分析西方管理的幾個特徵及缺失，並檢討我國管理之問題後，再提出筆者之「管理外管理」模式，作為中國式管理之努力方向。旨在拋磚引玉，期能共同朝向管理本土化，管理科技往下紮根之方向努力。

　　因此，本章將以較多篇幅討論「管理外管理」的領域，特就目標的規劃、政策、程序與方法之釐訂，以及領導與管制等三方面，分別探討此一嶄新管理導向之內涵。

第一節　西方管理之幾個特徵與缺失

西方管理不但講求效率，更注重應變能力。管理既爲透過「人」以完成工作，達成組織目標，當然強調人性之重要。因此，追求正式化目標、重視「人」之效率與強調組織內之程序，自然成爲西方管理之基本特徵。再者，西方管理偏重作業或『工作』時間內之效率，同時亦偏重於組織內之規劃與組織內之正式溝通。這些特徵往往會導致下述缺失❶：

（一）如果組織成員（員工）被「限制」於固定時間、既定組織與規則，以及正式溝通，將使員工無法發揮其潛力，無異於組織資源之浪費。

（二）倘重視正式化目標與時間內管理，組織主管往往只能看到員工之有形「努力」，而無法領悟員工之無形「心智」努力；在推導工作上，非但無法突破成規與瓶頸，而且無由得到眞正公平合理之績效評估。因此，容易導致「因循苟且」之員工工作心態以及增加員工流動率，影響組織之運作效率。

第二節　我國管理問題之檢討

國人雖然已在管理知識之引進方面，成績卓著，管理技術之轉移工作亦尙稱順利；但由於中、西社會文化背景互異，尙有下列管理問題：

（一）在規劃方面，員工往往墨守成規，流於「隨和」、「順變」

---

❶　郭崑謨著「管理外管理緒論」，現代管理月刊，民國70年12月號，第28-30頁。

之保守態度❷，有待培植「創機制變」與積極進取之「未來導向」。此乃爲何據以作規劃之資訊尚欠充裕，亦缺靈活之原因。質言之，無充裕且靈活之資訊，爲無法作正確規劃之因，而非無法規劃之果。

中國社會重倫理與人際秩序。儒家傳統重「君君、臣臣、父父、子子」，員工容易接受權威。因此，目標之訂定往往缺乏雙向交流，『授權』與『棄權』亦往往混淆不清❸，容易造成管理作業之瓶頸。

（二）在領導方面，儒家思想重人性，強調誘導，加之中國社會係以家庭爲單元，非同歐西諸國以個人爲單元；是故，組織成員之行爲受家庭之影響重大。因此，在領導時，理可「定法從寬，加強誘導」。但，目前中國之管理行爲，在領導方面似有「定法過嚴，執法過寬」之傾向，影響組織成員潛力之發揮。

（三）在管制方面，由於受保守觀念之籠罩，管制作業往往注重形式要件，流於爲「符合規定」、「依上峯指示」辦理，或「依循往例」行事，以避免「多做多錯」。殊不知實質要件，諸如主動發掘問題，分析原因，力求解決問題或矯正誤差，實爲管制上應有之積極作事態度。

第三節　中國式管理模式之重點

基於上述之西方管理之缺失與中國管理問題，中國式管理之內涵似應包括並注意下列數端❹：

❷　據一項研究調查，國內各公司的預算規劃（約有82％的廠家），偏重於以過去預算比率爲基礎而且非常保守。參閱周逸衡著「我國大型企業之控制行爲」，中國論壇，第十六卷第九期（民國72年8月12日），第37-40頁。

❸　郭崑謨著「當前管理問題與未來努力的方向」，現代管理月刊，民國71年8月號。第27-29頁。

❹　郭崑謨著「論中國式管理模式之建立與管理外管理」，管理科學論文集，中華民國管理科學學會，民國71年12月印行，第25-32頁。

（一）「事」與「人」並重。儒家重「忠恕」與「愛」，一面偏重人際層面，忽略「事」面。

（二）重視並吸納非正式個人目標。中國家庭、宗親觀念濃厚，較需吸納個人目標。

（三）規劃作業之「下鄉」。規劃作業若能「下鄉」，組織目標較能擴大而涵蓋個人目標，亦即非正式目標，提高團隊精神，增加士氣。

（四）重視「過程中之激勵」。因國人「謙虛」，績效不易正確公平衡量，過程中之激勵可無形中提高員工之績效。

（五）重用非正式管制制度——重「人性之培養」以「自我要求」取代部份規定。若一味引用西式管制制度，容易與中國重視人性之道統相左，導致管制效率之降低。

（六）重視非正式協調與溝通。中國家庭與宗親觀念濃厚，非正式組織較易達成和諧溝通效果。

（七）主管能力之培植重「向下學習」。中國人容易接受權威，倘主管不「向下學習」，極易造成員工潛力之埋沒。

綜上所述中國式管理模式之特色似可建立於『管理外管理』之五大基本精神。此五大基本精神為：

（一）重視目標外目標。

（二）強調時間外管理。

（三）強調組織外管理。

（四）強調規則外管理。

（五）重用溝通外溝通。

第四節　「管理外管理」與現代管理原則之「異」「同」性

歐西與中國的管理原理、原則可共同使用的部份偏重於管理精神

基礎。管理之基本精神為：（1）講究效率；（2）講究應變的能力。

　　這些管理的精神，不僅適合於中國，也適合世界各國。此外亦有稍加修正就可適切地在中華民國使用者。諸如：業經驗證的部份原理原則及科學工具，諸如：品管工具、管制方法等等。

　　中西管理有很多不同的地方，諸如：

　　（一）西方管理目標的訂定非常嚴密，而且彈性較少。

　　（二）在規劃與組織方面，由於「人、我」的分別非常清楚，個人主義盛行。個人的主張影響到組織的份量自然較大，再加上非常肯定的自我，規劃組織所訂出來有關組織的政策、典章、程序、方法，都須條理分明，不僅繁多而且非常仔細。因為若沒有如此，無法發揮表現個人追求利益的『自我』，而達到團體目標。

　　中華民族的道統是以儒家為主，綜合許多思想支流所建立。中國的社會組織是以『家』為單位，而不是以『人』為單位。因之個人的行為受家庭影響非常大。在這種家庭影響之下，個人容易接受「權力」，容易接受上級的「職權」，容易接受「長輩之訓」，容易接受「大中的小」。「大」指對國家、團體、家庭之『愛』，「小」指對個人之『愛』。在這種社會結構之下，上述歐西式管理的特點有很多不能適用之處。

第五節　「管理外管理」之超高基本精神

壹、提高「效率之層次」

　　管理外管理有獨特基本精神，管理外管理的基本精神超越西方講究效率的精神。西方所講究的效率是：①著重成員個人的效率；②著重組織成員個人在工作時間內的效率。因此，在公司的範圍內，員工要認真履行任務，在公司訂定規則的限制下，員工要盡力工作。

「管理外管理」的領域超越歐美講求效率之範疇與層次。譬如:
公文、公函與傳播等是正統的溝通; 但員工間尚有很具效率, 但非正
式的溝通。這些超越個人的正式的層面, 謂之非正式的層面, 係講究
精神效率的層面。管理外管理並未忽略講究時間內的效率、工作範圍
內的效率, 以及正式目標內的效率。管理外管理除這些重點外, 重視
成員加入組織後非正式目標的達成。因此在非正式目標之下, 主管就
不能不考慮個人在公司之外、組織之外、時間之外、正式規章之外的
管理。此乃管理外管理超越美國歐西管理的基本精神所在。

貳、增加「應變能力」之領域

管理外管理的應變精神超越歐西管理所涵蓋的應變能力層面。管
理外管理所強調的應變能力比歐西管理所強調者更具共通性。歐西管
理所注重的應變是講究組織環境的應變──「適應而變」。

當然, 員工感覺到變化, 公司組織、政府機構亦然。外在環境包
括政、經、法……等等, 這些環境的變動當然大小互異。管理當然在
於提高應變能力。西方人有靈活的應變能力, 然而中國的道統能使應
變能力更上一層樓。王道、天道、仁道、易經的道理可以說明天下宇
宙的奧秘關係。這些奧秘必然超越一般管理所考慮的環境。了解這些
奧秘的關係, 能使應變能力提高。

第六節 「管理外管理」的領域

基於上述兩種精神, 管理外管理是建立在中國固有道統及國情民
俗的基礎上。因此, 管理外管理的特徵有下列幾點: 第一、管理的領
域超越現代化歐西各國的管理範疇。 儒家的道統有格物、 致知、 誠
意、正心、立業、治國、平天下之道。這是儒家管理之道, 說明要管

理別人或管理事物，要從管理自己做起，亦卽從格物、致知、誠意、正心做起。格致、誠正是修身之道，修身之道乃管理自己之道。儒家的傳統根基於修身，再談齊家與立業。齊家屬「家庭管理」，立業屬「單位組織管理」。所謂的單位、機構並不一定是營利單位或慈善機構，可能是財團、學校。再上一層次是治國，是管理眾人之事，不強調人，而強調事。治國是行政管理，是國家的管理。最後平天下是國際管理。中國的管理模式，論管理範圍，是小到基本的修身「自身管理」，大到國際全宇宙的管理效率的提高。

第七節　「管理外管理」之規劃、執行與管制(控制)

壹、目標的規劃

從上面所述，吾人得知，歐西各國目標的制定非常明確而且詳細，甚至涵蓋沒有明確社會哲理所依據之諸多社會目標。正因為他們缺乏明確的固有傳統社會哲理依據，目標要訂定得更詳細，寫得更明確，諸如與社會目標共生之利益目標，公司的成長目標等等。這些目標我們不能有所非議。

管理外管理強調不但要了解目標的訂定，更應重視非正式目標。非正式目標係指沒有正式化，但涵蓋組織成員「心中」重大的個人目標與意願。如能訂立一個新方案，將這些非正式目標吸納，目標更易達成，且效率將會比歐西各國良好。此一觀念，可藉圖例28-1表示於後。

如圖例28-1所示，個人（丁）之目標與組織目標脗合之處甚少；意味加入組織後組織成員（丁）可達成之個人目標程度甚低，與組織成員（甲）相較，有天淵之別。組織成員（甲）可能是具有股權之部門理經，或董事兼總經理。非正式目標圖之擴大（如箭頭所示）必能增加成員（丁）之個人成就感。團體目標與成員目標脗合越大，成員

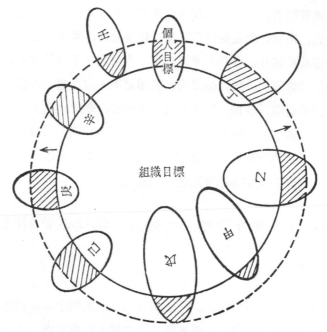

…: 非正式目標或目標外目標之吸納範圍
▨: 組織成員個人目標滿足程度之增加
→: 組織目標圈之擴大（實質）

圖例 28-1 組織目標與個人目標圈之關係

資料來源：郭崑謨著「管理外管理緒論」，現代管理月刊，民國70年12月
號，第 28-30 頁
註：本圖例業經修訂

所下的功夫會愈增加。

　　訂定目標、規劃、組織與管制為一連貫性作業。儒家「忠恕」、「愛」、「仁義」的道統與墨家、法家、道家等相融，使一般人認為，員工加入組織，必為達成該組織目標而加入，也許乍看之下，偶聽之餘非常正確；但若詳加思考分析，並不盡然。人有人性，中國人講究人性，當然也講究人際關係。因此，訂定目標時，應考慮員工加入組織的目的，使員工要達到個人的目的。這樣才與中國傳統不相違

背。中國人講究先強自己，然後強家，而後治國、平天下。據此推論，中國式管理考慮個人目標，納入個人非正式目標，提高實質管理效果。

　　瞭解個人情況提高管理效果，必須靠領導和管制之相互配合，才能眞正了解員工個人心中是否有未表達的心願與目標，才能使員工之未表達或不願表達的目標融合在組織目標之內。

貳、政策、程序與方法之釐定

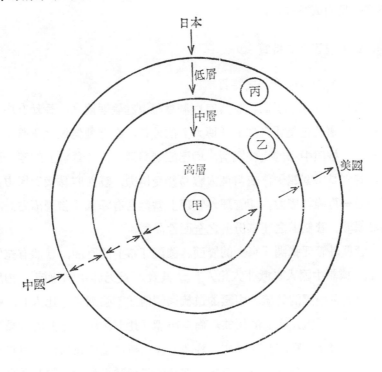

```
                          日本
                           │
                           ↓
                          低層        ┌─┐
                           │          │丙│
                           ↓          └─┘
                          中層      ┌─┐
                                    │乙│
                          高層      └─┘           美國
                         ┌─┐
                         │甲│
                         └─┘
              中國
```

⟶ ：規劃作業之取向

甲 乙 丙 ：分別代表組織內之管理層次

圖例 28-2　規劃作業之導向

資料來源：郭崑謨著「再論管理外管理」，企銀季刊，第 6 卷 3 期（民國72年 1 月）第19-25頁。

顯然管理外管理強調公司總體實質目標的擴大後，依照目標規劃制定政策、作業程序與作業方法。管理外管理，在制定規則典章、作業程序與方法上與歐西管理不同。歐西管理之規劃範圍大，內容嚴密而週到，但一旦發現缺失時，必作緊縮。管理外管理強調規劃時，從「小而大」，必要時慢慢擴充。同時在釐定政策、作業程序與方法時，重「上下協調」，與美國之由「上而下」及日本之由「下而上」不同（見圖例28-2）。

叁、領導與管制之特質

（一）領導與管制之特質

管理外管理之規劃、執行與控制重視家庭倫理觀念，長幼有序之傳統。中國社會是「自然」「博大」的社會，在這種情況之下羣眾中每一個人按照中國的道統國情，均已經過羣眾生活「嚴謹」的第一關卡，特別是家庭關卡，使得個人容易接受權力，既然容易接受權力，就不必一再強調權力。「管理外管理」當然含有降低「強調權力」，倡導領導、管制上之「事份」之全面性涵義。

管理外管理強調「事」的層面。強調「事」的層面，當然有充份道理。或謂中國人喜歡「人比人」。其實，此乃非中國傳統，相反地，扭曲了中國的傳統。中國的道統與國情並不強調「人比人」，中國人絕不是「人比人」的民族。尚有所謂「比」，所「比」者必為「事」。中國是「和諧」的民族。許多人往往扭曲道統與國情，更無法好好的愛惜把握發揚中國的傳統，把好的道統發揚光大。論及做事，如果組織成員做好工作，八個鐘頭之內，認真工作兩小時，身心俱在，絕對比其他員工「身」在工作崗位八小時之中有七小時五十五分鐘「心」在他處者，效果必然較好。八小時工作中，身在辦公廳，心不在辦公廳，當然沒有多大用處。

　　管理外管理重視「事份」之重要性。避免「你我相比」，「評個人身份之高低」之不良組織行爲。如果這種觀念存在，將永遠無法使員工發揮潛力。

　　管理外管理強調每一員工都有特點，都有其存在價值。中國道統，重「眾人的事」，重「事份」，不重「人份」。管理外管理的組織圖應該以圓形圖表示，藉以反應中國的團隊、和諧、王道、仁愛、忠恕、利他等優越觀念。圓有外圈及裏圈，不分重要、不重要，也不分上、下。它係一平面組織圖，看不出上、下若從左面右面觀看，亦看不出上、下之別（見圖例28-3）。

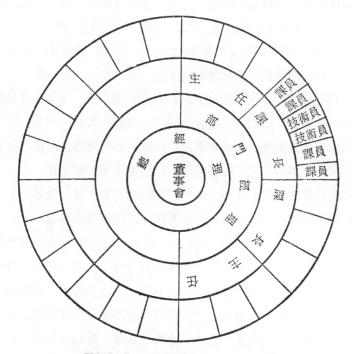

圖例28-3　「管理外管理」之組織圖

　　資料來源：郭崑謨著「再論管理外管理」，企銀季刊第6卷3期（民國
　　　　　　　72年1月）第 19-25頁。

論及管理外管理的領導和執行問題，吾人不但強調人性，更強調物性，「先事而後人」；在領導與激勵方面，不像西方作法，「做了多少，獎勵或懲罰多少」，而是重視「事份」。因此，中國式管理，在制定法律時，可以「從寬」。『訂法從寬，強調「誘導」』，是管理外管理所強調者，不像西方方式，訂法從嚴執法也從嚴。如斯，員工潛力之始能充份發揮。管理外管理強調道統、榮譽，建立自己的信心。

（二）執行與激勵

西方的激勵是「論人論功」、「論人做事論功」。管理外管理強調以組織績效作為獎罰的依據。中國人是很謙虛的民族，又很容易接受權威。這兩個特性加起來如果配合運用適當，就會產生團隊公平激勵效果。如果運用不當，流弊必然甚多，影響組織成員的士氣。譬如：很多公營機構或私營機構的員工，工作認真，為人謙虛，組織內之成員（員工）往往低估（或低報）其工作成果。主管人員無法作真正公平之考評，因而有「輪流中獎」——輪流獲得「甲等」考核現象。這種「輪流」考核制度如果運用公平，必然可提高組織之團結精神與士氣；若運用不當，有偏頗現象，激勵效果必然不佳。

管理外管理強調過程中之激勵，「論功行賞」是一種形式要件。管理外管理除了形式要件外，還要重視「工作進行中的激勵」。「工作進行中的激勵」（見圖例 28-4），在執行時，可運用時間外的領導、組織外的領導，以及組織外的溝通。主管人員不宜小看組織中之非正式領導人員。每一組織內均有許多「小」組織領導者。很可能一個組織裏有兩三個非正式組織，這些領導者並不是課長或經理，但組織目標之達成需要靠非正式組織的力量增加效率。所以主管人員在領導激勵時，大可不必因非正式組織之領導者存在而有所不滿。相反地，應好好運用非正式組織之領導結構以及溝通管道，如斯，才能發揮並

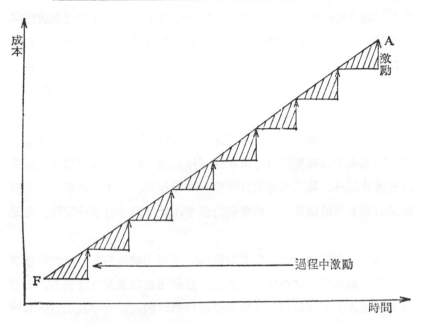

成本

A
激勵

過程中激勵

F

時間

⟶：過程中之人性培養

▨▨▨：代表激勵績效

圖例 28-4　管理外管理之激勵效果

資料來源：郭崑謨著「管理外管理緒論」，現代管理月刊，民國70年12月
號，第 23-80 頁。

達成時間外的溝通與時間外的領導的效果。

（三）管制之特殊層面

　　管理外管理之管制，強調員工之向心力。如果主管人員在時間
外、組織外用心了解員工問題並協助解決，加強溝通，必能增進員
工之「向心力」。管理外管理之控制，強調自然而和諧之員工自我控
制。管理外管理之控制並不僅針對產品的管理，也針對目標的管理及
制度的管理。所以我們應重視精神上的「自我控制」，以及員工時間
外的安排；同時應在時間內培植員工之「權威感」。主管人員要培植

員工「職位權威感」,「職位功能上的權威性」,以及「管理權威感與技術權威感」解決員工個人的問題。如能解決員工個人問題,必定能使員工達成每天八小時上班外,其餘十六個小時也「上班」——關心組織之發展。管理外管理並不過份強調「管人」,但強調「事份」,強調管制事份、管制目標,如此就可擴大管制層面。

管制為一很難著效之管理功能。管制要衡量績效,在衡量績效時,不宜過份強調時間內的績效或「形式上」的正式書面績效,須同時考慮時間外,員工所達成的績效——非形式,非正式的績效,更需強調組織整體的績效,作為獎懲的參考。此亦為「管理外管理」重點之一。

綜合上面所述,管理似應定義為:「運用組織資源,有效治理事物,達成組織目標之行為」。依此,雖運用組織資源者必為人,但若沒有「他人」可運用時,仍然有管理行為。因此,合乎我國道統與國情之管理行為,其適用範圍遠較西方方式之管理為廣,人人都應具備管理知識。

在此一基本理念下,為發揮國人之管理功能,吾人應重視組織成員之『非正式目標』(亦即目標外目標),強調時間外管理、組織外管理、規則外管理,以及重視溝通外溝通,始能著效。『管理外管理』導向,或可視為中國式管理之特質。

第二十九章　管理所面臨未來之挑戰與
管理導向之因應

　　未來數年內，企業所面對之挑戰，峯面相當廣潤。國際性經濟復甦緩慢所導致之市場壓力，諸如總體市場成長率之緩慢、競爭之加激、國際保護主義之抬頭、區域性市場圍牆之高築等等七十年代後半段之舊有問題，依然存在。這些問題在未來數年內，將無法改善。同時，能源危機之衝擊，不但沒有削減跡象，反而變本加厲，影響企業成本結構，使企業營運管制更加繁複。這一連串問題與現象，構成市場「需」方面與成本「供」方面大峯面，迫向經營者，將繼續困惑主管人員。

　　有關上述「供」「需」兩大挑戰峯面，本書前數章已頗多論述與探討，不擬在此贅述。本章將從經營管理另一角度討論未來十年內管理上所面對之問題與環境現象，藉以提高對八十年代挑戰之更多認識。從經營管理策略角度觀看，未來十年內管理人員所面對之挑戰不外乎：(1) 消費公眾主義聲勢之日益壯大；(2) 產品生命週期之促暫縮矩；(3) 資源價格之日益昂貴；(4) 後轉通路之日漸重要；(5) 系統化管理；(6)數量方法與管理科學；(7)管理資訊系統(MIS)與電腦；以及(8) 管理問題之日趨繁複等數端❶。為因應此種種挑戰，筆者特提出人性管理導向作為本書之結語。

---

❶　　郭崑謨著「企業與經濟時論」，臺北市：六國出版社，民國 69 年 12 月印行，第 326-330 頁。

第一節 消費公眾主義之茁壯聲勢

由於我國經濟持續成長、社會安定、教育普及、消費公眾之生活水準不斷提高，消費者不但對其個人權益積極關心，利他意念也更加濃厚，對環境生態之維持與改善亦日益注重，反映消費公眾對各項措施之眾多批評、建議以及主張，諸如產品安全、不受欺騙、自由選擇等等基本權利之保障與增進。我國大眾傳播媒體，如電視、收音機、報章雜誌、電話等已相當普及，一般消費公眾之決策力亦隨教育水準之提高而增強，消費者之心聲甚易此起彼應，匯成強而有力之社會運動，形成消費公眾之思想主流——消費公眾主義。此一積極保障消費公眾之權利與增進社會福祉之思想主流，以其十分附合我國民權主義之原則，聲勢將日益壯大，蔚為不可抗拒之潮流。

消費公眾主義具有下列經營管理策略性涵義：

（一）產品退換保證之適用範圍將巨幅擴充，因此經營單位提供之產品退還與換發工作之份量必然激增。今後廠商不但要使消費者有充分選擇機會，退換貨亦需快速方便。

（二）在行銷策略上，價格「工具」之效果勢將逐漸降低，而非價格行銷策略工具，將隨消費者嗜好繁複化之程度而相對更顯有效。

（三）廠商或公共行政或服務單位將面臨更繁雜標籤及包裝方面之要求，諸如用途及效果、產品成份、包裝容器之安全與處理上之方便等等。

（四）消費公眾主義表露企業應負之社會責任。履行此一社會責任，雖將增加營運成本，但可減輕由公眾引發之制定法律壓力，避免更多之法律限制。

第二節　產品生命週期之加速縮短

產品生命週期乃特指產品由初上市起至銷售降至必須淘汰止之期間而言。由於消費者嗜好之多樣化，加上技術進步速率之增，在一般消費公眾可支配所得不斷提高之情況下，消費者之換新購買與「修正」購買頻率必然增加，自然促使產品容易「陳舊」，包括形式上之過時與功能上之落伍。流行產品與一般產品之界線，將越來越不明顯。正如「未來衝擊」作者卓弗拉氏 (Alvin Tofler) 所言，我們將邁進以「暫時方法」製造「暫時產品」，來滿足「暫時需要」之時代。

產品生命週期之縮短，意味著產品創新速率必須提高，始能應不斷增加之顧客要求。此一挑戰，啟示著面對創新壓力，廠商同時要在生產為數眾多之不同種類與形式之產品中求得經濟規模。這似乎為一件不易達到之事。但倘能利用自動電子控制設備，以及設計可互相替換零件或組件，經濟規模或將適於用同時生產眾多不同產品而降低成本。如何使多樣化產品之生產不會比標準化產品之生產昂貴，亦將成為未來生產問題之焦點。

第三節　資源價格之日益昂貴

企業產銷資源包括原料、能源、人力、資金、機械設備、土地、科技與資訊。這些資源之價格將日益昂貴，尤以設備價格與工資為甚。為減緩通貨膨脹壓力，未來數年內，資金「價格」──利息（以利率為衡量標準）亦將繼續偏高。除利率負有政策性功能而較具彈性外，其餘資源之價格，一經上升，幾乎不可能再下降，易言之，則價

格僵性甚高。企業界雖可在價格僵性甚強之情況下，降低服務水準，保持適當利潤，但服務水準之降低，將影響市場競爭地位，亦違反消費公眾主義。在資源價格日益昂貴，且總體市場成長率非常緩慢之未來數年，經營者將面對兩種壓力。一為如何提高資源使用率，另一為如何加強服務績效。因為只有如此始能將不斷高漲之資源價格，以效率提高方式由生產者或生產廠商擔負，而不必直接悉數轉嫁於消費公眾。

資源效率之提高，或可藉設備之共同使用，或可藉行銷通路之合作，或可藉共用倉儲設備方式，或可藉標準運搬工具之運用，或可透過聯合採購方式等等，藉以減少運作成本，未來企業經營績效之提高，要靠廠商間、同業間之更密切合作，而不是相互排斥，毫無團隊精神之『個人英雄式』作業，這種作法在國際營運上益顯重要。在資源價格節節上升，市場景氣恢復之未來數年，「自相殘殺」之惡性競爭，必使個別廠商無法長久立足，且將破壞整體行業之生存機會。八十年代我們將面臨團隊合作精神之關鍵性考驗。

第四節 行銷「後轉通路」之日漸重要

在傳統行銷通路上，產品由製造應廠商依次送經各級中間商而至消費市場或使用市場。後轉通路係指與行銷通路之流向相反之通路而言，廢物再處理或再循環之流通過程便是其例。使用過之廢物或可再使用貨物，如包裝袋、廢品等，可經由中間商，轉送製造商再加工處理以便行銷。此一過程具有重創資源效用之功能。

隨著生活水準之提高，吾人每日貨物耗用量亦不斷增加，所耗用之產品樣式不但增多，包裝容器亦較講究，廢物累積情況將更為嚴重。基於社會環境淨化理由與利用廢物之需要，這些廢物之處理，將

成爲未來企業營運之重要一環。如何快速處理廢物、增加廢物循環速率，將爲今後企業所應面臨之問題。

第五節　系統化之管理

隨著時代的變遷及科技的進步，許多新的管理理論逐漸形成。系統分析方法卽爲新近發展出來的一個重要的理論概念，也是目前逐漸

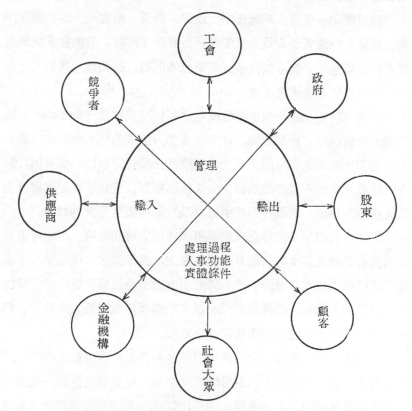

圖例 29-1 *組織整體系統之組成之例*

資料來源：E. B. Flippo and G. *Management*, 3rd ed., (Boston: Allyn & Bacon, Inc., 1975); p. 31.

為企業機構所廣為運用的一種管理理論。

所謂系統觀念，是把任何事情都視為由許多元件所組成，並且重視各個元件的特性，及其間之相互關係。一個具有系統觀念的管理人員所重視的是整個系統的最後產出是否符合組織目標之要求。因此，他必須注重事物的整體，而非各別元件。圖例 29-1 即是以系統觀念來看整個企業機構的管理。此一系統圖比較著重企業機構與外界環境之相互影響，管理人員採取任何管理措施時均應審慎考慮企業機構與其整體系統中各部份子系統（如：政府、股東、顧客……等）相互作用之關係。一位管理人員在規劃或執行管理工作時，若能注意組織整體系統之觀念，必然可以從多方面來思考問題，從而擴大其個人之視野，以提高管理決策之品質。

利用系統觀念的一個重要的優點是可以體認綜效（Synergy）的好處，所謂綜效，簡單的說，就是由各部分組成的總和效果將大於各部分的個別效果之和。關係企業的形成就是發揮綜效的一個實例。關係企業通常是由一些產品類似、生產技術相近，或為了管理與財務上彼此支援而形成，結果將因集中規劃及控制而產生更大的效率。

管理人員運用系統觀念來處理組織內的管理問題時，必須考慮到系統內各元件之要求與組織目標間之衝突。為了追求整個企業機構組織系統的最佳效率目標，管理人員必須有效消除組織各單位中之褊狹觀念，協調各種資源的最佳分配，以求取整個組織的最大績效。我們可以從下面的例子體認到系統觀念之意義。

假設Ａ公司正面臨決定生產何種新產品及生產多少數量的問題。很顯然地，從各個功能部門主管的角度來看：生產部門主管一定主張，減少產品種類增加生產數量，因為，如此一來可提高機器使用率並減少製程改變所產生的成本。然而，行銷部門主管可能會主張生產多種產品，以便因應顧客之各種不同需求，同時還希望各種產品均能保

持一定數量的存貨，以便應付顧客隨時訂貨而能即時送達。若從財務部門主管的立場來說，太多的產品庫存將使資金融通發生困難，為了便利資金週轉，提高資金使用率，庫存量則應愈低愈好。人事部門主管則認為，不論是少樣多量或多樣少量的產品組合，其每月生產能量應維持一定的水準，以免旺季人手不足，淡季又嫌人手太多而造成增聘或解僱工人的困擾。對於此等組織各單位間之相互衝突的決策問題，要想有效獲致理想的解決方案，則需依賴決策人員採取系統方法來分析者整合，方能圓滿達成。

系統觀念的基本現象是系統內各部分元件之相互作用與相互依存關係。系統中各元件之結合，關係相當複雜，某一元件之變動，將帶動其他元件變化而造成深遠的影響。事實上，在我們的社會中，許多事物都有此等相互作用與相互依存的關係。運用系統化的方法可便於對各種問題進行有效的分析研究，而擬具妥善解決方案。

因此，所謂系統方法，乃是一種思維方法、一種觀點、一種觀念性的結構，以及一種付諸實行的方法。透過系統化方法，可以讓管理人員注意各事物間之相互作用與相互依存之關係，來思考公司的管理決策問題。此一系統化方法，能基於使用者的需要及環境因素之考慮，對管理工作做進一步的詳細規劃。

第六節　數量方法與管理科學

管理理論的最近發展令人稱羨的是數量方法的重視。因為許多學者與經營者發現，面對愈來愈錯綜複雜的企業經營環境，單靠經驗與直覺的判斷，已不足以擔當決策的過程，有時亦應輔以經過系統化分析、研究後所得的數量資料，才得以應付日益令人炫目的決策。因此，以數量方法為中心的管理科學便更加受到重視。

　　數量方法之應用於管理決策的始祖要算政治經濟學與會計學。往後經過一再演變，才發展出科學管理、統計學與作業研究等。

　　傳統的政治經濟學主要著眼於政治上有關社會資源之運用與社會問題之解決，如租稅、公共支出、景氣循環國際貿易平衡、貨幣政策與財政政策的運用。其基礎建立於較抽象的觀念上。但是，往後的學者發覺政治經濟學的原理一樣可運用於企業上，都是在講求如何有效運用資源，以達成目的，所以發展成為管理經濟學，以為投資決策上的參考。其主要內容有如：成本結構、損益平衡、訂價政策、需求預測、投資報酬、資本支出等。

　　至於會計學之運用早在文藝復興時代已為企業所運用。不過其時僅被用於紀錄企業活動之狀況，以當作股東、稅捐機關及最高管理階層者之用，對於基層作業之管理毫無助益。此時之會計吾人稱之為「財務會計」，以後為了實務上的需要，便又發展出能有效控制成本的「成本會計」，以及能把會計資料依多種不同目的別而分類，並可當作各階層管理上參考之工具的「管理會計」。為了區別各種會計之功能，我們可視財務會計為表達企業整體經營活動與財務狀況之工具，把成本會計視為企業內部各作業單位成本控制之工具，而把管理會計視為可協助各責任中心完成預定目標的自我控制工具。

　　數量方法運用之最著名的例子就是管理科學的發展。早期雖然數字資料早已被廣泛採用，但近年來用於管理決策之數字資料已越來越具備數學運用的傾向。這種以數學來處理決策問題的技術，我們稱之為「作業研究」，其運用有如「線型規劃」、「抽樣理論」、「機率理論」、「模擬理論」、「決策理論」等。雖然說在管理實務上，在過去及未來的大部分決策基礎還是基於非計量的事實，但是我們不可忽視數量方法對於決策之品質在思考過程中所做的貢獻。

作業研究，基本上它在輔佐企業決策之過程應具有下列特徵❷：

㈠從一貫體系之觀點上去尋查各部門之相關性。

㈡利用由不同學識背景之人員合力研究。

㈢採取科學方法。

㈣探索新問題以資研析。

此四項特徵實際淵源於第二次世界大戰期間英美兩國集其數學家、經濟學家、工程師、自然科學家精英於一堂，研析如何協調盟軍反空擊力量、減低敵方潛水艦攻擊之損失，以及其他戰略之計劃所發揮出之卓著成效之作業實例❸。毫無疑問的，利用科學方法，集多數人之腦力與體力以求取問題之妥善解決，並非肇端於第二次世界大戰，早在第一次世界大戰期間，甚或更早於此便有此種作業。唯溯自第二次世界大戰後，工商企業界始逐漸開始對日益複雜化之企業問題，借助於第二次世界大戰軍事上作業研究成功之方法求得解決，因而頓形普遍爾。

筆者認為作業研究之要旨乃在藉各不同但相互關連之綜合科技學識，依整個體系之觀點，循解決問題應具之科學方法以探求解決問題之最佳方案之過程。該過程之本身與其結果可佐決策之用。是故作業研究之特徵應為❹：

1. 著重相關科技學識之綜合應用，如數學、統計、經濟、會計等

---

❷　此眾多而各略差異之作業研究定義以及絲、克兩氏之重要定義乃參閱絲、克兩氏共著之「藉作業研究下決策一書」而得，見
　　Thierauf, Robert, J. and Klekamp, Robert C., *Decision Marking Through Operation Research* 1st. Ed. (New York: John Wiley & Sons, Inc., 1975), pp. 5-16.

❸　參閱 Torgersen, Paul E. and Weinstock, Irwin T., *Management: An Integrated Approach* (Englewood cliffs, N. J: Printice-Hall, 1972), pp. 166.

❹　郭崑謨著「企業管理──總系統導向」，（臺北市：華泰書局　民國73年印行）第465頁。

等學識之綜合運用。

2.解決問題應從與問題有關之整個體系上觀看，以求一貫而徹底之解決。如醫治頭痛，應從整個人體之功能上去探求原因，醫治病源。

3.其為科學方法，首重客觀而可準確測量之資料與不斷之探討問題及新問題。故作業研究理應為「計量」研析之法，不應包括「計質」研析法，雖然如此行為上之質若能「量」化，亦屬作業研究之範圍內。

上述之作業研究涵義與絲、克兩氏所強調之異同處為絲、克兩氏在綜合學識之應用上，強調研究人員之組織，而筆者則偏重綜合學識本身之組織上，蓋在許多情況下，一人可能兼有數門不同科技學識，而足以解決問題或探究問題之存在與否。此種情況若問題比較單純時，其存在可能性尤大。

廣義的「管理科學」除了上述運用計量方法從事研析問題之作業研究外，亦兼用計質的研析方法。因此管理科學之涵義實較作業研究廣泛，且通常運用於高階管理決策上，諸如營運目標、營運政策及策略等決策上，而作業研究則偏重於中階管理上，用於作業決策之運用❺。

第七節　管理資訊系統(MIS)與電腦

管理資訊系統（Management Information System, MIS）係

---

❺ 此種管理科學與作業研究之涵義上宪定，意味著不同決策階層之權責與決策過程之相異。讀者如欲作較明析詳盡之研究，可參閱：
Petitm Thomas A., *Fundamental of Management Coordination Supervisers, Middle Managers.* & Executives (New York: John Wiley & Son., Inc, 1975), Chapter 6, pp. 109-128.

從管理者的觀點來看資料的蒐集、處理與應用，乃指提供各項資訊以滿足企業管理者控制、評估、計劃與決策需要的體系。此等管理資訊系統是管理科學與電子計算機科學交會發展出來的整體系統，不只是一門學問或方法，也是一種爲達成有效的管理與企業規劃的目的，所設計來收集、儲存、回饋、溝通及使用數據，而由人員及電腦所構成的一個系統。

　　MIS 是以提供管理者所需決策情報爲目的，隨著經營層次的不同，所需情報的質與量就有很大的差異。爲了滿足不同階層管理者的需要，MIS 需要輸入眾多來源及性質迴異的資料，而後加以有系統的分析、整理，由於處理的過程十分複雜，因此必須利用現代化的電腦才能有效的完成這個工作。

　　通常，管理資訊系統具有以下諸點特性❻:

㈠MIS是用有系統的方法,對資料之收集、分析、消費及儲存,作有系統之處理。它所提供的資訊，必須能滿足各階層主管的要求，以促使採取行動或激發新的意念。這些資訊都源於同一資料庫（Data Base），主要的差別，僅在彙總的層次及項目之不同而已。

㈡MIS對各級主管人員所需的資料，必須在最短的時間內產生，主管人員可因此而隨時掌握住各階層經營管理的實況，並進而採取各種合宜的因應措施。它利用電子計算機處理資料，運算規劃，提供可靠性資訊，以達到「及時」、「確實」有效之目的。

㈢MIS 必須能提供政策性的資訊，以協助主管選出達成企業最有利，最合理之方案，以別於一般的業務處理。

㈣MIS 不宜完全依賴人工或機器完成，因整體化或方法策略方面之運用需要靠人，而時效或處理運算方面則機器較有效，所以設

---

❻　參閱郭崑謨、林泉源合著「管理資訊系統」（臺北市: 三民書局　民國71年印行）一書。及註❸第 505 頁。

計優良之 MIS，　是人工與機器在考量成本效益的原則下之適當
配合運用。

㈤MIS 不只是一門學問 (knowledge) 或技術 (Technology)，而
　是運用管理科學和計算機科學所發展出來的有效工具，該工具有
　軟體 (Soft ware) 運用系統與硬體 (Hard ware) 操作系統結合
　建立起來的一套整體系統，　這系統是一套結合學問、技術、方
　法、資訊之整體系統。

　由於 MIS 係針對其主要目標，提供所需求之資訊，其功用也就
因人，因事，因其工作性質而不同，設計完整健全之 MIS 體系，可
及時提供所有需要參考之任何資訊，用以處理面臨所要解決的問題。
偵察員可及時獲得破案的資情，指揮官可及時獲得攻擊敵人的情報，
總經理可隨時獲得是否應接受訂單之資訊，而管理員可適時獲得資源
異動之資料。此外像學校機關、戶政機關、財稅機關……等，所有需
要資訊的獲得，已可以做到只需按幾個鍵鈕，MIS 便可及時提供，尤
其在戰場或商務上分秒必爭的情況下，及時決定之對策和延遲擬訂之
方案，不論在價值上或效益上，均已不成比率，事務之規模愈龐大，
問題愈複雜，MIS 所發揮的效果也就愈顯著。

　就如前所言，由於現代企業所需資訊要求大量處理、迅速、確實
等特性，而現代的電腦又同時可達到這些要求，所以電腦便成為整個
MIS 的中心，　作為現代企業的一份子，　便不得不對電腦之發展與功
能有所認識。

　一九五〇年代當電子計算機（電腦）出現在市面上時，企業界人
士，首次感受到資訊時代的衝擊。ENIAC 是第一部電腦，　其計算速
度以百萬分之一秒計，稱為「微秒」(Microseconds)❼。　由於能夠在

　❼　Donna Hussain and K. M. Hussain, *Information Processing
　　　Systems for Management* (Homewood, Ill. Richard D. Irwin,
　　　Inc., 1981), p. 5.

極短的時間內解決問題，企業界已不再需要靠幸運與直覺的判斷來經營。企業基本決策上所需的資訊，目前電腦都能夠以不可思議的速度來處理。

就電腦來說，一個基本的運作可望於微毫秒（十億分之一秒）的時間內完成。在一杯咖啡倒到地板上的半秒鐘時間內，一個普通的大型電腦就能（資訊以磁化的方式進行）將兩千張支票存入三百個不同的銀行帳戶中；檢視一百個病人的心電圖，並提供醫師可能有問題之有關資料；計算三千名應試者十五萬個答案之分數，並評估問題的有效率；算出擁有一千名員工公司的員工薪資，及其他相當繁瑣之事務。

目前每個人都已瞭解，上一世紀運輸技術的發展，使美國人的生活方式整個完全改變，人們活動的方式不再侷限於走動，而以噴射機代步，在速度上從每小時四哩到每小時四百哩，增加了一百倍之鉅，而電腦化資料處理的速度更加快了一百萬倍，資訊的普遍獲得接受，最後必然改變整個社會結構，就如噴射機及內燃機引擎的發明，對社會所造成的影響一般。

電腦的潛力非常巨大，未來的電腦能自我思考，自我教育，做些目前所無法做到的工作，如在 2001 太空之旅（A Space Odyssey）電腦中之電腦霍爾（HAL）如同諾貝爾獎得主赫伯特賽門（Herbert Simon）所預期，未來工廠，經由自動化辦公室（Automated Offices）產生基本決策程序的程式，能自動的運作；購物交易可望於家裏的螢光幕上完成而不需到購物中心選購；廣告和新聞雜誌，將出現在電腦終端機上而非印於紙上，整個社會將因資金移轉電子化而使現金、支票更少；電算與電傳工業的整合，將使電腦成為企業界普遍且必須的工具，就如電話在企業中所佔的地位一樣。然而電腦發展在組織上、政治上、法規上的限制，將比經濟上、技術上更難預測其未來

的展望何時成爲事實。

　　從新的電腦技術發明一直到應用到商業上，總是需要五至二十年
孕育時間，根據以往專業性研究及目前研究發展之趨勢，將於本世紀
裏上市的電腦系統之績效，我們總有些確切的預測，由此我們可斷
言：

　㈠電腦將更易爲人所接近，其容量更大，許多廠商提供的電腦週邊
　　設備與電腦彼此間的連結將更爲融洽。

　㈡電腦將更易爲人所使用，例如電腦將能以會話的方式與使用者交
　　談，以幫助決定他們的需求，使那些非技術人員更易與整個系統
　　溝通。聲音辨識設備、光學辨識設備、電腦縮影膠片技術等，將
　　使得使用電腦更快、更便宜。

　㈢程式語言，資料庫控制系統之發展，更易於人機界面 (Human
　　Machine Interface)。

　㈣複印設備將擁有自己的記憶體和智慧，且與電腦系統整合起來，
　　不論是在近距離或是在遠距離均能有效處理資訊。

　㈤電腦化處理與複印技術，將與電子化處理結合，卽使是遠距離的
　　處理，都能在最經濟的原則下完成，部門與部門之間亦能及時的
　　配合與資料轉換。

　㈥在許多事件中，組織與組織間的溝通，將以電磁化之方式進行，
　　來取代並超越郵遞方式。

　㈦電視會議將普及於管理之各個階層，以減少因商務考察所花費的
　　時間與金錢。

　㈧資料的傳送，將透過人造衛星的方式完成，地面上之傳輸，將採
　　玻璃纖維所製之光纖電纜來進行。直徑二百分之一時的光纖電
　　纜，所傳送的資料量爲目前電話電纜所用銅線的十億倍。

　㈨機器人 (Robots) 未來將取代製造工人。電腦的應用將著重於數

據控制、處理過程控制、電腦輔助設備的設計等領域，以期增加效率與生產力。

㈩特殊功能的電腦系統，其精確度、可信賴度將更為提高，且便宜得成為家計上或工業上產品的部份零件。

要想在未來這些趨勢中獲取益處，對未來的經理人員而言，電腦技術上和資訊系統上的知識是必須的。

盡管目前的管理知識面對如此變化莫測的環境仍有不少的缺點，但是，事實上管理的知識仍然在發展之中，尤其是受到自然科學進步的影響，管理工具與技術不斷在進步，對於未來的管理有莫大的助益。管理知識的迅速成長並非來自於單一因素，影響它的包括了技術、經濟、社會以及管理諸多影響，這種影響在歷經了兩次大戰、戰後的漫長冷戰及太空時代，使得管理的變化更形加速。

綜觀未來的管理，它必須具備下列幾個特性:

㈠管理要面對現實環境: 盡管管理知識受科學的庇蔭而有所發展，但是管理知識若未能加以妥善運用，落實在現實的環境中，那將是空幻的理想。因為管理也是一種藝術。它需要被應用去解決現實的問題、去發展人們行動的系統或環境。

㈡管理應具備彈性以因應變化: 未來的管理應該具有足夠的彈性、以因應迅速的環境變遷以及人在態度與動機上的多變化。企業的經營管理人員對變遷僅只認識還不夠，他還須能對未來的變化有預知的能力，才能創造出彈性的企業內部環境。但是常常有些企業受制於已訂政策的束縛，或那些未經計劃性情況訂出來的規則所限，失去了彈性，而沒有將它當作思維或決策時的一種參考，這種現象將使企業早日遭到夭折的命運。

㈢未來的管理應適應新管理技術的變革: 常常一項經過理論驗證可行的管理技術，很難迅速的被應用到管理的實務上，其中一個原

因是經營管理者未能徹底的瞭解新技術的內容，以致無法信賴而應用。另一個原因則來自於管理學者為提高其專家身價，常故弄玄虛，在其發表的管理技術上過分強調數學模式，使得企業經理人員望而生怯，減低了新技術開發的價值。固然新管理知識與技術應再加以開發，但積極的引導這些知識於實務上，乃刻不容緩的事。

(四)未來的管理應能確實掌握資訊：未來的世界，資訊來源的掌握會越來越重要，這意味著這些情報最好是預測性的，對管理工作有直接的效用，可與目標相對的衡量並可加以分析以為糾正行動的指標。

(五)未來的管理應隨時吸收新的發現：明日的管理將與科學上或行為上的新發現之關係愈來愈密切，因為它們所發展出來的技術與方法，對管理有相當大的助益，例如模擬法、系統分析法、符號應用、模式理論等數學上的分析工具，都直接間接幫助了新管理方法的誕生。

(六)未來的管理愈加重視管理品質的保證：在過去數十年的管理發展過程當中，雖然管理的控制已有不少的進步，但無可諱言的它仍然是管理功能中最弱的一環；有許多企業的管理考核常僅依據個人主觀意識來決定，或者根本不知其所應評核的重點何在，或者太注重表格、紀錄與符號，而忽略了實際成果的考核。為了確保管理的品質，管理者應確實以成果作為評核的方法，這才是未來管理的真諦。

第八節　管理問題之日趨繁複

消費者社會運動之潮流、產品生命週期之縮短、產銷資源之日益

昂貴，以及行銷後轉通路之發展等等，將使管理問題更行繁複。使用電腦以減輕管理作業之壓力益大。不但大企業、中小企業亦必須早作制度上（如會計制度、生產品管制度）之準備，以便普及電腦作業範疇。電腦之使用在不久將來將由會計、人事、生產而普及行銷上之顧客服務，諸如以產品通用代號，配合掃描器作記帳與結帳、存貨管制，以及喚回已出售貨品以便替換成修改等等。

未來眾多管理問題之解決，將需借助於專案管理小組。由於管理問題之繁複化，一般管理人員將無法解決問題，而需靠具有各類專業知識之管理專才集體解決。由各不同單位管理人員所組成之臨時性專案小組，將逐漸普及，企業內部溝通效率必然成管理績效高低之決定性因素。未來管理上之挑戰，實須各階層、各不同單位之管理人員協調一致，共同迎接，始可臻效。

八十年代企業所面對之挑戰，峯面非但廣濶，持續期間亦將相當長久。廣濶峯面正意味着廣大之企業營運機會；持續期間之長久，正可使我們充分把握良機，發揮潛能，穩健迎接挑戰。只要我們抱定信心，踏實迎接挑戰，八十年代將必爲我們光輝燦爛的十年。

第九節 未來我國之管理導向之因應——人性管理[8]

高階主管首先應明瞭機構組織，係一「總架構」。在此一架構架中有設備及人員，不管科技如何進步，自動化程度如何提高，絕對少不了「人」的因素。就是組織完全自動化，仍要由「人」運作管制。人性管理有兩大重點：第一、重人性——涉及授權與參與；第二、重事功——涉及管制與考核。

---

[8] 郭崑謨著「人性管理與提高生產力」，臺灣新生報，民國74年4月14日，第二版專欄。

壹、人性管理的重要性與方式

論及人性管理，不管採取何種方式，應為組織提供最適切的服務。中國人很適合人性管理。我國固有之「律己、待人」——即嚴以律己，寬以待人，以及「忠」、「恕」優點為西方人所不及，再加上「仁」、「愛」，必可使人性管理合理發揮。主管人員若「有為」必會獲得社會之肯定。人性管理的方式有下列四種：

㈠家長式——具有家長權威，使員工有遵循家長之安全感，進而建立「共識」，敬業樂羣。

㈡消極操縱式——平時給予規範，不作「直接操縱」，減少員工「離心」力。

㈢仁慈式——以各種方式激勵，減少員工之疏遠感，但不讓員工「直接參與」，員工以間接方式參與。

㈣參與式——有目標管理，由下而上之參與活動，能協調溝通，具有責任感，自己做事自己負責，適切充分授權，但領導者仍然負有最後責任。

實際上，人性管理之重點在於激發人性之『可塑性』，由『刺激反應』至『激發潛能』，建立組織成員之『共識』，『合作』信念，以達到『榮辱與共』。主管與員工要有『相互信任感』、『親切感』與『團體意識感』，如是始能發揮人性管理之功能。

貳、重視人際關係與意見之溝通

組織之人際關係是組織效率發揮之主要動力。主管人員要密切注意上下意見溝通。在正式組織中有非正式的溝通。非正式溝通傳佈甚快，主管人員應好好掌握運用。正式組織之上下溝通，因層次太多，公文下達，分一級、二級、三級等，再到達操作單位，十分緩慢。組

織內之有效溝通，不但要重時效，避免干擾；更重要者，要使員工瞭解共同目標及達成目標之作法，使員工樂於參與，共同負責達成任務。除縱向溝通外，主管並應重視橫向溝通，以減少層級輾轉，節省時間，提高工作效率。

主管人員必須針對員工之心理上或生理上的各種需要，以獎賞方式激勵員工，完成工作目標。但激勵在基本上要有目標、要簡單有效、要使員工個人與組織的需要適切融合，同時宜注意下列措施。

叁、激發士氣潛力發揮團隊精神

（一）使員工適當參與工作之規畫與執行，並有充分發表意見之自由。事項決定後，員工均須共同遵守，以求貫徹。

（二）主管人員要具備『對事不對人』之觀念，同時不宜過分挑剔、干擾成失信，儘量避免當面公開指責。

（三）多瞭解員工困難及差錯所在，適時提供積極可行辦法，俾使員工執行，切忌一味批評譴責。

（四）善用團體討論及個案分析，共同檢討工作困難及改進意見，提高員工工作興趣，藉以發揮員工潛能。

（五）注意高度變化性及創造性的工作，並隨時採取應變措施，以適應管理需求。

（六）注重團體榮譽，使個人成就融合於團體。同時對於工作有貢獻及有創造性表現者，應及時予以不同方式之鼓勵以增強工作士氣。

（七）激發員工時應考慮下列三者：

（一）工作環境——如燈光、通風、溫度、濕度與工作環境。

（二）工作關係——工作本身單調乏味，應設法減少工作之『單調乏味』情況。

（三）個人欲望——要以本機構為榮，主管人員宜激勵員工對於

單調的工作採輪調制度，並要肯定個人之價值觀。蓋有高度變化性工作始有創造性。

團隊精神之養成，需使組織內員工對外環境有充分認識。主管人員有責任提供外在環境之資訊；同時，應適切授權，建立員工之權威感，使員工發揮其潛力，爲組織效勞，對內團結，對外一致，始能發揮團隊精神。

肆、加強考評作業與內部稽核

主管人員對於工作計畫之執行應隨時加以督導考評，並作客觀檢查、分析與評議，以瞭解計畫執行情形。考評要注重其效果並須訂定標準。考評可分爲：

（一）事前考評——釐定可行標準。

（二）事中考評——執行督導工作。

（三）事後考評——如採報表式、決算書等。

在此三者之中，主管人員往往未能強調事前、事中的考評工作。考評的原則事前要採「重點原則」，不重要者暫可不列入考評，以免浪費人力物力。其次是採「成本績效原則」。

事中督導應注意下列數端：

（一）避免例行督導——採例外管理督導，才能收到「自制」效果，發揮考評之效率。

（二）風險因素必須扣除，減輕員工不應負的責任。

（三）考慮長期性績效——不宜抱有「無錯誤主義」之觀念。

除上述者外在考評與內部稽核方面，須重視下列數項：

（一）預算控制情形是否良好，如費用與預算有否差異。

（二）稽核財務、會計情況。

（三）改善年終考績制度，使工作績效與考評趨於一致。

（四）訂定合理有效的工作手續，除卻矛盾、不清楚有漏洞之處。

（五）建立例外管理制度，主管要從不正常現象去發現隱藏弊端，並及時追查處理。

（六）有效監督及牽制作用——執行人員與審查人員應分開追求自我發展提高生產力。

主管人員對自己要樹立培植自我時間管制效率、職位權威性、專業權威性、管理（技術）權威性。同時亦要培植員工上述三種權威性，始能使組織內之成員追求自我發展，建立適合於組織之領導風格，如斯高階主管人員始能充分發揮其領導管理效能，提高組織之生產力。

三民大專用書書目——國父遺教

三民大專用書書目——法律

中華民國憲法與立國精神	胡 佛 沈清松 石之瑜 周 陽山	著	臺灣大學 政治大學 臺灣大學 臺灣大學
中國憲法新論（修訂版）	薩孟武	著	前臺灣大學
中國憲法論（修訂版）	傅肅良	著	前中興大學
中華民國憲法論（最新版）	管 歐	著	東吳大學
中華民國憲法概要	曾繁康	著	前臺灣大學
中華民國憲法逐條釋義㈠～㈣	林紀東	著	前臺灣大學
比較憲法	鄒文海	著	前政治大學
比較憲法	曾繁康	著	前臺灣大學
美國憲法與憲政	荆知仁	著	前政治大學
國家賠償法	劉春堂	著	輔仁大學
民法總整理（增訂版）	曾榮振	著	律　　師
民法概要	鄭玉波	著	前臺灣大學
民法概要	劉宗榮	著	臺灣大學
民法概要	何孝元著、李志鵬修訂		司法院大法官
民法概要	董世芳	著	實踐學院
民法總則	鄭玉波	著	前臺灣大學
民法總則	何孝元著、李志鵬修訂		
判解民法總則	劉春堂	著	輔仁大學
民法債編總論	戴修瓚	著	
民法債編總論	鄭玉波	著	前臺灣大學
民法債編總論	何孝元	著	
民法債編各論	戴修瓚	著	
判解民法債篇通則	劉春堂	著	輔仁大學
民法物權	鄭玉波	著	前臺灣大學
判解民法物權	劉春堂	著	輔仁大學
民法親屬新論	陳棋炎、黃宗樂、郭振恭著		臺灣大學
民法繼承	陳棋炎	著	臺灣大學

三民大專用書書目——政治・外交

政治學	薩 孟 武	著	前臺灣大學
政治學	鄒 文 海	著	前政治大學
政治學	曹 伯 森	著	陸軍官校
政治學	呂 亞 力	著	臺灣大學
政治學概論	張 金 鑑	著	前政治大學
政治學概要	張 金 鑑	著	前政治大學
政治學概要	呂 亞 力	著	臺灣大學
政治學方法論	呂 亞 力	著	臺灣大學
政治理論與研究方法	易 君 博	著	政治大學
公共政策	朱 志 宏	著	臺灣大學
公共政策	曹 俊 漢	著	臺灣大學
公共關係	王德馨、俞成業	著	交通大學等
中國社會政治史(一)～(四)	薩 孟 武	著	前臺灣大學
中國政治思想史	薩 孟 武	著	前臺灣大學
中國政治思想史 (上) (中) (下)	張 金 鑑	著	前政治大學
西洋政治思想史	張 金 鑑	著	前政治大學
西洋政治思想史	薩 孟 武	著	前臺灣大學
佛洛姆(Erich Fromm)的政治思想	陳 秀 容	著	政治大學
中國政治制度史	張 金 鑑	著	前政治大學
比較主義	張 亞 澐	著	政治大學
比較監察制度	陶 百 川	著	國策顧問
歐洲各國政府	張 金 鑑	著	政治大學
美國政府	張 金 鑑	著	前政治大學
地方自治概要	管 歐	著	東吳大學
中國吏治制度史概要	張 金 鑑	著	前政治大學
國際關係——理論與實踐	朱張碧珠	著	臺灣大學
中國外交史	劉 彥	著	
中美早期外交史	李 定 一	著	政治大學
現代西洋外交史	楊 逢 泰	著	政治大學
中國大陸研究	段家鋒、張煥卿、周玉山主編		政治大學等

三民大專用書書目——行政・管理

行政學	張潤書	著	政治大學
行政學	左潞生	著	前中興大學
行政學新論	張金鑑	著	前政治大學
行政學概要	左潞生	著	前中興大學
行政管理學	傅肅良	著	前中興大學
行政生態學	彭文賢	著	中興大學
人事行政學	張金鑑	著	前政治大學
各國人事制度	傅肅良	著	前中興大學
人事行政的守與變	傅肅良	著	前中興大學
各國人事制度概要	張金鑑	著	前政治大學
現行考銓制度	陳鑑波	著	
考銓制度	傅肅良	著	前中興大學
員工考選學	傅肅良	著	前中興大學
員工訓練學	傅肅良	著	前中興大學
員工激勵學	傅肅良	著	前中興大學
交通行政	劉承漢	著	成功大學
陸空運輸法概要	劉承漢	著	成功大學
運輸學概要（增訂版）	程振粵	著	臺灣大學
兵役理論與實務	顧傳型	著	
行為管理論	林安弘	著	德明商專
組織行為管理	龔平邦	著	前逢甲大學
行為科學概論	龔平邦	著	前逢甲大學
行為科學概論	徐道鄰	著	
行為科學與管理	徐木蘭	著	臺灣大學
組織行為學	高尚仁、伍錫康	著	香港大學
組織原理	彭文賢	著	中興大學
實用企業管理學（增訂版）	解宏賓	著	中興大學
企業管理	蔣靜一	著	逢甲大學
企業管理	陳定國	著	前臺灣大學
國際企業論	李蘭甫	著	香港中文大學
企業政策	陳光華	著	交通大學

三民大專用書書目——經濟・財政

平均地權	王全祿	著	內政部
運銷合作	湯俊湘	著	中興大學
合作經濟概論	尹樹生	著	中興大學
農業經濟學	尹樹生	著	中興大學
凱因斯經濟學	趙鳳培	譯	前政治大學
工程經濟	陳寬仁	著	中正理工學院
銀行法	金桐林	著	中興銀行
銀行法釋義	楊承厚	編著	銘傳管理學院
銀行學概要	林葭蕃	著	
商業銀行之經營及實務	文大熙	著	
商業銀行實務	解宏賓	編著	中興大學
貨幣銀行學	何偉成	著	中正理工學院
貨幣銀行學	白俊男	著	東吳大學
貨幣銀行學	楊樹森	著	文化大學
貨幣銀行學	李穎吾	著	臺灣大學
貨幣銀行學	趙鳳培	著	前政治大學
貨幣銀行學	謝德宗	著	臺灣大學
現代貨幣銀行學（上）（下）（合）	柳復起	著	澳洲新南威爾斯大學
貨幣學概要	楊承厚	著	銘傳管理學院
貨幣銀行學概要	劉盛男	著	臺北商專
金融市場概要	何顯重	著	
現代國際金融	柳復起	著	新南威爾斯大學
國際金融理論與實際	康信鴻	著	成功大學
國際金融理論與制度（修訂版）	歐陽勛、黃仁德	編著	政治大學
金融交換實務	李麗	著	中央銀行
財政學	李厚高	著	行政院
財政學	顧書桂	著	
財政學（修訂版）	林華德	著	臺灣大學
財政學	吳家聲	著	經建會
財政學原理	魏萼	著	臺灣大學
財政學概要	張則堯	著	前政治大學
財政學表解	顧書桂	著	
財務行政（含財務會審法規）	莊義雄	著	成功大學
商用英文	張錦源	著	政治大學
商用英文	程振粵	著	臺灣大學
貿易英文實務習題	張錦源	著	政治大學

三民大專用書書目——會計・統計・審計

三民大專用書書目——心理學